住房和城乡建设部"十四五"规划教材

高等学校土木工程学科专业指导委员会规划教材

（按高等学校土木工程本科指导性专业规范编写）

土木工程概论（第二版）

周新刚　主　编

王建平　贺　丽　副主编

中国建筑工业出版社

图书在版编目（CIP）数据

土木工程概论 / 周新刚主编；王建平，贺丽副主编
. —2 版 . —北京：中国建筑工业出版社，2022.9（2024.6 重印）
住房和城乡建设部"十四五"规划教材 高等学校土
木工程学科专业指导委员会规划教材：按高等学校土木
工程本科指导性专业规范编写
ISBN 978-7-112-27613-4

Ⅰ.①土… Ⅱ.①周… ②王… ③贺… Ⅲ.①土木工
程—高等学校—教材 Ⅳ.① TU

中国版本图书馆CIP数据核字（2022）第121051号

本书第二版被评为住房和城乡建设部"十四五"规划教材。在第一版的基础之上，本次修订补充和强化了创新及发展方面的内容，对近十余年来土木工程的发展及高等教育土建学科的人才培养理念及要求等都给予了反映，同时引入了绿色建筑、智能建造、可持续发展等理念与技术的介绍。本书主要内容涵盖了《高等学校土木工程本科指导性专业规范》所涉及的主要知识领域，向土木工程专业的初学者系统地介绍土木工程专业基本框架及其轮廓。

本书内容分 5 章，主要包括：概述、土木工程专业的对象和范畴、工程结构及其功能、专业知识体系与能力培养、土木工程师的能力素质及其职业发展。

本书既可以作为高等学校土木工程专业的教材，也可以作为从事土木工程专业及相关领域技术与管理人员的参考书，还可以作为对土木工程感兴趣读者的科普读物。

为了更好地支持相应课程的教学，我们向采用本书作为教材的教师提供课件，可通过以下方式索取：建工书院：http://edu.cabplink.com，邮箱：jckj@cabp.com.cn，电话：（010）58337285。

责任编辑：赵　莉　吉万旺　王　跃
责任校对：张　颖

住房和城乡建设部"十四五"规划教材
高等学校土木工程学科专业指导委员会规划教材
（按高等学校土木工程本科指导性专业规范编写）

土木工程概论（第二版）
周新刚　　　　　主　编
王建平　贺　丽　副主编
*
中国建筑工业出版社出版、发行（北京海淀三里河路 9 号）
各地新华书店、建筑书店经销
北京海视强森文化传媒有限公司制版
天津安泰印刷有限公司印刷
　*
开本：787 毫米 × 1092 毫米　1/16　印张：19　字数：380 千字
2022 年 11 月第二版　　　2024 年 6 月第二次印刷
定价：**48.00** 元（赠教师课件）
ISBN 978-7-112-27613-4
　　　（39805）

出版说明

党和国家高度重视教材建设。2016 年，中办国办印发了《关于加强和改进新形势下大中小学教材建设的意见》，提出要健全国家教材制度。2019 年 12 月，教育部牵头制定了《普通高等学校教材管理办法》和《职业院校教材管理办法》，旨在全面加强党的领导，切实提高教材建设的科学化水平，打造精品教材。住房和城乡建设部历来重视土建类学科专业教材建设，从"九五"开始组织部级规划教材立项工作，经过近 30 年的不断建设，规划教材提升了住房和城乡建设行业教材质量和认可度，出版了一系列精品教材，有效促进了行业部门引导专业教育，推动了行业高质量发展。

为进一步加强高等教育、职业教育住房和城乡建设领域学科专业教材建设工作，提高住房和城乡建设行业人才培养质量，2020 年 12 月，住房和城乡建设部办公厅印发《关于申报高等教育职业教育住房和城乡建设领域学科专业"十四五"规划教材的通知》（建办人函〔2020〕656 号），开展了住房和城乡建设部"十四五"规划教材选题的申报工作。经过专家评审和部人事司审核，512 项选题列入住房和城乡建设领域学科专业"十四五"规划教材（简称规划教材）。2021 年 9 月，住房和城乡建设部印发了《高等教育职业教育住房和城乡建设领域学科专业"十四五"规划教材选题的通知》（建人函〔2021〕36 号）。为做好"十四五"规划教材的编写、审核、出版等工作，《通知》要求：（1）规划教材的编著者应依据《住房和城乡建设领域学科专业"十四五"规划教材申请书》（简称《申请书》）中的立项目标、申报依据、工作安排及进度，按时编写出高质量的教材；（2）规划教材编著者所在单位应履行《申请书》中的学校保证计划实施的主要条件，支持编著者按计划完成书稿编写工作；（3）高等学校土建类专业课程教材与教学资源专家委员会、全国住房和城乡建设职业教育教学指导委员会、住房和城乡建设部中等职业教育专业指导委员会应做好规划教材的指导、协调和审稿等工作，保证编写质量；（4）规划教材出版单位应积极配合，做好编辑、出版、发行等工作；（5）规划教材封面和书脊应标注"住房和城乡建设部'十四五'规划教材"字样和统一标识；（6）规划教材应在"十四五"期间完成出版，逾期不能完成的，不再作为《住房和城乡建设领域学科专业"十四五"规划教材》。

住房和城乡建设领域学科专业"十四五"规划教材的特点：一是重点以修订教育部、住房和城乡建设部"十二五""十三五"规划教材为主；二是严格按照专业标准规范要求编写，体现新发展理念；三是系列教材具有明显特点，满足不同层次和类型的学校专业教学要求；四是配备了数字资源，适应现代化教学的要求。规划教材的出版凝聚了作者、主审及编辑的心血，得到了有关院校、出版单位的大力支持，教材建设管理过程有严格保障。希望广大院校及各专业师生在选用、使用过程中，对规划教材的编写、出版质量进行反馈，以促进规划教材建设质量不断提高。

住房和城乡建设部"十四五"规划教材办公室

2021 年 11 月

序

    近年来，我国高等学校土木工程专业教学模式不断创新，学生就业岗位发生明显变化，多样化人才需求愈加明显。为发挥高等学校土木工程学科专业指导委员会"研究、指导、咨询、服务"的作用，高等学校土木工程学科专业指导委员会制定并颁布了《高等学校土木工程本科指导性专业规范》（以下简称《专业规范》）。为更好地宣传贯彻《专业规范》精神，规范各学校土木工程专业办学条件，提高我国高校土木工程专业人才培养质量，高等学校土木工程学科专业指导委员会和中国建筑工业出版社组织参与《专业规范》研制的专家及相关教师编写了本系列教材。本系列教材均为专业基础课教材，共20本。此外，我们还依据《专业规范》策划出版了建筑工程、道路与桥梁工程、地下工程、铁道工程四个专业方向的专业课系列教材。

    经过多年的教学实践，本系列教材获得了国内众多高校土木工程专业师生的肯定，同时也收到了不少好的意见和建议。2021年，本系列教材整体入选《住房和城乡建设部"十四五"规划教材》，为打造精品，也为了更好地与四个专业方向专业课教材衔接，使教材适应当前教育教学改革的需求，我们决定对本系列教材进行修订。本次修订，将继续坚持本系列规划教材的定位和编写原则，即：规划教材的内容满足建筑工程、道路与桥梁工程、地下工程和铁道工程四个主要方向的需要；满足应用型人才培养要求，注重工程背景和工程案例的引入；编写方式具有时代特征，以学生为主体，注意新时期大学生的思维习惯、学习方式和特点；注意系列教材之间尽量不出现不必要的重复；注重教学课件和数字资源与纸质教材的配套，满足学生不同学习习惯的需求等。为保证教材质量，系列教材编审委员会继续邀请本领域知名教授对每本教材进行审稿，对教材是否符合《专业规范》思想，定位是否准确，是否采用新规范、新技术、新材料，以及内容安排、文字叙述等是否合理进行全方位审读。

本系列规划教材是实施《专业规范》要求、推动教学内容和课程体系改革的最好实践，具有很好的社会效益和影响。在本系列规划教材的编写过程中得到了住房和城乡建设部人事司及主编所在学校和学院的大力支持，在此一并表示感谢。希望使用本系列规划教材的广大读者继续提出宝贵意见和建议，以便我们在本系列规划教材的修订和再版中得以改进和完善，不断提高教材质量。

高等学校土木工程学科专业指导委员会

中国建筑工业出版社

第二版前言

根据《高等学校土木工程本科指导性专业规范》的思想，作者主编的《土木工程概论》一书作为普通高等教育土建学科专业"十二五"规划教材于2011年6月出版。该书第一版出版后印刷了十多次，对土木工程本科教学与人才培养起到了积极作用。从第一版到现在，已经过去了十余年。十多年来土木工程领域的发展变化非常大，也可以说是我国历史上变化最大的十几年。既有土木工程建设的大开发、大发展，也有很多理论创新、技术创新、制度创新和管理创新。期间，土木工程高等教育也展现了蓬勃发展的局面，一些新的人才培养理念及其实践已结出丰硕成果。

"土木工程概论"这门课程的学时比较少，教学任务基本属于入学教育的延伸。主要课程内容和目的是，概括地介绍土木工程、土木工程专业、土木工程职业的方方面面，为学生四年的学习开门引路；解决土木工程是什么，土木工程及其技术与管理理论的发展轨迹是什么，初学者如何走近和认识土木工程，怎样才能学好土木工程等基本问题；简要地为学生或读者描绘"土木工程大厦"的概貌，建立一些常识性的概念……；激发学生的学习热情，为学生学好土木工程专业发初心、树使命。

基于上述思考和对实际教学效果的总结，本次再版，在保持原版编写框架及基本内容的基础上，对近十余年来土木工程的发展及高等教育土建学科的人才培养理念及要求等都给予了反映，补充和强化了创新及发展方面的内容。同时，随着信息与智能技术的发展，绿色建设、智能建造、可持续发展等理念与技术将引领土木工程的未来，此次修订，对这部分内容也进行了较大的补充和完善，强调了学科交叉、知识融合、立德树人和培养复合型高素质人才的重要性。在编写中，更加关注专业知识理论及其技术发展的逻辑与脉络；注重从各部分内容的基本内涵、解决的主要问题、解决问题的基本理论及方法等方面进行阐述，以"要义"的形式向学生或读者呈现基本的、概念性的专业理论及其技术，而不是过多地具体介绍理论及技术。这种思考的出发点是，让学生或读者先看到和向往土木工程这片"大森林"，走进"大森林"后，再在四年的时光里，逐渐认识和熟悉其中的"风物与景致"。

本次修订还适当增加了一些思考题，同时引用了一些经典的参考文献，以帮助学生或读者更好地学习土木工程专业的基本概念和理论。本书主要服务于土木工程专业大一新生的教学，同时也非常希望本书能成为读者了解和认识土木工程的一部科普读物。

本书由周新刚、王建平、贺丽修编。其中，第1章，第2章第2.1节、2.2节，第3章第3.1~3.6节、3.8节、3.9节，第4章，第5章第5.1~5.3节由周新刚编写；第2章第2.11节、2.12节，第5章第5.4~5.7节由王建平编写；第2章第2.3~2.10节，第3章第3.7节由贺丽编写。全书由周新刚整理、修改和定稿。

由于作者水平有限，书中难免有瑕疵和错误，恳请读者批评指正。

编者

第一版前言

2009 年 12 月,高等学校土木工程学科专业指导委员会在厦门召开了"土木工程指导性专业规范"研究及配套教材规划会,确定了首批 20 本规划教材。2010 年 4 月,高等学校土木工程学科专业指导委员会和中国建筑工业出版社又在烟台大学召开了"土木工程指导性专业规范"研讨会及配套教材编写工作会议,确定了教材编写的原则与基本要求。

根据"土木工程指导性专业规范"的思想,本教材在编写过程中,充分考虑了拓宽专业口径、满足应用型人才培养要求、内容最小化的原则。全书只有 5 章,但力求内容丰富、信息量大,做到核心内容全覆盖。在内容安排和表达上,充分考虑了土木工程专业的知识体系及其认知特点与规律,努力做到通俗易懂、形象生动、反映土木工程的最新发展,而且对学生的大学学习有所帮助、有所启迪。

本书由周新刚、王建平、范云、贺国栋等编写,其中第 1 章,第 2 章第 2.1 节、2.2 节、2.11 节,第 3 章第 3.1 节、3.4 节、3.7 节,第 4 章由周新刚编写;第 5 章,第 2 章第 2.12 节由王建平编写;第 3 章第 3.2 节、3.3 节、3.5 节、3.6 节由范云编写;第 2 章第 2.3 节由贺国栋编写;第 2 章其他节分别由黄志军、郭健、冀伟编写。周新刚对全书进行了整理、修改和定稿。全书由苏州科技学院何若全教授审稿。

编者

目录

第 1 章　概述   **001**

1.1　土木工程与土木工程专业   002
1.1.1　土木工程   002
1.1.2　土木工程专业   003
1.2　土木工程发展简史   006
1.2.1　近现代科学发展前的土木工程   007
1.2.2　近代土木工程   020
1.2.3　现代土木工程及我国土木工程技术的最新成就   023
1.3　土木工程与人类社会文明   041
1.4　土木工程在国民经济中的地位与作用   042
1.5　土木工程与可持续发展   043
阅读与思考   045

第 2 章　土木工程专业的对象和范畴   **047**

2.1　土木工程及其系统性与整体性   048
2.1.1　工程项目的系统性与整体性   049
2.1.2　工程建设的系统性与整体性   049
2.2　建筑工程   050
2.2.1　建筑工程专业方向的对象及其主要内容   051
2.2.2　建筑分类及结构体系   055
2.2.3　建筑工程的发展   069
2.3　道路与铁道工程   076
2.3.1　道路工程   076
2.3.2　铁道工程   082
2.4　桥梁工程   090
2.4.1　桥梁的组成   091
2.4.2　桥梁的主要类型   092
2.4.3　桥梁的基本体系   092
2.5　地下与隧道工程   105
2.5.1　地下与隧道工程特点   107
2.5.2　地下与隧道工程分类   108
2.5.3　地下工程的结构体系   108
2.5.4　地下工程降水与防水   111
2.5.5　隧道工程   112
2.6　水利水电工程   114
2.6.1　水利工程   114

2.6.2　水电工程 115

2.6.3　防洪工程 117

2.6.4　水利水电工程建设展望 118

2.7　机场及港口工程 120

2.7.1　机场工程 120

2.7.2　港口工程 122

2.8　海洋工程 125

2.9　给水排水工程 127

2.9.1　给水工程 127

2.9.2　排水工程 131

2.10　环境工程 133

2.10.1　环境工程学的发展简介 134

2.10.2　环境工程的主要研究内容 135

2.11　土力学与地基基础工程 136

2.11.1　工程地质 136

2.11.2　土力学 138

2.11.3　基础工程 138

2.11.4　边坡工程 143

2.12　建设工程项目规划、设计、施工与运营概述 143

2.12.1　建设工程项目立项与建设基本程序 144

2.12.2　土木工程施工 149

2.12.3　工程项目管理 150

2.12.4　建设工程使用及其管理 158

2.12.5　物业管理 161

阅读与思考 163

第 3 章　工程结构及其功能 165

3.1　土木工程与工程结构 166

3.2　工程结构的功能 170

3.3　工程结构承受的作用及效应 172

3.3.1　永久荷载 173

3.3.2　可变荷载 173

3.3.3　偶然荷载 173

3.3.4　地震作用 174

3.3.5　直接作用与间接作用 174

3.3.6　结构的效应 174

3.4　结构组成基本概念 175

3.4.1　结构与构件 175

3.4.2	构件连接与构造	179
3.4.3	结构与材料	183
3.4.4	材料的力学性能	185
3.5	土木工程材料	186
3.5.1	土木工程材料分类	188
3.5.2	土木工程对材料性能的基本要求	189
3.5.3	钢材与混凝土	190
3.6	工程结构设计使用年限与耐久性	192
3.6.1	设计使用年限	192
3.6.2	耐久性	193
3.7	工程结构的防灾减灾	195
3.7.1	火灾	196
3.7.2	地震灾害	198
3.7.3	风灾、洪灾与雪灾	202
3.7.4	地质灾害	207
3.8	工程结构检测鉴定	209
3.9	工程结构运维与再设计	210
	阅读与思考	211

第 4 章	**专业知识体系与能力培养**	**213**
4.1	工程科学、技术、美学与经济	214
4.1.1	材料科学与材料技术	215
4.1.2	结构与力学	216
4.1.3	结构与美学	219
4.1.4	结构与经济	225
4.2	知识结构与能力培养	225
4.2.1	知识结构及其体系	226
4.2.2	土木工程专业的能力要求	228
4.3	数学、力学及其工程应用	230
4.3.1	土木工程专业中的主要数学、力学课程	230
4.3.2	力学建模与数学求解	233
4.3.3	从生活中学习力学	235
4.4	工程设计、施工及其质量监督	235
4.4.1	工程设计与施工	235
4.4.2	工程设计与施工的质量监督管理	236
4.5	结构试验与结构检验	239
4.6	工程语言及表达	240
4.7	计算机技术的应用与土木工程的发展	241

4.7.1	计算机辅助设计技术	241
4.7.2	智能施工与管理	243
4.7.3	结构智能	243
4.7.4	实验与虚拟实验技术	244
4.7.5	智能建筑	244
4.8	工程标准	245
阅读与思考		247

第 5 章 土木工程师的能力素质及其职业发展   249

5.1	知识、能力与素质	250
5.2	人才培养目标与毕业要求	252
5.3	土木工程师的能力与素养要求	254
5.3.1	土木工程师的专业能力	254
5.3.2	土木工程师的素养要求	255
5.4	建设法规基本知识	256
5.4.1	建设法规体系及其构成	256
5.4.2	工程建设法的基本概念	259
5.4.3	建设法规的法律地位及作用	260
5.4.4	建设法规的实施	261
5.4.5	建设工程合同	263
5.4.6	工程建设纠纷	264
5.4.7	安全生产	265
5.4.8	环境保护	266
5.5	土木工程师的责任及风险意识	268
5.5.1	建设工程风险特征	268
5.5.2	建设工程风险分类	269
5.5.3	建设工程中的风险评估	270
5.5.4	建设工程风险控制措施	270
5.6	土木工程师的可持续发展意识	272
5.6.1	可持续发展观的基本要求	272
5.6.2	土木工程可持续发展的挑战	273
5.7	土木工程师的职业发展与继续教育	275
5.7.1	土木工程师的职业发展	275
5.7.2	土木工程师的继续教育	281
阅读与思考		282

参考文献   283

第 **1** 章

概述

本章知识点

主要介绍与土木工程有关的基本概念及知识、土木工程专业涉及的主要技术领域。通过简要介绍，让读者理解土木工程在人类生存发展及文明进步中的地位与作用；了解土木工程专业培养目标与人才素养要求。通过本章学习，读者应对土木工程及土木工程专业有初步的了解和认知，为后续章节学习开启航程，走近和熟悉土木工程及土木工程专业，激发学习兴趣及求知欲。

1.1 土木工程与土木工程专业

1.1.1 土木工程

人类生存与发展既离不开"衣食住行"，也离不开政治、经济、军事、文化，而这一切都离不开土木工程。为满足人类"衣食住行"的基本需求，维持社会的运转和发展，既需要建造供人们居住及从事生产或其他活动的固定空间，如各类建筑，也需要建造道路、桥梁、隧道、港口、机场等基础设施以实现交通和物流，这些都属于土木工程。概括地说，人类建造的固定空间、设施及环境等都属于土木工程。土木工程为人类生产、生活营建空间与设施，为人与物的流通构建通道，其领域十分宽广。房屋是人类最早开始建设的土木工程，随着人类不断发展与进步，土木工程所涵盖的范畴越来越广，对社会发展及文明进步的促进与贡献也越来越显著。人类几千年来保留的数不胜数的宝贵建筑与文化遗产，近 200 年来世界范围内的城市化进程，彰显了土木工程的重要性及其对人类生存与发展的贡献。可以说，人类的生存、发展与进步须臾离不开土木工程。

从地质的角度看，人类所应用的建筑材料都来源于岩石圈。土木材料是人类始祖就开始使用、直接来源于岩石圈的建筑材料，而且至今仍被广泛地应用。因此，土木工程也可简单地理解为应用土木材料建造的工程。当今，虽然土木工程所用的材料已远不止传统的土木材料，且其性质及应用方式也发生了很大变化，但土木工程这一传统名称却因土木材料而保留至今。中国自古就有"大兴土木"的说法，土木工程名称的由来及其含义也显而易见。土木工程的英译为 Civil Engineering，是由英国的斯米顿（John Smeaton）在 18 世纪末提出的。Civil Engineering 可直译为民用工程，主要用于区别军事工程（Military Engineering）。民用工程与军事工程的区分只是用途不同而已，其工程的本质特征并无二致。现代社会中，土木工程的概念已发展为建造各种土木工程的科学技术总称。它既指工程建设的对象，即建造在地上、地下、水中的各种工程设施，也指应用材料、设备及各种技术手段所进行的勘察、设计、施工、管理、运维等专业技术和管理活动。但是，在学科划分上，土木工程涵盖的领域在各国略有不同。我国土木工程包括或涉及的主要工程领域有：建筑工程、铁道工程、道路工程、机场工程、桥梁工程、隧道及地下工程、特种工程、给水排水工程、城市供热供燃气工程、交通工程、环境工程、港口工程、水利工程等。美国土木工程主要包括结构工程（Structural Engineering）、岩土工程（Geotechnical Engineering）、交通工程（Transportation Engineering）、环境工程（Environmental Engineering）、水利工程（Hydraulic Engineering）、工程施工（Construction Engineering）、材料科学（Materials Science）、测量学（Surveying）、城市工程（Urban Engineering）等。土木工程不仅为人类生存与发展建造交通、通信、能源等基础设施与城乡建筑，也建设和改造了城市、乡村、厂矿等综合生态与环境。

1.1.2 土木工程专业

自古至今，土木工程都是一个大的行业门类。传统上，从事土木工程行业的人指从事营建工作的工匠及劳役。春秋时期，我国就出现了以鲁班（公元前 507—公元前 444 年）为代表的从事木工制作和房屋建造的工匠。春秋末、战国初的墨子［公元前 476（或公元前 480）—公元前 390（或公元前 420）年］也做过木匠。战国时期还出现了水利工程大匠李冰（公元前 256—公元前 251 年），他负责修建了举世闻名的都江堰水利工程，且该工程至今仍发挥着重要作用。到秦汉时期，土木工程建造技术就达到了相当高的水平，统治者不仅组织修建了驰道、长城等浩大工程，而且建造了很多气势恢宏的宫殿、陵墓等。建造这些工程不仅需要大量的劳役，而且造就了很多工匠、发展了营建技术，并使营建技术逐渐向制度化、专门化方向发展。到唐宋时期，出现了专门从事营建的建筑匠师和主管营建的工官。通过不断总结和钻研建造技艺，营建工官形成了精湛的营建技艺，总结撰写了一些流传至今的营建著作，如宋代喻皓的《木经》，李诫的《营造法式》等。在建造技术的发展中，各个朝代还相继制定及颁布了营建制度、做法、工料定额一类的建筑法规，如春秋的《考工记》、唐代的《营缮令》、清代的《工部工程做法则例》等。随着营建需求及规模的不断扩大，营建工程制度化和专门化的发展，营建工匠的地位也逐步提高。明代有不少专业匠师后来升任为主管工程的高级官吏，如郭文英以作头官至工部右侍郎，蒯祥以木工首官而至工部左侍郎，徐杲则以普通工匠而官至工部尚书。清代还出现了匠师世家，样式雷一门七代掌管宫廷营建，山子张长期主持皇家园林造园叠山建设。明清时期，还出现了一些虽没有担任工官，但做出了很大贡献的匠师，如冯巧、梁九等。由于诗情画意的陶冶，明清时期有些文人画士也成为造园叠山匠师，如张南阳、张涟、计成等。

19 世纪末以前，尽管营建是一个大的行业门类，有很多工匠从事这个行业，也有较为系统的营建技术及其工法制度，但营建技术及其工法制度的传授主要通过师傅带徒弟、口授身传的方式进行，没有建立和形成系统化的、专业化的工匠培养制度与体系。师傅带徒弟所传授的主要内容是堪舆、营建范式、构件制作与安装等方面的经验及技艺，没有涉及以近现代自然科学为基础，与土木工程设计、施工有关的系统的土力学、地基基础、几何与制图、数学与力学、材料科学与技术等方面的知识及理论。

近现代以前，西方国家土木工程的发展与中国类似。在系统的近现代科学基础建立前，房屋等土木工程的建造也是主要基于经验，十分注重建筑形式与风格。与建筑形式及风格相适应，出现一些特定的结构形式及营建技术。意大利文艺复兴（14—17世纪）开启了实验自然科学，奠定了天文学、数学、物理学等近现代自然科学基础，深刻地影响了西方建筑的发展。近现代自然科学的发展，形成了很多独立而系统的学科体系，也促进了科学组织的形成与发展。伴随着自然科学发展及工业革命的需要，西方开始在高等学府中设立工程教育专业。1702年德国在弗莱贝格成立采矿与冶金学院，标志着人类开启了工程高等教育的篇章。18世纪中叶后，专门化的、系统化的工程教育在德国和法国得到了快速发展。19世纪末，德国有一批技术学院、工科大学兴起，基本形成了由研究型大学、工科大学、技术学院组成的高等教育体系。在工业革命推动下，法国高等专科学校也得到了发展。在英国，《技术教育法》（1889年）及《地方税收法》（1890年）等法律的颁布，推动了以教授现代技术和工业相关课程为重点、职业教育为教学活动中心的技术学院和城市学院的发展。进入20世纪，受第三次工业革命的影响和推动，美国成为工程教育的引领者。基于自然科学发展及工业革命的推动，经过近200年的发展，到19世纪末和20世纪初，西方国家形成了专业门类齐全、独立而系统的工程教育体系。20世纪以来，专业门类不断增多，覆盖范围不断拓展，接受工程教育的人也越来越多。

土木工程专业是为培养从事土木工程科技及管理专门人才而设立的高等教育工科专业，是工程教育家族中的重要一员，也是发展较早、人才需求规模大的传统工科专业。世界上最早的土木工程专业可追溯到1747年建校的法国巴黎路桥学校，是一所建校之初致力于培养路桥工程师的学校。该学校1831年成立了世界上最早的土木工程实验室，1898年开设世界上第一门钢筋混凝土课程。历史上，巴黎路桥学校人才辈出、群星灿烂。不仅有著名的大数学家柯西（1789—1857）、弹性力学家圣维南（1797—1886）、弹性力学和流体力学家纳维（1785—1836）、水文地质奠基人达西（1803—1858）、力学和物理学家（功和动能概念的提出者）科里奥利（1792—1843）、化学家盖·吕萨克（1778—1850）、物理学家（1903年诺贝尔物理奖获得者）贝克勒尔（1852—1908），还有很多名垂青史的伟大工程师，如预应力混凝土的发明者——工程师Freyssinet（1879—1962），巴黎地铁之父——工程师费尔杰斯·比耶维涅（1852—1936），19世纪巴黎重建的设计师贝勒格朗（1810—1878），桥梁设计大师米歇尔·威罗（1946— ）和Jean Résal（1854—1919），等等。该学校也因参与设计及建造的工程而声名远播，如巴黎地铁网、英吉利海峡隧道、法国高速公路网、TGV 高速铁路网、诺曼底大桥、米约大桥、中国国家大剧院等。

中国近代工程教育始于 19 世纪 60—90 年代洋务运动时期兴建的 30 多所新式学堂。19 世纪 90 年代末，设有工科专业的高等学校在中国陆续兴办，其中最早的是北洋西学学堂（北洋大学前身，1895 年）以及南洋公学上院（交通大学前身，1896 年）。土木工程专业是这些新式学堂兴办的工科专业之一，兴办之初的培养目标属于专科层次。1902 年颁布的《京师大学堂章程》中，我国第一次对工科科目进行了分类，包括土木工学、机器工学、造船学、造兵器学、电气工学、建筑学、应用化学、采矿冶金学。1922 年"壬戌学制"颁布后，一些工业专门学校纷纷升格为大学。1928 年颁布的《大学规程》《专科学校规程》要求各大学的工科改为工学院，工科大学均改为国立工学院。中华人民共和国成立后，特别是改革开放以来，我国的高等教育发生了空前的发展，规模不断扩大，层次和质量不断提高。从中华人民共和国成立之初的百废待兴，到改革开放以来的大规模基础设施与城乡建设，土木工程在我国站起来、富起来、强起来的历史进程中发挥了重要的作用。在这一进程中，土木工程科技及高等人才培养也得到了巨大的发展，取得了举世瞩目的伟大成就。

从 1872 年清政府第一批官办留学开始到 20 世纪 30—40 年代，我国有一批优秀人才到国外学习桥梁工程、采矿工程、地质工程等工科专业。这些留学生回国后不仅为我国的工程技术与工业发展做出了开创性的贡献，而且大都奠定了各学科的基础，为中华人民共和国成立后的高等工科教育做出了卓越贡献。如我们熟知的铁道专家詹天佑（1872 年耶鲁大学留学）、黄仲良（1872 年里海大学留学）、桥梁专家茅以升（1916 年康奈尔大学留学）、桥梁专家李国豪（1938—1942 年在德国留学，并获博士学位）、地质学家李四光（1913 年英国伯明翰大学留学）、刘恢先（1937 年康奈尔大学博士），等等。中华人民共和国成立后，立足于服务经济社会发展和国家重点及重大工程建设、发展土木工程技术和培养土木工程人才，我国土木工程专业高等教育已走到了世界前列，培养的大批人才独立自主地建设了众多世界级土木工程，如三峡大坝、青藏铁路、港珠澳大桥、大兴国际机场，等等。在土木工程的各个领域都形成了独立自主的、完备的创新人才队伍，为各类工程建设及关键技术攻关提供了强有力的人才和科技支撑。

据统计，目前全国有 500 多所各类高等院校设有土木工程专业。从人才培养的层次划分，土木工程专业培养的人才有专科、本科（工学学士）、硕士（工学硕士）、博士（工学博士）等几个层次。按照"大土木""宽口径"的人才培养目标与方案，土木工程本科专业下设建筑工程、道路与桥梁工程、地下建筑与隧道工程、铁道工程等若干专业方向。学生在完成学科基础的学习后，可以根据自己的兴趣及职业规划，选修不同的专业方向。土木工程的学科基础包括自然科学基础和专业理论基础。数学、物理学、化学、计算机及信息科学等属于自然科学基础；结构工程学、岩土工程学、工程力学等属于专业理论基础。在研究生教育阶段，土木工程属于一级学科，下设若干二级学科，如岩土工程、结构工程、防灾减灾工程与防护工程、桥隧工程等。

土木工程本科专业培养适应社会主义现代化建设需要，德智体美劳全面发展，熟悉哲学、政治学、经济学、法学等人文社会科学理论与知识，掌握数学、物理学等自然科学基础，结构工程学、岩土工程学、工程力学等专业基本理论，受到系统的专业实践训练，具有从事土木工程的规划、设计、研究、施工、管理的基本能力，能在房屋建筑、地下建筑、隧道、道路、桥梁、矿井等的设计、研究、施工、教育、管理、投资、开发等部门从事技术或管理工作的高级工程技术人才。

土木工程专业毕业生应具有高尚的道德品质和良好的科学素养、工程素养及人文素养；高度的责任意识、崇高的爱国情怀与奉献精神；求真务实、奋发创新，有为国家富强、民族复兴而思、而学、而为的初心和使命，并能落实到职业生涯中。

土木工程专业的教学内容包括专业知识体系、专业实践体系及创新训练三大部分。通过这三部分的教学及其训练，使学生掌握系统、完备的知识结构与体系，培养和锻炼与培养目标相适应的专业能力及身心素质。专业知识体系包括人文社会科学知识体系、自然科学知识体系、专业知识体系及工具知识体系四部分。通过专业知识体系课程教学，为学生构建从事土木工程理论分析、设计、规划、建造、维护管养等综合而系统的理论及知识基础。专业实践体系包括各类实验、实习、设计以及社会实践等内容。通过实践领域、实践单元、知识与技能点的实验或实践教学，培养学生专业能力。创新训练则是通过各类学科竞赛、创新实践训练等，促进学生知识、能力及素养的全面发展，培养创新意识、创新精神与创新能力。

1.2 土木工程发展简史

土木工程学科既是一个传统学科，也是一个伴随人类文明发生与发展，不断进步、持续发展的学科。土木工程产生与发展的动力来源于人类生存与发展的需要，人类生存与发展需求的不断扩大及提高，又不断推动土木工程的发展。纵观人类生存与发展的长河，土木工程既是人类文明的结晶，也是人类生存与发展的不竭动力。

近现代自然科学奠基以前，人类主要通过合理地利用天然材料及简单的工具，进行各类土木工程的建造，并积累了大量的经验。近现代自然科学发展后，利用化学知识及理论，人类开始生产人工建筑材料；利用物理与力学知识及理论，开始对材料及结构构件的性能进行分析；利用数学知识及理论，开始对化学过程、物理模型、几何形态等进行计算与模拟；利用各种仪器与设备，开始对地质、水文等进行勘测。应用自然科学解决土木工程问题，逐渐形成和发展了系统的知识与理论体系，并制定各类技术规范，形成完备的规范体系，指导各类工程的大规模及规范化、标准化建设。20世纪中叶以后，随着全球范围内土木工程规模的不断扩大、功能及要求的不断提高，土木工程建设中遇到的抗灾减灾、环境、生态及可持续发展等问题越来越复杂。在面对与解决这些问题及挑战中，伴随着计算机与信息技术的快速发展、多学科的深入交叉与融合，土木工程学科发展进入了新时代，其综合性、复杂性及学科交叉的特征越来越凸显；土木工程设计、建造及运维技术达到了新的高度。全球范围内，道路、桥隧、港口、机场、大坝等各类基础设施工程的大量建设，以及城市化进程的快速推进，极大地促进了世界一体化发展及文明进步，提高了人类福祉。进入21世纪，我国经济社会发展进入快车道，工程建设成为现代化建设与发展的重要引擎，在以城市化建设、高铁网建设为代表的基础设施建设、港珠澳大桥为代表的重大工程建设等诸多方面，都取得了举世瞩目的成就，达到了世界领先水平。目前，我国建筑业正从传统的劳动密集型产业向智能建造转型，规划、设计、施工及运维都在快速地向数字化、智能化转型。土木工程新时代的大幕已拉开。

回顾土木工程发展的历史，比较自古至今土木工程建造技术及其水平，土木工程的发展大体经历了三个阶段，目前正在向第四个阶段迈进。

给土木工程的发展做历史的切分并非易事，因为土木工程在不断发展之中，并没有十分明显的分界点或事件。从技术发展的逻辑及内涵看，大体可以分为四个阶段，第一阶段即近现代科学发展前的阶段，可称为经验技术阶段；第二阶段即近现代科学发展后的第一次、第二次工业革命阶段，可称为近现代科学与电气革命结合的阶段；第三阶段即计算机技术与信息技术阶段，可称为第三次工业革命阶段；第四阶段即智能或智慧建造阶段，可称为第四次工业革命阶段。第四阶段刚刚启幕，本部分将简要地介绍前三个阶段的历史足迹，第四阶段的内容将在本书其他部分为读者介绍。

1.2.1 近现代科学发展前的土木工程

古代，土木与建筑、营造等意义基本相同。到了近现代，土木建造活动分工越来越细、越来越专业，土木工程与建筑学、规划等专业开始独立设置，各专业之间虽有内在的紧密联系，但涵盖的内容却大相径庭。土木工程关注和解决的是土木工程材料的发展与应用，土木工程结构的受力分析与设计计算、土木工程的建造与运营、维护等，属于科学技术学科；而建筑学则是研究建筑与环境的科学，是涵盖工程技术与人文艺术的学科。因此，在讨论古代土木工程时，无法将土木与建筑割裂开来，也不能割裂开来。

远古时代的巢居、穴居、独木（石）桥、藤索道、人类长期活动所形成的场所、道路等，就是最原始的土木工程。这样的土木工程不仅见于考古遗迹中，也可以在某些地区或国家的现代社会中找到踪迹。在旧石器时代以前，原始人群主要以树巢、天然崖洞等作为居住处所；到新石器时代，才开始出现利用黄土层为壁体的土穴、用木架和草泥建造简单的巢居、穴居和浅穴居建筑。土木建筑受气候与自然环境的影响较大，我国长江流域及其以南地区，潮湿多雨，树木生长旺盛，木结构建筑最早在南方发展，在原始巢居的基础上，产生了以木架为骨架的干栏式建筑，见图1-1；北方干燥少雨，穴居和半地穴建筑则是黄河流域及以北地区远古建筑的主要形式，见图1-2。北方原始的半地穴建筑，具有防寒保暖且能抵御野兽侵袭的特点。

河姆渡遗址考古表明，早在六七千年前，长江下游就出现了干栏式建筑。建筑以桩木为基础，其上架设大、小梁（龙骨）承托地板，构成架空的建筑基座；在基座上立柱、架梁形成干栏式木构；在木构上再覆以茅草等维护材料形成干栏式建筑。木构件之间的连接采用榫卯。因此，我国木结构制作方式及其技艺源远流长，其典型的榫卯连接方式滥觞于距今约7000年前的新石器时代。

与此同时，大约距今7000年，黄河中游地区华夏祖先也开始了定居生活。从挖掘的仰韶文化时期的特大型房址及蓄水池、灰坑等遗迹看，早在仰韶文化时期，华夏先民就懂得和掌握了处理地基（图1-3）、夯土筑墙、栽立木柱、搭建房顶及门棚、

（a）原始巢居　　　　　　　　　　（b）橧巢　　　　　　　　（c）干栏式民居

图1-1 干栏建筑的起源及形式

图1-2 北方半地穴建筑

图1-3 夯土遗迹

加工居住面等建筑营建技艺。从夏至春秋战国，夯土技术已相当成熟，夯土建筑在群居部落、宫室和陵墓等的建造中被广泛应用。除了用夯土营建房屋以外，在南方还采用夯土构筑堤坝，以防水患；在北方采用夯土构筑城墙，以抵侵袭。古代城池的建设与发展，也得益于夯土技术的应用。所谓"方九里、旁三门，国中九经九纬，经涂九轨，左祖右社、面朝后市……"的城池建设中，夯土技术被广泛地使用。

干栏式建筑与夯土技术是我国最早的土木工程技术。干栏式建筑至今在南方及东南亚地区还广泛应用，苗族等少数民族的吊脚楼就是典型的干栏式建筑，见图1-4。夯土建筑不仅在人类文明的早期被广泛应用，有些地区在近现代社会仍保存和使用夯土建筑。在夯土技术的发展与应用中，版筑夯土是主要的施工方式，见图1-5。现代现浇混凝土结构施工技术的原理与这种版筑夯土施工方式如出一辙。版筑夯土施工要先支模板，然后在模板中分层填土并夯实；现代现浇混凝土结构施工也是先支模板，再在模板内浇筑混凝土并振捣养护成型；唯一不同的是其中的材料，一是土（天然土石），二是混凝土（人工石-混凝土）。传统夯土材料主要是黏土，后来逐渐采用土石混合料；现代混凝土是由水泥、矿物掺合料、砂石骨料及水混合硬化而成。

从1622年开始，福建地区就采用版筑夯土技术建造土楼，这种建筑方式一直延续到20世纪60～70年代。福建土楼是我国传统土木建筑独特形式的杰出代表（图1-6）。2008年7月7日，福建土楼被列为世界文化遗产。福建土楼实际上融合了我国南方和北方传统建筑技术，见图1-7和图1-8。外墙采用夯土，墙体厚重坚固，

图1-4 吊脚楼

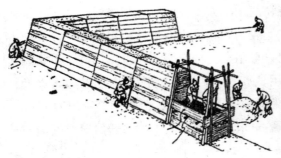

图 1-5 版筑夯土施工

图 1-6 福建土楼

图 1-7 土楼外墙

图 1-8 土楼内木结构

有很好的防护与防御功能，夯土墙内则采用南方常用的木结构，便于通风和采光。木结构为房屋骨架，墙体采用夯土、砖石砌筑等做围护或分隔，也是现代建筑建造方式的雏形。现代建筑中广泛使用的框架结构，其结构骨架为钢筋混凝土结构或钢结构，主体结构建成后，再采用各类轻质的砌筑墙体或墙板做围护或分隔，实际上是传统土木建筑建造方式的继承和发展。

除夯土、石材和木材外，砖瓦也是有悠久历史的建筑材料。我国是烧结砖瓦最早的国家之一，其历史可以追溯到大约 7000 年前的新石器时代。到秦汉时期，我国的砖瓦制作技术已达到了相当高的水平，宫殿、陵墓、城墙等已开始使用制作精良的砖瓦。但明清以前，砖瓦主要用于建筑装饰，如砖主要用来铺地，瓦主要用来装饰建筑屋面、屋脊、檐口等，普通百姓没有财力或资格使用砖瓦材料建造房屋；明清以后，砖瓦材料才开始被民间广泛采用。

从新石器时代到秦汉时期，土木建筑的主要特点是：（1）应用天然的土木材料，材料很少被加工或使用原始的、以手工为主的加工方法制作；（2）工程在选址、规模、形式等方面顺应自然条件，对周围环境的改造和影响都很少；（3）工程营建完全依靠经验和简单的工具；（4）工程建造的主要目的是满足人们最基本的生存、生活和生产之需，如穴居或简陋的地面以上房屋只是为了遮风挡雨、抵御寒冷、防范野兽等；

独木桥是为了人畜行走等；城墙是为了防御敌人侵扰等。正所谓"上古穴居而野外，后世圣人易之以宫室，上栋下宇，以蔽风雨"。

由上所述，早在新石器时代，我国长江流域的先民就开始建造干栏式的木结构建筑，并使用榫卯连接方式。随着木结构的应用与发展，北方和南方出现了两种成熟的木结构建筑形式。北方主要采用抬梁式，南方则主要采用穿斗式，见图 1-9 和图 1-10。抬梁式木结构建筑形式在春秋时代就出现了，而最早的穿斗式木结构建筑样式出现在四川汉代画像石中。至汉代，木结构开始广泛应用，至此我国典型传统建筑形式已演变发展成型，见图 1-11。

图 1-9 抬梁式木结构　　　　　　　　图 1-10 穿斗式木结构

巢居 ⟹ 干栏建筑 ⟹ 穿斗建筑
南方传统建筑演变路径

穴居 ⟹ 半地穴建筑 ⟹ 直壁建筑 ⟹ 抬梁式建筑
北方传统建筑演变路径

图 1-11 典型传统建筑形式的演变

抬梁式木构架是在木柱上放木梁、木梁上放短柱、短柱上放短梁，层层叠落直至屋脊，形成沿房屋进深方向数架层叠架设的梁，最上层梁中间架立小柱或设三角撑，形成三角形屋架。相邻屋架间，在各层梁的两端和最上层梁中间小柱上架檩，檩间架椽，构成双坡顶房屋的空间木骨架。房屋的屋面重量通过椽、檩、梁、柱传到基础。抬梁式结构复杂，制作安装要求细致，但结实牢固、经久耐用、内部使用空间大，且能产生宏伟的气势与美观的造型。

穿斗式木构架沿房屋的进深方向按檩条竖立一排木柱，每根木柱上架一根檩条，檩条上布椽，屋面荷载直接由檩条传至柱，不用梁。每排柱子靠穿透柱身的穿枋而横向贯穿起来，构成一榀木构架。每两榀木构架之间使用斗枋和纤子连接起来，形成一开间的空间木构架。斗枋设在檐柱柱头之间，形如抬梁构架中的阑额；纤子设在内柱之间。斗枋、纤子往往兼作房屋阁楼的龙骨。穿斗式木构架用料较少，建造时先在地面上拼装成整榀构架，然后竖立起来，具有省工、省料，便于施工和比较经济的优点。同时，密列的木立柱也便于安装房屋的壁板或筑夹泥墙。

随着秦汉时期大量宫殿建筑的建设，中国木结构建筑开始发展，并渐趋成熟，其主要建筑形式基本成型。魏晋时期，以楼阁为代表的多层木结构建筑的营建，使木结构营建技术得到了进一步发展。隋朝时期，木结构建筑体系进一步发展和完善，营建工匠一定程度上掌握了木材的性能及合理应用材料的知识，使木构件的比例逐渐向标准化和定型化方向发展。至唐宋，伴随着规划理念的发展，完整的建筑体系已形成，建筑构造及造型技艺也达到了较高的水平。明清时期，建筑的制度化、标准化日臻完善。

在几千年的木结构发展中，我国成功地使用了天然木材作为结构材料，发展形成了成熟的结构形式，而且在榫卯连接的基础上，发展完善了斗拱结构这一独特的木结构梁柱连接方式（图1-12）。斗拱结构不仅受力合理，而且形成了我国古建筑的独特风格，创造和发展了中国建筑文化。由于木结构技术的发展以及建筑风格与文化的形成，我国保留的大量历代木结构建筑已成为全人类的宝贵文化遗产，如故宫建筑群、山西五台山佛光寺东大殿（唐857年）、山西应县佛宫寺释迦塔（俗称应县木塔，辽1056年），等等。

北京故宫（始建于公元1406年，建成于1420年）是世界上现存规模最大、保存最完整的木结构建筑群，占地72万m^2，有房屋8700余间，总建筑面积15万m^2（图1-13）。山西应县木塔（始建于1056年，9层、67.31m高）高度反映了我国木结构建筑的技术水平（图1-14）。近千年来，该木塔经受多次大地震至今巍然屹立，充分证明了木结构及其连接建造方式有较好的抗震性能。

我国木结构建筑的建造与发展，不仅创造了高超的木结构制作与安装技艺，形成了中国独特的营建技术及建筑文化，为世界留下了宝贵的建筑文化遗产，也深刻地影

图 1-12 斗拱结构

图 1-13 北京故宫

图 1-14 应县木塔

图 1-15 法隆寺五重塔

响了日本及东南亚国家建筑的发展。日本奈良法隆寺五重塔（建于公元 607 年，塔高31.5m）是日本木结构建筑的重要代表之一（图 1-15）。值得提及的是，按照现行建筑设计标准，高度超过 28m 的住宅建筑及房屋高度大于 24m 的其他民用建筑就可称之为高层建筑，说明我国用天然材料建造高层建筑的历史可以追溯到近千年前。

在抬梁式木结构房屋中，木立柱承受竖向荷载，梁架在立柱上，梁上又叠梁形成稳定的三角形水平构件，将屋盖的荷载最终传给立柱，立柱通过柱础传给基础。立柱和其上叠梁形成稳定的横向木构架，每榀木构架之间再通过坊、檩等纵向构件连接，形成空间木结构。在穿斗式木结构建筑中，成排的立柱沿横向密布，中间通过多层水平木作将密布柱穿接，立柱的高度按照屋盖的坡度设置，形成稳定的、檐口下为矩形、檐口上为三角形的木构架。稳定的平面木构件形成后，再通过檩条沿纵向将各榀横向木构件连接，最终形成稳定的空间木结构。由此可见，无论是抬梁式木结构，还是穿斗式木结构，都是在其木结构建成后，再在木结构中或木结构外辅以各类维护和分隔材料，最终形成完整的建筑。

观察我国木结构建筑形式及其建造原理，可以清楚地了解建筑结构技术发展及其演变方式。虽然现代建筑结构主要是钢筋混凝土结构和钢结构，但其结构的基本构成原理并没有变化，仍然首先构建稳定的平面结构，然后通过连接形成稳定的空间结构。木结构中承重结构与围护结构分开，也为现代建筑结构的发展提供了借鉴。承重结构和围护结构分开为建筑向多高层发展奠定了基础。在竖向承重结构和围护结构合为一体的情况下（如砌筑墙体），建造高层建筑是比较困难的。即使现代广泛应用的钢筋混凝土剪力墙结构，其中也要大量采用非承重的围护构件和分隔构件。

利用木构件，通过采用稳定的平面结构及其纵向连接，形成稳定的空间结构，但其连接又有一定的柔性，不像钢筋混凝土结构或钢结构的节点连接刚度大，在地震情况下具有耗能减震等显著优点，抗震能力强，可供现代建筑结构防灾减灾设计借鉴。

木材是可再生材料，只要控制乱砍滥伐及应用规模，木材是最好的自然可再生材料。木材腐朽后也不会对环境及生态造成压力和破坏，而且木结构建筑的舒适度相对较高，因此，只要保持森林蓄养与木材应用间的平衡，木结构建筑属于绿色建筑，仍有广阔的应用与发展前景。不仅在单层、多层民用建筑中可以应用，也可以在一些大跨的公共建筑中应用，见图1-16。

古代，西方国家的房屋建造技术也达到了很高的水平，留下了众多建筑文化遗产。但与我国及东方国家不同的是，西方国家主要使用砖石材料建造房屋。图1-17～图1-20是西方古代建筑的一些杰出代表。这些建筑所使用的主要材料都是石材。尽管西方国家在建筑中比较少地采用木材，但古代西方国家的木结构技术也达到了较高的水平。古罗马时期，工匠就能区别桁架的拉杆和压杆，且建成了代表性工程——以25m跨木桁架为主要结构的罗马城图拉真巴西利卡。如果用跨度来衡量，这样的跨度已达到了现代桥梁的中桥水平。

图1-16 现代木结构建筑

图 1-17 古埃及金字塔

图 1-18 圣索菲亚大教堂

图 1-19 罗马斗兽场

图 1-20 古希腊雅典卫城

广泛使用砖石材料建造房屋，特别是建造大型、大跨公共建筑，促进了石拱券、砖拱券等结构形式在西方建筑中的大力发展和广泛应用。远在古罗马时期，西方工匠就开始利用天然火山灰混凝土建造大型宫殿、教堂的拱顶，且建造了很多有代表性的古罗马建筑、罗曼建筑和哥特式建筑，给世界留下了宝贵的文化遗产。这些风格各异的代表性建筑在材料应用上有共同点，即都是利用砖石等块体建筑材料，通过受力合理的拱券结构及其组合而形成大跨度建筑空间，并在建筑的外立面和内部空间中用雕塑、壁画等加以装饰，形成独特的建筑风格，营造出特有的文化与精神氛围。图 1-21 为几种典型的拱券形式。

古罗马建筑。古罗马建筑能满足各种复杂的功能要求，主要依靠建造技术水平很高的拱券结构，以获得宽阔的内部空间。图 1-22 ~ 图 1-23 所示为意大利万神庙（始建于公元 27 年，后遭毁，公元 118 年重建），是世界著名的古罗马建筑，其圆形穹顶的直径是 43.3m，高度也是 43.3m。公元 1 世纪中叶，出现了十字拱，它覆盖方形的建筑空间，把拱顶的重量集中到四角的墩子上，无需连续的承重墙，空间因

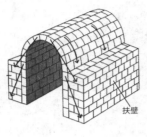
（a）筒拱

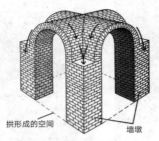
（b）十字拱

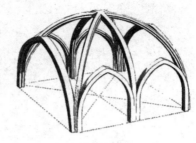
（c）肋架拱

图 1-21 西方古建筑拱顶结构

图 1-22 意大利万神庙全景

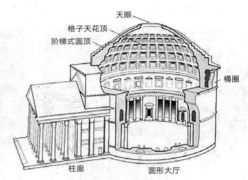
图 1-23 万神庙结构解剖

此能更为开敞。把几个十字拱与筒形拱、穹窿组合起来，能够覆盖复杂的内部空间。古罗马城中心广场东边的君士坦丁巴西利卡，中央用 3 间十字拱，跨度 25.3m，高40m，左右各有 3 个跨度为 23.5m 的筒形拱抵抗水平推力，结构技术水平很高。其剧场和角斗场中庞大的观众席，也架在复杂的拱券体系上。由此可见，无论从结构形式，还是从建筑所达到的跨度与高度等方面看，古代西方建筑技术都达到了很高的水平。

罗曼建筑。罗曼建筑承袭初期基督教建筑的特点，采用古罗马建筑的一些传统做法如筒拱、十字拱等，并对罗马拱券技术不断进行试验和发展，采用扶壁以平衡沉重拱顶的横推力，后来又逐渐用骨架券代替厚拱顶。图 1-24 所示的意大利比萨主教堂为罗曼建筑的代表，其内部结构如图 1-26 所示。随着罗曼建筑的发展，中厅愈来愈高。为减少和平衡高耸的中厅上拱脚的横推力，并使拱顶适应不同尺寸和形式的平面，后来又创造出了哥特式建筑，如意大利米兰大教堂（图 1-25）、巴黎圣母院（图 1-27）、德国科隆大教堂等。罗曼建筑作为一种过渡形式，它的贡献不仅在于把沉重的结构与垂直上升的动势结合起来，而且在于它在建筑史上第一次成功地把高塔组织到建筑的完整构图之中。

图 1-24 意大利比萨主教堂建筑

图 1-25 意大利米兰大教堂

图 1-26 比萨主教堂内部结构

图 1-27 巴黎圣母院内部结构

哥特式建筑。哥特式建筑是以法国为中心发展起来的建筑形式。在 12 ~ 15 世纪，城市手工业和商业行会相当发达，城市内实行一定程度的民主政体，市民们以极高的热情建造教堂，以此争胜而表现自己的城市，犹如现代城市争相建设地标建筑。哥特式建筑的特点是尖塔高耸、尖形拱门、大窗户及绘有圣经故事的花窗玻璃等。在设计中利用肋架拱、飞扶壁、修长的束柱，营造出轻盈高耸的飞天感，使整个建筑外观呈现出直升向上的线条、雄伟的外观，内部则形成空阔的空间。哥特式建筑的代表作非常多，图 1-25 为意大利米兰大教堂，图 1-27 为巴黎圣母院的内部结构。米兰大教堂 1386 年开始建造，1500 年完成拱顶，1774 年中央塔上的镀金圣母玛丽亚雕像就位，主体建造历时一百多年，最终建设历时近 300 年。德国科隆大教堂也是一座典型的哥特式建筑，始建于1248年，1880年才竣工，建设历时600多年。从建造规模及历时看，这些教堂的建设都耗费了大量人力、物力与财力，这与我国传统"卑宫室"的主张是相悖的。我国先秦时期就产生了"卑宫室"的建筑思想，主张土木建设要简朴、抑制大兴土木，使用取材方便、易于加工的材料等。这种建设思想，对现代可持续发展理念仍有较大的借鉴意义。

利用简单的砖石材料建造房屋，拱结构是最合理的结构形式。只有拱结构才能在采用砖石材料的情况下，建设较大跨度的结构。因为砖石材料的特点是抗压强度高，抗拉强度低，只有采用拱结构形式，才能使其受压而充分利用其抗压强度高的特点。我国在利用拱结构建造土木工程方面也取得了杰出成绩。公元6世纪，隋朝建成的赵州桥，跨度37.02m，全长50.82m，桥面宽约10m（图1-28），1991年被美国土木工程师学会评为世界上第12个土木工程里程碑。明朝建设的南京开元寺无梁殿，也是我国砖拱结构的杰出代表（图1-29）。在砖石结构建造技术方面，中西方除了都发展了合理的结构形式外，早期西方主要使用天然火山灰材料作为黏结材料，而我国则主要采用黏土材料作为砌筑黏结材料。为了改善黏土砌筑黏结材料的性能，在一些城墙与宫殿的建设过程中，会添加一些改性材料，如米浆、动物血液等。

历史上各个时期，建设工匠都不断总结设计与建造经验。我国第一部总结与介绍官营手工业各工种规范和制造工艺的文献，可追溯至春秋战国时期的齐国官书《考工记》。《考工记》介绍和总结了很多工种规范及制造技艺，建筑营建是其中的重要内容。1091年，宋朝将作监李诫编著了《营造法式》，后经1097年修编，至1103年在全国刊行。该书系统地总结和介绍了营建设计与施工方面的经验，全书36卷，357篇，3555条，内容丰富，对后世影响很大。公元前1世纪（公元前32—公元前22年）古罗马建筑师、工程师维特鲁威编著的《建筑十书》，是西方保留至今

图1-28 赵州桥

图1-29 南京开元寺无梁殿

的唯一最完整的古典建筑典籍。该典籍内容十分丰富，包括建筑教育、城市规划、建筑设计原理、建筑材料、建筑构造做法、施工工艺、施工机械和设备等，且记载了大量建筑实践经验，提出了实用、坚固、美观的建筑三原则，是一部对现代建筑也极具参考价值的建筑百科全书。公元15世纪，意大利文艺复兴时期的建筑师和建筑理论家阿尔贝蒂（1404—1472）编著了《论建筑》（1452年），这是一部完整的建筑理论著作，对古典建筑的比例、柱式以及城市规划理论和经验进行了总结。这些著作对促进建筑规划与设计、建筑材料、建筑构造做法、建筑施工等方面的理论探索、实践及技术的发展发挥了重要作用。但受科学发展的限制，这些著作还不能从近现代科技的角度阐述材料性能、结构受力原理，也无法形成科学而系统的结构分析设计理论。

概而言之，近现代以前土木工程的发展就取得了辉煌成就，积累了丰富的设计与建造知识及经验，留下了大量宝贵建筑文化遗产，但这些知识与理论基本属于经验性的，其发展足迹及特点为：

（1）建筑材料。从穴居、巢居建筑逐步发展到地面建筑的过程中，先民首先使用土、木、石、藤、草等天然材料，随着应用的增多及知识经验的不断积累，后来逐渐对这些材料进行简单的加工与制作，发展了版筑夯土技术、干栏建筑技术、砖瓦烧制技术、石材与木材加工技术，直到利用火山灰混凝土建造拱顶等。

（2）建造技术。在地面建筑的营建及其发展过程中，随着利用材料能力的提高，从建造简陋的单层建筑到多层建筑、塔与楼，最后发展到建造大跨度、大空间的宫殿、堂庙、公共建筑等，建筑层数和高度不断增加，建筑跨度不断增大，内部空间也不断扩大。

（3）结构形式。从搭设简单的三角形木架、独木桥，发展到营建干栏式木构架、抬梁式与穿斗式木结构及各种形式的木结构桁架；从利用天然洞穴，夯土筑基、筑台、筑墙以加固地基和构建竖向构件，到利用砖石材料建造竖向构件（墙体、柱）及各类拱形结构，并形成独特的建筑形式；在合理利用材料，建造不同种类建筑的发展过程中，结构及其构造的概念逐步建立并不断发展，形成了符合材料特性及结构构件受力性能的结构体系。竖向结构（墙、柱）、水平结构（梁、桁架、拱）、竖向结构与水平结构的结合及其传力、平面结构及空间结构、承重结构与围护结构等概念的确立与应用，极大地促进了材料的科学利用及结构技术的发展。

（4）营建技术标准化。总结建筑材料、建筑法式、规格、结构形式等方面的经验，形成了比较系统的建筑设计与建造标准与技术，如建筑布局、空间尺度、比例、构件尺寸、模数、装饰、构造方式及做法，等等。

1.2.2 近代土木工程

近现代科学发生和发展后，人类首先经历了以蒸汽机为代表的第一次工业革命和以电气为代表的第二次工业革命。在近现代科学和两次工业革命的推动下，土木工程实现了质的飞跃。在力学理论的推动下，土木工程从经验技术过渡到科学技术；在工业革命的带动下，钢和混凝土等主要建筑材料成为主要土木工程材料，实现了从天然材料到人造材料的跨越；运输及施工机械的大力发展与应用，也为广泛的基础设施建设和城乡建设提供了支撑。

土木工程材料。土木工程中所用的材料分两大类，一类是结构材料，另一类是非结构材料。墙、柱、梁板等构件既承受自重，也承受其他构件传来的荷载，这类构件为结构构件，其用的材料称为结构材料；围护墙、分隔墙等构件只承受自重，而不承受其他构件传来的荷载，这类构件为非结构构件，所用材料称为非结构材料。在土木工程的发展中，结构材料的革新与发展至关重要。土木工程安全、耐久的功能要求，是依靠结构维系的，而性能良好的结构是依靠使用良好的结构材料实现的。土木工程材料发展的足迹贯穿于土木工程发展的历史长河中。

1824年波特兰水泥的发明和1856年转炉炼钢技术的出现，标志着土木工程结构材料发展的飞跃，预示着材料及结构的发展达到了新高度。水泥的发明和应用、钢材冶炼技术的进步，开启了人工结构材料的新时代，土木工程开始告别传统的"土与木"材料时代，迈向了以混凝土和钢材为主角的时代。设计与建造方面，开启了以经验为王时代向以近现代自然科学为基础的科学技术新时代的迈进。在科技时代中，工程勘察与测量、土力学、工程力学、混凝土结构学、钢结构学、施工理论与技术等不断发展与完善，形成了系统的知识与理论体系，土木工程学科发展成一门完整而独立的学科。而且，面向不同的工程领域及对象，形成了若干学科或专业方向，如建筑工程、桥梁工程、道路工程等。

土木工程专业主要关注和解决土木工程材料及结构问题。结构是土木工程的骨架。计算分析结构的受力，根据结构的受力对结构构件进行设计，以确保结构在服役期间的安全性、适用性与耐久性是土木工程技术的核心内容。结构受力分析的自然科学基础是力学和数学，结构设计的基础是基础工程学与结构工程学。因此，数学力学、基础工程学与结构工程学是土木工程这座大厦的三大支柱。由于近现代自然科学的发展、第一次工业革命的推动，19世纪中叶至20世纪初期，基础工程学、结构工程学逐渐发展并初步成熟，为混凝土结构与钢结构的广泛应用奠定了基础，开启了大型、复杂工程设计及建造的历史。

力学。力学是研究物质机械运动规律的科学，可粗略地分为静力学、运动学与动力学三部分。静力学研究力的平衡，动力学研究物体运动与所受力的关系。静力学与动力学与土木工程的关系最为紧密。阿基米德初步奠定了静力学平衡理论，伽利略、牛顿奠定了动力学基础。此后，经达朗贝尔、拉格朗日、欧拉、纳维、柯西、泊松、斯托克斯等数学家和力学家的杰出工作，在经典力学的基础上，发展了系统的力学分支：固体力学、流体力学和一般力学。在每个大的分支下，又可细分若干小的分支，如材料力学、结构力学、弹性力学、弹塑性力学等。18世纪中叶，欧拉（瑞士数学家、自然科学家，1707—1783）建立了柱的轴心受压压屈临界力理论，使结构构件的稳定分析成为现实；库伦（法国物理学家，1736—1806）、莫尔（德国工程师，1835—1918）建立的材料强度理论，为材料力学与土力学的发展奠定了基础；1825年法国力学家、工程师纳维（1785—1836）建立了结构设计的容许应力分析方法，为结构设计提出了通用方法；1930年美国工程师H·克罗斯提出了力矩分配法，通过逐次逼近方法，解决了不需解方程组而进行超静定结构内力分析的问题，促进了刚架结构的应用。力学理论及其求解方法的发展，为结构分析及设计奠定了基础。

土力学与地基基础工程。在土力学与地基基础领域，库伦于1773年创立了砂土抗剪理论，1776年又发表了滑动楔体土压力计算理论。在库伦理论的基础上，莫尔提出了土的剪切破坏理论，经研究完善，形成了莫尔–库伦强度破坏准则。达西（法国科学家，1803—1858）1855年发表了水在砂土中的线性渗透规律，建立了土的渗流定律——达西定律。布辛内斯克（法国科学家，1842—1929）于1885年发表了计算半无限弹性体中应力分布的公式。朗肯（英国土力学家，1820—1872）提出了挡土墙压力计算及稳定分析理论。被称为土力学之父的K·太沙基（奥地利土力学家，1883—1963）创立了有效应力理论和土的单向固结理论，并于1925年出版了世界上第一部《土力学》专著。这部经典《土力学》著作的出版，标志着经过100多年的发展，土力学形成了完整的理论体系。土力学及地基基础理论的建立，使土木工程能够建立在安全稳固的基础之上。

钢结构工程。人类使用铁的历史可以追溯到4500年前左右，春秋时，我国的铸铁技术就有了很大进步，开始用铁制作农具及手工工具。西汉时期，制铁工匠就掌握了块铁渗碳法制铁工艺，极大地提高了铁的硬度与强度。然而，虽然早在秦朝我国就出现了用铁做的简单承重结构，西方从17世纪开始就有使用铁做承重结构的记载，但受冶炼技术的限制，在转炉炼钢技术发明前，铁主要指铸铁，不仅不能大规模冶炼，而且其性能远逊于钢，不能广泛地应用于土木工程中。1856年贝塞麦（英国冶金学家，1803—1858）申请了转炉炼钢专利，标志着第一次工业革命从"铁时代"演变到"钢时代"，大规模炼钢成为现实。1870年轧制工字钢的出现，开启了工业化生产钢材的新时代，同时铆接、焊接及螺栓连接等钢结构连接技术也逐渐出现与发展。由于钢材产能的扩大、性能的提高以及连接技术的发展，强度高、韧性好的钢材开始在土木工程中大量应用。19世纪末～20世纪初，世界上建造了里程碑式的钢结构工程，如法国巴黎埃菲尔铁塔（总高 324m，建成于 1889 年）、美国旧金山金门大桥（悬索桥，两塔之间跨度 1280m，塔高 342m，建成于 1937 年）等，见图 1-30 和图 1-31。

图 1-30 巴黎埃菲尔铁塔

图 1-31 旧金山金门大桥

混凝土结构工程。水泥于 1824 年由英国建筑工匠阿斯谱丁发明。由于这种水泥硬化后的颜色与英国格陵兰岛上波特兰的石头颜色相似，所以称为波特兰水泥。波特兰水泥发明后，法国人 J.L.Lambot 于 1849 年制造了第一只钢丝网水泥砂浆小船；1854 年英国人 W.B.Wilkinson 获得了钢筋混凝土楼板专利；1875 年，美国人 William E. Ward 建成了世界上第一座钢筋混凝土房屋；1861 ~ 1867 年，法国园丁 Joseph Monier 获得了从制造钢丝网花盆到钢筋混凝土梁、板和管的多项专利；1887 年，英国人 M.Koenen 发表了钢筋混凝土结构构件计算方法；1918 年美国人 D.A.Abrams 建立了混凝土强度与水灰比关系；1930 年瑞士人 Belomey 在大量试验基础上，进一步完善了混凝土强度理论。此后，混凝土材料及结构构件性能理论不断发展完善，极大地推动了钢筋混凝土结构的应用。1875 年世界第一座钢筋混凝土结构建筑在美国纽约落成，成为混凝土材料在建筑工程中应用的里程碑，开启了混凝土材料广泛应用的篇章。1928 年法国人 Eugene Freyssinet（1879—1962）发明了预应力钢筋混凝土结构，并于第二次世界大战后广泛地应用于桥梁、大跨建筑等工程中。

近代土木工程不仅在理论、材料与结构形式等方面都有重大发展，形成了一个完整而科学的学科体系，而且土木工程的触角延伸到社会需要的各个工程领域，如大坝、铁路、隧道、高速公路、飞机场、城市地铁等。1825 年英国修建了世界上第一条铁路：斯托克顿 - 达林顿铁路；1932 年德国修建了世界上第一条高速公路——波恩到科隆高速公路；1843 年英国人皮尔逊为伦敦市设计了世界上最早的城市地铁系统——大都会地区铁路，该地铁系统于 1863 年 1 月正式运营；1880 年巴拿马运河开凿，等等，以上都是近代土木工程飞跃发展的重要标志。近代土木工程的飞跃发展，为第二次世界大战后各国基础设施及城市化的快速发展，建立了坚实基础，提供了建筑材料、设计理论与建造技术等方面的强有力的支撑。

1.2.3 现代土木工程及我国土木工程技术的最新成就

由于近代土木工程在设计与建造理论、材料科技、施工机械等方面的快速发展与日臻成熟，第二次世界大战后，受战后经济发展、城市建设以及科技的带动，土木工程更加快速地发展。从 20 世纪 30 ~ 40 年代到 20 世纪 70 ~ 80 年代，一些代表性的土木工程在全球兴建，如美国帝国大厦（381m，102 层，1931 年建成；1951 年加 62m 天线，总高达 443.7m）、美国芝加哥西尔斯大厦（442.3m，加上天线高 527.3m，共有 110 层，1974 年建成）、美国纽约世界贸易中心（110 层，北塔 417m，南塔 415m，1966 年开工，1973 年建成，"9·11 恐怖袭击事件"中被摧毁）、加拿大国家电视塔（553.3m，落成于 1976 年）、位于巴西 – 巴拉圭边境的伊泰普水电站（1970 年代动工，1991 年建成，是目前装机及发电量仅次于我国三峡水电站的世界第二大水电站），等等。

随着第三次工业革命的快速发展及其推动、中国改革开放释放的巨大动能、全球一体化进程的加速，世界经济及城市化快速发展。自 1980 年代以来，土木工程的发展进入了黄金期，特别是在中国。据统计，1980 年世界水泥产量约为 8.79 亿 t，中国约 7350 万 t，占比不足 10%；到 2020 年世界水泥产量约 40 亿 t，中国约 23.8 亿 t，占比则超过 50%；1980 年中国钢产量约为 3712 万 t，仅占世界总产量的 5% 左右，到 2020 年我国钢产量增加到 13.25 亿 t，也超过了全球产量的 50%。

1980 年我国铁路里程 5.33 万 km，公路里程 88.83 万 km，内河航运里程 10.85 万 km，定期航班航线 19.53 万 km，输油（气）管道 0.87 万 km，到 2019 年则分别达到了 13.98 万 km、501.25 万 km、12.37 万 km、948.22 万 km 和 12.66 万 km。2020 年我国高速公路里程达 15 万 km，覆盖城镇人口 20 万以上城市及地级行政中心；高速铁路里程达到 3 万 km，覆盖 80% 以上城区常住人口 100 万以上的城市。目前我国公路桥梁超过了 80 万座，高铁桥梁超过 3 万座，长江上大桥总数为 135 座。截至 2021 年 8 月，我国有 48 个城市开通营运城市轨道交通线路 247 条，运营里程达 7970km。我国实施交通强国战略，建成了世界最大的高速铁路网、高速公路网，世界级港口群，航空航海通达全球，综合交通网突破 600 万 km。

1980 年我国城镇居民人均住房面积仅有 $7.18m^2$，2019 年我国人均住房面积达到了 $39m^2$。2020 年我国常住人口城市化率达到了 63.89%，而 1980 年这一数字只有 19.39%。改革开放四十余年，城市常住人口增加了 6 亿多，城市数量达到了 687 个，城市建成区面积达到了 6.1 万 km²。

近半个世纪以来，我国建筑业对经济与社会的支柱作用日益提高，建筑业增加值占国内生产总值的比重达到 7.2%，提供了 5000 多万个就业岗位。随着城市化进程的推进，交通、通信与能源基础设施建设规模不断扩大、水平不断提高，"一带一路"建设不断拓展，以及大量重点、重大工程的不断兴建，我国已从建筑大国迈进建筑强国。我国在高（耸）、大（跨）、重（载）、特（种）等工程建设方面不断取得突破，以超级工程为代表的国家重大、重点工程建设取得了令世界瞩目的伟大成就，图 1-32 ~ 图 1-34 所示的工程是这些工程的代表。

我国现代土木工程在短短的半个多世纪取得如此快速的发展，是经济、城市建设与科技共同发展、相互促进的结果，是综合国力不断提升的体现。进入 21 世纪，随着发展理念的更新，经济与科技的发展，海量工程的兴建，土木工程领域出现了如下发展趋势：（1）在工程规划、设计及建造中，绿色生态、可持续发展理念越来越凸显；（2）工程结构防灾减灾设计标准及性能要求不断提高，创新的理论与技术不断发展与应用；（3）工程结构耐久性及全生命周期设计理论不断丰富与完善，且在重大、重点工程中不断得到应用；（4）高性能与多功能的新材料不断发展与应用；（5）智能设计与建造技术取得快速发展，成为工程建设现代化的主要发展方向；

图 1-32 港珠澳大桥

图 1-33 南京大胜关高速铁路桥

图 1-34 川藏高速铁路

（6）以物联网等现代信息技术为支撑的工程建设与城市管理综合数智平台建设及应用，在工程建设与城市管理中发挥着越来越大的作用。以现代信息技术及数值模拟分析计算为基础，多学科、多种材料、多种技术在土木工程中综合应用的趋势越来越明显。土木工程的综合、复杂功能要求也越来越高。

重大工程。第二次世界大战后，西方国家从两次世界大战期间的经济危机中走出，欧洲和日本逐渐崛起。西方国家不断加强经济合作，依靠强大的科技力量和电子信息技术革命，推动了经济高速发展、加速了城市化进程。跨国企业集团的高速成长和社会财富的级数增长，产生了强劲的基础设施建设需求，不断推动土木工程快速发展，土木工程也不断展示其强大的生命力和创造力，不断挑战高、大、重、特工程的新高度，创造了一个又一个土木工程的新里程碑。

2010 年建成的世界最高的高层建筑迪拜塔达 828m 高，高度几乎是 1972 年建成的 417m 高的世界贸易大厦的两倍。2016 年建成的总高度 632m 的上海中心大厦比 1994 年建成的 468m 高的上海东方明珠电视塔高 164m。2008 年北京奥运会中国国家体育场"鸟巢"的长轴最大跨度达 333m，短轴最大跨度达 297m。2019 年 9 月正式通航的大兴国际机场的总建筑面积达到 140 万 m^2，航站楼面积达 78 万 m^2。这些超高、超大建筑的建设，标志着建筑工程发展的新高度。图 1-35 ～ 图 1-40 是我国一些有代表性的、有影响的建筑。

2018 年 10 月投入运营的港珠澳大桥是目前世界最长的跨海通道工程，由桥、隧、人工岛和陆上连接线组成，全长 55km，主桥 29.6km、沉管隧道 5.6km，其规模、施工难度及设计建造技术都达到了当今世界之最。港珠澳大桥主体结构设计使用寿命 120 年，可抵御 8 级地震、16 级台风、30 万 t 级船撞击以及珠江口 300 年一遇的洪潮。海底隧道由 33 节预制预应力钢筋混凝土沉管组成，最大安装深度 40m；预制沉管每节长度 180m，宽 38m，高 11.4m，排水量约 8 万 t；港珠澳大桥的用钢量相当于 10 座国家体育场（鸟巢），60 座埃菲尔铁塔，是当之无愧的超级工程。

2008 年建成通车的苏通大桥最大跨径 1088m，曾是世界最大跨度斜拉桥（2012 年俄罗斯岛斜拉桥的主跨度达到了 1104m）。苏通大桥主墩基础由 131 根长约 120m、直径 2.5 ～ 2.8m 的群桩组成，承台长 114m、宽 48m，面积有一个足球场大，是在 40m 水深以下厚达 300m 的软土地基上建起来的，是世界上规模最大、入土最深的群桩基础。苏通大桥采用高 300.4m 的混凝土塔，比日本多多罗大桥 224m 的钢塔高近 80m。苏通大桥最长拉索长达 577m，比日本多多罗大桥斜拉索长 100m，为世界上最长的斜拉索。从 1990 年代开始，短短二三十年间，我国造桥理论与技术实现了跨越发展，设计与建造水平目前已处于世界领先水平。

三峡大坝高程 185m，蓄水高程 175m，是世界规模最大的水电站，见图 1-41。雅砻江混凝土双曲拱坝坝高 305m，是世界上最高的大坝，见图 1-42。2020 年 6 月

图 1-35 上海中心大厦　　　　　图 1-36 北京中国尊　　　　　图 1-37 深圳平安大厦

图 1-38 国家体育场——鸟巢　　　　　　图 1-39 国家速滑馆——冰丝带

图 1-40 北京大兴国际机场

图 1-41 三峡大坝　　　　　　图 1-42 世界最高拱坝——雅砻江锦屏电站

南水北调工程已成功完成东线和中线工程，建成了世界上规模最大的泵站群——东线泵站群。85.32km 的世界上最长的引水隧道——辽宁大伙房输水工程 2009 年全线贯通。这些大型水利工程的建设表明，我国在水利工程建设方面也处于世界领先水平。

世界上最长的铁路隧道——圣哥达铁路隧道全长 57km。英吉利海峡海底隧道是世界上最长的海底隧道，它横穿英吉利海峡最窄处，西起英国东南部港口城市多佛尔附近的福克斯通，东至法国北部港口城市加来，全长 50.5km，其中海底部分长 37km。整个隧道由两条直径为 7.6m 的火车隧道和一条直径为 4.8m 的服务隧道组成。进入 21 世纪，我国在隧道建设方面也实现了赶超，目前无论是建设规模，还是施工技术都达到世界领先水平。除令人瞩目的港珠澳大桥海底沉管隧道外，2007 年建成了穿越秦岭的全长 18.02km 的终南山特长公路隧道；2014 年建成了全长 32.64km 的青藏铁路新关角隧道；2014 年还建成了全长 16.4km 的兰新高铁祁连山隧道；川藏高铁线上也建设了很多施工难度极大的大型隧道，如色拉季山隧道（全长 37.9km）、达嘎拉隧道（全长 17.3km）、桑珠岭隧道（全长 16.449km）、米林隧道（全长 11.56km）以及号称施工难度最大的隧道——大柱山隧道（全长 14.484km）等。在克服冻土、冲破断层、软弱围岩大变形、涌水、高地热、岩爆、高海拔、高埋深等方面，这些隧道的建设不断挑战工程施工极限，创造了土木工程建设奇迹。

除此之外，我国在海洋工程、核电工程建设方面也取得了很大成就。图 1-43 为烟台来福士公司建设的海上采油平台，被称为"大国重器"。图 1-44 为某核电站外貌。随着清洁能源需求的增长，我国还将建设多座核电站。

结构分析与设计理论。结构理论的发展与完善是现代土木工程快速发展的关键基础和重要标志。现代社会对土木工程的要求日益多样化，不仅要快速建设大量一般工业与民用建筑及基础设施工程，还要建设很多重点、重大工程，解决大量复杂工程的关键技术问题，使所建造的任何工程都具有预定的功能，能抵御地震、台风、洪水、滑坡、泥石流、雪灾、火灾等各种灾害。没有系统完备的设计理论作支撑，就不可能对结构进行科学合理的分析设计，就无法保证工程在各种工况下的可靠性。

图 1-43 来福士海上采油平台

图 1-44 核电站

在传统的、主要依靠经验建造工程的时代，工匠之所以不能解决大量工程的快速建设问题和超高、大跨等复杂工程的设计和施工问题，是因为无法解决复杂工况下的结构计算分析及复杂条件和环境下的工程施工问题。由于实验设备与技术、结构静动力分析理论与方法、材料多轴本构关系、结构非线性分析理论与方法以及计算机技术的高度发展，结构分析计算理论与方法不断发展与完善，设计标准不断完善和提高，结构设计方法实现了从经验方法、容许应力法、安全系数法到可靠度设计方法的过渡，结构设计精细化程度及其效率不断提高，为各类工程建设提供了根本保证。进入 21 世纪，性能化设计理论、抗连续倒塌设计理论、结构耐久性及全生命周期设计理论、结构振动控制理论、结构实验技术及智能结构等有了重大研究进展，所发展的理论逐渐在实际工程中应用，不断提高工程建设水平、质量及其性能。

材料。在土木工程的发展历程中，材料与工程是互相促进、共同发展的。一方面工程建设需要发展新材料，不断提高材料的性能，以满足工程对材料多样化性能的需求；另一方面，新材料、高性能材料的研发与生产又促进了建筑与新型结构的发展。

土木工程中最重要、应用最广的结构材料是混凝土和钢材。进入 21 世纪，这两种材料都有飞跃发展。高强、高性能混凝土已在实际工程中广泛应用。目前世界上研究的超高强混凝土，其抗压强度可达 300MPa；C120 强度等级的混凝土已用于实际工程中；工业与民用建筑中广泛应用的混凝土强度等级达到了 C30 ~ C60。混凝土的各种性能，如施工性能、耐久性能等显著改善，已经可以设计建造其设计寿命为 120 ~ 150 年的混凝土结构工程。混凝土良好的施工性，使高耸混凝土结构建筑、大跨混凝土结构桥梁等工程的建设成为可能。除普通的结构混凝土外，各种特殊用途和具有特殊建筑效果的混凝土也在工程中应用，如纤维增强混凝土、聚合物混凝土、轻骨料混凝土，以及透光混凝土、装饰混凝土、清水混凝土等，见图 1-45、图 1-46。

图 1-45 透光混凝土

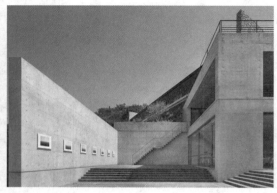
图 1-46 清水混凝土

钢材的性能与加工工艺显著改善和提高。建筑用普通钢筋已淘汰了 HRB335 级钢筋，HRB400 级、HRB500 级钢筋成为钢筋混凝土结构中主要使用的普通钢筋；工程上应用的钢绞线的极限抗拉强度标准值可达 1960MPa。预应力钢筋混凝土结构得到广泛应用，使大跨、重载的建筑、桥梁等工程建设得以实现。高强度钢索的应用，推动了斜拉桥、悬索桥的建设，见图 1-47、图 1-48。由于轧制、焊接及加工工艺的发展，各种钢结构建筑与桥梁也得到空前的发展。冶炼技术的进步，耐候钢、耐高温钢也开始在土木工程中应用。不锈钢钢材及不锈钢覆层钢材也开始在沿海混凝土结构中应用，以提高结构的使用寿命。

图 1-47 北盘江大桥

图 1-48 四渡河悬索桥

　　钢与混凝土材料及结构的发展，高耸、大跨结构工程建设的需要，也促进了钢 - 混凝土组合结构的发展。型钢和混凝土组合可以制作钢 - 混凝土组合梁、钢 - 混凝土桁架组合梁、压型钢板 - 混凝土组合楼板、钢骨混凝土梁、柱、剪力墙、预应力钢 - 混凝土组合梁等。钢 - 混凝土组合结构能充分利用钢材和混凝土的优点，具有承载力高、刚度大、整体性及稳定性好等优良性能，且能增强结构的抗火性能与耐久性能，可广泛用于建筑工程、桥梁工程、市政工程、地下工程、海洋工程等工程中。图 1-49 和图 1-50 是钢 - 混凝土组合桥梁、钢桁架 - 混凝土组合桥梁的工程实例。

图 1-49 钢 - 混凝土组合桥梁

图 1-50 钢桁架 - 混凝土组合桥梁

在大跨建筑建设中，不仅要在结构形式上进行创新，还要创新大跨结构的覆盖形式。最近 20 年，机场航站楼、高铁站、大型会展馆、体育馆等建筑的大量建设，不仅促进了大跨钢结构的创新发展，也促进了大跨结构覆盖体系的创新，如膜结构的发展与应用。膜结构是通过空气压力和利用柔性钢索或刚性支撑结构将性能优良的膜材绷紧，形成具有一定刚度、能够覆盖大跨度空间的结构体系。国家游泳中心［水（冰）立方］就是世界著名的膜结构建筑，见图 1-51。图 1-52 所示的慕尼黑安联足球场也是世界著名的膜结构体育场。

图 1-51 水（冰）立方膜结构　　　　　　　　图 1-52 德国慕尼黑安联足球场

随着建筑节能要求的不断提高，以及大力推广装配式建筑，各类内墙板、外墙板得到了大量的开发与应用，传统的由砌块砌筑的墙体逐渐被墙板所取代。图 1-53 为带装饰面层的保温一体化墙板，图 1-54 为轻质内墙板墙体。

图 1-53 保温一体化外墙板　　　　　　　　图 1-54 轻质内墙板

综上所述，在土木工程材料的发展过程中，钢材、混凝土等主要结构材料的性能不断改善与提高，新材料及材料的应用方式也不断创新。除此之外，复合材料在土木工程中也得到了快速发展。所谓复合材料就是应用先进材料制备技术将不同性质的材料优化组合在一起形成新的性能优良的材料。目前土木工程领域应用的复合材料主要有两大类，一类是复合非结构材料，如塑木等；另一类是复合结构材料，如纤维增强复合材料等。纤维增强复合材料的研发与应用发端于 20 世纪 40 ～ 50 年代，但在 20 世纪 90 年代前，主要应用于航天航空、汽车等工业领域。20 世纪 90 年代后，开始在土木工程中应用，进入 21 世纪后得到了快速发展，成为新材料在 21 世纪土木工程中应用的重要标志。

如前所述，木材在土木工程的发展过程中，特别是在中国的工程建造史上发挥了重要作用。但到了现代，由于人类生产生活对木材的需求量日益增多，天然木材的产出量不能满足人类日益增长的需求，作为结构材料，目前木材已基本退出工程结构的舞台。但由于木材的良好性能，人类一直在研究和开发类似于木材的复合材料。从 20 世纪 80 年代开始，塑木材料开始在土木工程中应用，不仅应用于一般建筑工程中，而且还能应用于铁路枕木中。塑木材料是以塑料为原料，添加植物纤维材料，经混合、挤压、模压、注射成型等工艺制造的具有木材质感的型材和板材，如图 1-55 所示。塑木材料不仅具有木材一样的良好质感，而且是和塑料复合形成的，具有防潮、耐水、防虫蛀等优于木材的显著特点。塑木材料使用废塑料和木屑、秸秆等植物纤维生产，属于绿色、低碳、可循环再生材料。目前这种材料不仅广泛用于装饰、装修中，而且还大量应用于城市公园、绿道等园林建设中，见图 1-56。

图 1-55 塑木型材

图 1-56 塑木应用

目前在土木工程中应用的纤维增强材料（FRP）主要有玻璃纤维（GFRP）、碳纤维（CFRP）、芳纶纤维（AFRP）、玄武岩纤维（BF）、金属纤维以及混杂纤维等多种。这些纤维既可以直接掺加到混凝土中做增强材料或智能材料，也可以制成片材、棒材或型材作为结构构件的补强或加筋材料，见图 1-57、图 1-58，还可以作为结构构件的防护、防腐材料。近二十年，应用纤维增强材料型材制作结构构件及组合结构构件的技术不断发展，并在桥梁工程中得到应用，具有施工速度快、耐久性高、资源消耗低、性价比高等特点，展现了广阔的发展前景。

图 1-57 纤维增强材料

图 1-58 纤维增强材料在加固中的应用

出现在 1990 年代中期的 3D 打印技术在 21 世纪也得到了快速发展，并在各个领域得到了很好的应用。3D 打印是以数字模型文件为基础，运用金属粉体、塑料粉体等可黏合材料，通过逐层打印的方式来构造物体的材料成型技术。由于数值建模技术、智能控制技术及材料技术的支撑，3D 打印制造技术在土木工程领域也得到了快速发展。图 1-59 为通过 3D 打印技术建造的 1：1 比例仿赵州桥，图 1-60 为 3D 打印建筑的建造现场。

图 1-59 3D 打印的赵州桥

图 1-60 3D 打印建筑

防灾减灾。工程建设的基本方针是百年大计，安全第一。应用多种技术提高土木工程抵御灾害的能力，防止和减轻工程灾害损失，在现代土木工程建设中备受重视。在服役期内，土木工程不仅要承受正常使用荷载作用，而且还要承受各种自然的或人为的偶然作用，如地震、风灾、泥石流、火灾等。历史上每次罕遇地震等大的自然灾害，都给土木工程造成了巨大的破坏，产生了重大经济损失和人员伤亡。

我国处于世界两大地震带——太平洋地震带及欧亚地震带之间，是地震多发国家，也是地震灾害损失较为严重的国家。中国历史有记载的大地震颇多，如 1668 年 7 月 25 日发生在莒县、郯城的大地震，预估震级为 8.5 级，最远的震感地区距震中达 1000 多千米；1920 年 12 月 16 日发生在宁夏海原的大地震，地震震级也达到了 8.5

图 1-61 莒县－郯城地震断裂带

图 1-62 海原地震铁轨破坏

级，地震时位于日本的地震仪都记录到了地震面波。图 1-61 为莒县－郯城地震遗址公园地震断裂带照片，图 1-62 为海原地震铁轨破坏照片。从这些照片中很容易体会到地震的破坏力。

20 世纪全球也经历了多次强震，如 1906 年美国旧金山大地震，里氏震级 7.8 级；1908 年意大利墨西拿大地震，里氏震级 7.5 级；1923 年日本关东大地震，里氏震级 8.1 级；1948 年土库曼斯坦大地震，里氏震级 7.3 级；1970 年秘鲁钦博特大地震，里氏震级 7.9 级；1976 年中国唐山大地震，里氏震级 7.8 级；1995 年日本阪神大地震，里氏震级 7.3 级；1999 年中国台湾集集地震，里氏震级 7.6 级。这些地震不仅造成了严重的人员伤亡与财产损失，也造成了大量的地表破坏以及建（构）筑物破坏与倒塌。

为提高工程的抗震能力，减轻震害，降低财产损失与人员伤亡，早在 1929 年，美国太平洋沿岸房屋管理局就在第一版统一建筑规范的附录中，给出了第一套综合性抗震设计方法。从 20 世纪 40 年代末开始，工程抗震越来越受到全球工程界的重视，通过不断研究，抗震设计理念、原理及计算分析方法不断发展与完善，逐渐形成了系统完整的抗震设计理论及分析计算方法。我国于 1955 年翻译出版了苏联的《地震区建筑规范》，1959 年开始进行抗震设计规范的编制工作，1972 年和 1978 年先后编制出版了《工业与民用建筑抗震设计规范（试行）》TJ 11—74 和《工业与民用建筑抗震设计规范》TJ 11—78。唐山大地震后，我国在建筑抗震领域进行了大量研究，1989 年颁布了《建筑抗震设计规范》GBJ 11—89。到 20 世纪末、21 世纪初，我国在工程抗震领域进行了大量研究，不断总结震害调查资料与经验，又颁布了《建筑抗震设计规范》GB 50011—2010，并进行了多次修订，对预防和减轻地震灾害发挥了重要作用。

进入 21 世纪，人类又经历了一些强震灾害，如 2004 年 9.3 级的印度洋大地震、2008 年 8.0 级汶川大地震（图 1-63）、2010 年 7.0 级海地大地震、2011 年 9.0 级日本大地震（图 1-64）等。这些大地震都导致了严重的人员伤亡、财产损失及严重的工程灾害。为有效地防灾减灾、降低灾害损失，工程抗震减灾得到了进一步重视，

图 1-63 2008 年汶川大地震建筑破坏   图 1-64 2011 年日本大地震引发海啸

工程抗震研究不断深入，工程界提出了一些更加科学合理的工程抗震设计理念与方法，推动了工程抗震设计水准不断提高，工程抗震设计规范不断修改完善。除此之外，工程隔震、减震技术也快速发展，各种创新理论与新技术不断出现与应用。目前，减、隔震设备及元器件已形成了产业化生产，在高烈度区、重点设防水平类建筑、超高层建筑、大跨桥梁等场景中广泛应用。据估计，2020 年我国减、隔震建筑建设量增速超 0.7%，总的市场规模达到 26 亿元。图 1-65 为常用的建筑隔震支座；图 1-66 为常用的黏滞阻尼减震器。

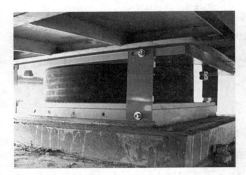

图 1-65 建筑隔震支座   图 1-66 建筑黏滞阻尼减震器

除抗震设计外，抗风设计也是结构设计的重要内容，特别是对于超高层建筑及大跨桥梁工程。最近 20 年，随着高铁、飞机、超高层建筑、大跨斜拉桥及悬索桥的发展，我国风洞试验技术也得到了快速发展。目前很多高校都建设了大型风洞试验室，如同济大学、哈尔滨工业大学、中南大学等。图 1-67 为桥梁风洞试验模型。通过风洞试验，不仅能为重大工程项目建设提供科学依据，也极大地促进了我国风工程科学技术的发展，确保了超高层建筑、大跨桥梁在极端条件下的安全。图 1-68 为上海中心大厦的阻尼减震装置。

土木工程不仅要抵御各种自然灾害，而且要避免和防止在偶然的人为灾害下发

图 1-67 桥梁风洞试验模型

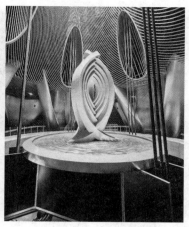

图 1-68 上海中心大厦阻尼减震装置

生破坏或垮塌,最大限度地减少人员伤亡和财产损失。偶然的人为灾害包括火灾、爆炸、撞击等。建筑火灾是一种多发的灾害。重大火灾会带来严重的人员伤亡和财产损失,见图 1-69、图 1-70。为防止建筑火灾,减轻火灾带来的人员伤亡和财产损失,建筑防火设计是建筑设计的重要内容。除建筑防火设计外,结构抗火理论及设计也是结构抗灾减灾领域关注的重要问题。

图 1-69 火灾现场

图 1-70 火灾后建筑垮塌

常见的建筑爆炸一般由天然气、煤气的使用和管理不当引起。爆炸引起的冲击波,不仅可能引起爆炸源所在建筑的局部或整体倒塌,而且会对周围建筑或其他设施造成很大的破坏。针对建筑的恐怖袭击,还有可能对建筑造成毁灭性的破坏,如发生在 2001 年 9 月 11 日的美国纽约世贸大厦双子塔的恐怖袭击就是一例。恐怖分子劫持客机撞向 110 层的双子塔,导致双子塔在不到两个小时内夷为瓦砾,见图 1-71、图 1-72。为防止建筑物受到偶然作用而发生破坏和连续倒塌,引发较大人员伤亡和经济损失,2010 年后,建筑结构防连续倒塌设计成为一些重要工程的重要设计内容,以提高建筑结构的综合抗灾能力。

图 1-71 纽约世贸大厦被撞击后大火倒塌过程

图 1-72 纽约世贸大厦整体垮塌

施工机械。工程机械的广泛应用，大大提高了施工速度、效率和施工质量，大幅度减少了人工消耗和工人的劳动强度，能显著降低安全事故率。工程建设属于劳动密集型行业，随着社会的发展与变革，劳动密集型行业遇到的最大问题与挑战是人力资源匮乏问题，工程建设领域尤为突出。因此，工程建设向机械化和工业化转型是未来土木工程发展的必然选择。除此之外，现代土木工程的体量越来越大、复杂程度越来越高、施工环境与条件也越来越多样化，如果没有工程机械，很多工程项目建设是无法实现的。进入 21 世纪，既是土木工程发展最快的时期，也是工程机械发展最快的时期。我国工程机械的发展与创新，对工程建设的大开发、大发展发挥了巨大的作用。高速公路、高速铁路、大型公共建筑领域一些"世纪工程""超级工程"的建设，都离不开一些"大国重器"的贡献。

盾构机（TMB）又称"工程机械之王"（图 1-73），是衡量一个国家地下工程装配水平的重要标志。目前世界上最大的盾构机直径达 17.6m，长度 110m，重量 7000t。尽管盾构机的研发与应用已有百余年的历史，但长期以来其主要技术掌握在美国、德国、日本等几个国家手中。2009 年后，我国加速推进盾构机的国产化和产业化，2010 年成功下线了首台土压平衡盾构机——"开路先锋 19 号"。目前我国生产的最大盾构机直径已达 16.07m，整机长 150m，重量达 4300t。除大型盾构机的研发和应用外，我国还研发了一些特殊用途的盾构机，如世界首台超小转弯半径硬岩掘进机——"文登号"（图 1-74），以及可在不同地质环境下切换，能顺利实现在围岩、破碎带、岩爆地层进行掘进施工的，我国首创的压注工法新型盾构机"雪山号""雪莲号"等。"文登号"盾构长约 37m，开挖直径 3.53m，转弯半径 30m，是常规 TBM 的 1/10，可实现 60° 左右转弯。

目前世界上又出现了一种新的隧道掘进工法——Hypersonic Tunnel Boring。该项技术为通过重复引导超高声速（1 ~ 2km/s）弹丸撞击岩石，实现硬岩隧道的高速掘进。弹丸的冲击力能达到硬岩抗压强度的 10 ~ 100 倍。与此技术配套的隧道掘进设备为 Hypersonic Tunnel Boring Machine（HTBM），由 HyperSciences 公司研制，见图 1-75。

图 1-73 盾构机

图 1-74 "文登号"盾构机

图 1-75 HTBM 掘进机

图 1-76 具有切屑头的 Hypercore

HTBM 设备已在 5.5m×4.5m 的隧道断面上进行了实地测试,掘进速度是传统钻爆法的 1.6 倍,同时能减少碳排放。在 HTBM 发射器(Hypercore)的前段安装刀具(图1-76),可实现在弹丸冲击的同时直接切屑地层,实现超高速连续钻探,在石油、天然气及地热开采等方面也有广泛的应用前景。

起重机、塔式起重机及混凝土泵送机是建筑施工中应用最为广泛的建筑机械。这类机械的发展水平直接决定工程建设的施工水平。烟台莱佛士船厂自行设计建造的世界上最大的桥式起重机"泰山"吊(图 1-77),设计提升重量达 20 160t,设备总体高度为 118m,相当于 40 层楼高;主梁跨度为 125m,相当于一个足球场的长边尺寸;采用 10 000t+10 000t 固定高低双梁结构,起升高度分别为 113m 和 83m,2 号横梁重达 4600t;这台吊机共有 12 个卷扬机,整机共设 48 个吊点,每个吊点起重能力为 420t,单根钢丝绳长达到了 4000m。我国徐工集团生产的最大汽车吊——QAY1200 汽车吊,其起重量达 1200t。在一些超高层建筑的施工中,目前我国不仅大量使用起重量大、超高巨型变臂塔式起重机,而且实现了高空拆卸,开创了一些世界首创的施工技术。图 1-78 为上海中心施工的塔式起重机。

混凝土泵送施工是目前工程建设中广泛采用的施工技术。在现浇混凝土结构中,混凝土泵送施工极大地提高了施工效率。可以毫不夸张地说,没有混凝土泵送施工

图 1-77 "泰山"吊

图 1-78 上海中心施工的塔式起重机

技术，就没有大规模的土木工程建设。在混凝土泵送施工中，高性能混凝土的超高泵送及大体积混凝土的连续浇筑施工已经发展成成熟的施工技术，为超高层建筑及大型基础设施建设提供了保证。上海中心大厦基础底板直径 121m，厚 6m，混凝土总浇筑量 6 万 m^3。施工中使用 19 台泵车、450 辆混凝土搅拌车连续施工一次浇筑完成，见图 1-79。天津 117 大厦 C60 混凝土的泵送高度达到了 596.5m，创造了世界混凝土浇筑高度的纪录，见图 1-80。

图 1-79 上海中心基础底板施工

图 1-80 天津 117 大厦

2008 年 3 月完工的国家体育场——"鸟巢"，是由总重 4.2 万 t 的 24 榀钢结构门式刚架、围绕着体育场内部混凝土碗状看台区有序旋转编织而成。在钢结构箱形弯扭构件制作、综合起吊安装、钢结构合龙施工、钢结构支撑卸载、焊接、施工测量和测控等方面都达到当时世界领先水平。2014 年 12 月开工建设，2018 年 9 月启用的北京大兴国际机场又是一项超高难度的大型钢结构工程。其关键技术难题为结构超长、超大（C 区结构尺寸 513m×411m，总建筑面积 143 万 m^2），复杂钢结构（图 1-81），轨道交通穿越航站楼，隔震结构等。在不到 10 年的短暂时间，我国钢结构设计与施工水平又跃升到了新高度。

转体桥施工方法是最近几年发展较快、应用较多的桥梁工程施工技术。桥梁工

图 1-81 北京大兴国际机场钢结构施工

图 1-82 菏泽丹阳路转体施工斜拉桥

程转体施工是指将桥梁结构在非设计轴线位置制作（浇筑或拼接）成形后，通过转体就位的一种施工方法。它可以将在障碍上空的作业转化为岸上或近地面的作业，可以在不中断交通的情况下施工跨线桥。山东菏泽丹阳路立交桥是连接菏泽城区东部和西部的主要干道，全长 2032m，双向六车道，设计速度 40km/h，采用双塔单索面斜拉索结构，主塔高 89m，采用转体桥施工技术（图 1-82），创造了转体重量最大、球铰直径最大、桥身最长的三项世界纪录。

　　智能（慧）建造。土木工程作为一个传统行业，是劳动密集型行业的代表。现场施工、施工周期长、施工环境与条件复杂多变、很多施工工序需要大量现场施工人员完成等，是土木工程施工的显著特点。现代土木工程施工中，尽管已广泛使用施工机械，但总体上仍需要大量的人力。由于土木工程施工的特殊性，土木工程建造及其管理目前仍处于相对粗放的阶段。

　　随着智能（慧）制造技术的发展和"中国制造 2025"战略的实施，以数字化、网络化、智能化为特征的"工业 4.0"时代已来临。在第四次工业革命的浪潮中，我国要实现从制造大国到制造强国（2025）、再到制造强国中等水平（2035）、最终实现制造强国前列（2050）的目标，建筑智能（慧）建造的发展及其水平将是工程建设现代化的重要标识。发展和应用智能（慧）建造技术不仅能实现建筑业从传统

图 1-83 智慧城市概念图

图 1-84 建筑 BIM 模型

劳动密集型向现代产业转型，提高设计、施工及运维质量及效能，实现传统行业的数字化和精细化发展，而且能降低能源消耗与碳排放，是建筑业绿色与可持续发展的必由之路。

智能（慧）建造指在工程建造过程中充分利用智能技术及智能化系统，提高建造过程的智能（慧）化水平，有效地决策、组织和使用"人、材、机"，提高建造效率与质量，是解决建筑业效率低、污染高、能耗大的有效途径。智能（慧）建造涵盖设计、加工和施工等建设工程全过程，借助物联网、大数据、云计算、BIM、CIM 等先进的信息技术，实现全产业链数据集成，为工程全生命周期管理提供支持。近几年，我国大力推广的装配式建筑技术、智慧工地建设、智慧城市建设、智能建筑建设、智能交通建设等都是智能（慧）建造的重要发展领域。图 1-83 是智慧城市概念图，图 1-84 为建筑 BIM 模型。

装配式建筑是指在工厂加工制作好建筑构件和配件，然后运输到建筑施工现场，采用可靠的连接方式，在现场将构配件装配安装一起而成的建筑。通过这种建造方式，可以把传统建造方式中的大量现场作业工作转移到工厂进行。装配式建筑主要包括预制装配式混凝土结构、钢结构、现代木结构建筑等。因为采用标准化设计、工厂化生产、装配化施工、信息化管理、智能化应用，其是现代工业化生产方式的代表。装配式建筑是建筑业的发展方向，也是智能建造的重要领域。发展装配式建筑，是实现绿色、低碳与可持续发展的必然要求。2020 年新冠肺炎疫情爆发后，武汉快速建设的雷神山、火神山医院就是最好的证明，见图 1-85 和图 1-86。这两个医院的装配式建造施工及大量类似工程的建设证明，工业建造方式能极大地提高施工安装效率。

为适应智能（慧）建造对人才的需求，我国于 2017 年开始设立智能建造本科专业。该专业培养具有现代土木工程智能设计、智能生产、智能施工和全过程运行维护管理能力，并具备终身学习能力、创新能力和国际视野的行业人才。

土木工程专业的新领域。传统土木工程专业主要培养能够胜任工程规划、设计、

图 1-85 雷神山医院建设现场

图 1-86 装配式建筑模块

施工的专门人才。随着既有存量工程的不断增多，工程技术人员除了要服务新建工程外，还要面对既有工程的可靠性评估、营运、维修、升级改造中的一些专业问题。由此出现了一些新的工程技术领域，如工程结构的检测、监测与可靠性评估，工程结构的维修、升级、改造加固等。随着工程结构服役期的增加，有些功能需要改变或提高，结构构件的性能也可能劣化，要改善或提升其功能，确保结构长期使用的可靠性，就需要根据情况对既有结构进行检测、监测或鉴定评估，并根据其可靠性状况和性能要求，对结构进行必要的维修和加固等处理。最近几年，老旧建筑使用过程中暴露出的安全问题越来越严重，有的还酿成了严重的人员伤亡和财产损失，既有结构的性能检测、可靠性评定及更新改造等工作越来越重要。

土木工程的综合性与系统性。随着土木工程功能要求、规划要求及规划水平的提高，土木工程的综合性、系统性要求越来越高；重大工程建设与技术发展的相互推动关系也越来越显著。土木工程对人类的福祉及生态环境影响最为显著，既可为人类造福，又可能对生态环境造成较大的负面影响或作用。因此，在工程规划、设计与建设中，必须处理好工程建设与环境生态、节能减排和可持续发展之间的关系。在城乡建设或重大工程建设中，从可行性论证、规划设计、工程施工到使用阶段的维修维护、改造升级等，其系统性、科学性与可持续发展等方面的要求等也越来越高。而且工程建设对经济与社会发展的影响巨大，因此，必须有完整而系统的法规体系进行规范与管理。

工程建设的发展，特别是重大工程建设的发展，工程功能及质量要求的不断提高，对土木工程技术不断提出新的问题与挑战。进入 21 世纪以来，面对大量大型复杂工程项目建设的需要，我国工程技术专家不断攻坚克难，解决了很多世界级土木工程建设难题，极大地推动了土木工程科技发展。目前，我国土木工程建设水平及技术能力令世界瞩目，是名副其实的基建强国。

1.3 土木工程与人类社会文明

人类从巢居、穴居发展到现代社会的高度城市化，土木工程起到了巨大的作用。在人类发展的历史长河中，土木工程不仅为人类文明留下了大量宝贵文化遗产，而且不断创造出新的文明奇迹。世界各国留存下来的大量历史建筑、当今社会不断建设的各种大型与创新工程，既是土木工程的杰作，也是人类文明的结晶，集中体现了科技、文化、经济与社会发展的综合成果。

古代土木工程主要是房屋建造工程。由于人们最基本的居住需求，房屋建造技术先于其他科学技术的发展。世界文明古国都在房屋建造技术方面创造和积累了丰富的文明成果,希腊、埃及、罗马、中国等文明古国留下的大量古建筑及遗迹即是证明。古建筑除了满足人们的居住及作坊生产需要外,还是人类文化艺术的载体。宫廷、庙宇、楼阁等建筑所承载的不仅是其基本的使用功能,而更多地承载和反映了政治、文化、宗教、民族等意义的精神元素。同时,这些建筑的建设,还极大地推动了文化艺术、宗教、科学技术等的发展和传播。从中世纪开始,建筑工程技术对数学、机械学、力学的发展也起到了巨大的推动作用。可以说,土木工程既是人类文明的肇始者、推动者,也是人类文明发展的见证者与记录者。

从古代城邦社会到现代城镇化社会,人类社会不断向集约的城镇化过渡。城镇化生活、集约化生产,关键要解决居住、交通、通信、物流、资源的使用与配置等问题,以此改变人类的生产与生活方式,使生产更加高效、生活更加便捷舒适。在这一过程中,土木工程起到了巨大的作用。没有土木工程,就没有城镇化发展;而没有城镇化,就无法定义现代生活。

人类文明的发展还体现在物质财富的积累及保值升值上。土木工程所创造的财富是人类物质财富的重要组成部分。与其他社会物质财富相比,土木工程所创造和积累的财富最具有长期性、可保留性和可继承性。如果人类文明的发展可以用"地球越来越小"来概括,无疑越来越多的土木工程建设及遗存是其主要原因。越来越多的土木工程及现代信息技术的广泛应用,使人们可以舒适地生存,高效地生产,便捷地交流,共享共存。人类生存和活动空间的扩展,使"地球越来越小"。

1.4 土木工程在国民经济中的地位与作用

土木工程在经济与社会发展中具有重要作用,扮演着重要角色。在"衣食住行"四个方面中,"住和行"的需求对经济发展起到的作用最大,对土木工程的依赖也最大。解决房屋建设问题和交通问题,都离不开土木工程。房屋建设及交通、市政、水利、电力、矿山、港口航运等基础设施建设,具有涉及面广,建设和使用周期长,社会和经济效益大等显著特点。工程建设投资大,对经济的拉动作用也大,且能带动材料、机械、金融、房地产等行业的发展,增加就业;服役期长,产生的长期效益也大。我国的房地产投资占固定资产投资的比重约20%,对地方财政的贡献约40%,在居民财富中的占比约为60%。因此,长期以来房地产业都是我国的支柱产业,是重要实体经济。

就国情而言，基础建设不仅直接促进了经济社会发展，而且在我国东部与国际接轨、中部崛起、西部大开发、东北老工业基地振兴、抵御经济危机、化解金融风险和经济下行压力等重大国家决策和促进整个社会可持续发展中，也发挥着举足轻重的作用。改革开放以来，我国土木工程有了飞速发展，取得了令世界瞩目的成绩，凸显了其在国民经济中的地位与作用。从特区建设、浦东开发到抵御1997年、2008年两次金融危机，再到2008年汶川大地震后的灾区重建、高速铁路网建设、应对新冠肺炎疫情而进行的医院快速建设，等等，无不展示了改革开放40余年及中华人民共和国成立70余年，土木工程领域所取得的伟大成绩。粤港澳大湾区建设、长江经济带建设、京津冀经济圈建设及各类城市群、经济产业带建设等，是我国城市化高速发展的缩影，也是土木工程地位与作用的缩影。

2020年，全国建筑业完成总产值达到26.4万亿元，占GDP总比重约为7.2%。近十年来，建筑业增加值占全国GDP的比重常年保持在6.7%以上。"十四五"时期，中国的城镇化率将处于60%～65%的快速增长期，再加上乡村振兴、制造强国、"一带一路"等多项国家战略和倡议的实施，及其与相关产业深度关联等因素的叠加，建筑业的建造能力和水平仍将突飞猛进地发展，取得更大成绩。在"十四五"及未来的发展中，建筑业将实现从劳动密集型到技术密集型转变，沿着"绿色化、智慧化、集约化、工业化"的发展方向，在"绿色建造、快速建造、工业建造、数字建造"上取得实质性的突破，并不断完善投资、研发、设计、建造、运营五位一体全产业链，与人工智能、大数据管理等新兴产业形成跨产业整体融合发展格局。企业管理数字化、项目建造智慧化、产业发展协同化、资源优势社会化是建筑业的发展方向与目标。

1.5 土木工程与可持续发展

可持续发展是20世纪80年代就提出的、面向21世纪的科学发展观，其核心思想是经济发展与保护资源和保护生态环境协调一致，让子孙后代能够享受充分的资源和良好的生态环境。可持续发展的含义是，不断提高人群生活质量和环境承载能力的、满足当代人需求而不损害子孙后代满足其需求能力的发展；满足一个地区或一个国家需求而又未损害别的地区或国家人群满足其需求能力的发展。理解和掌握可持续发展观有4个维度。

（1）可持续发展观强调人类社会应追求长期持续稳定的发展。所谓"可持续"，不仅指发展在时间上的连续性、在空间上的并存性，而且包括了发展内容上的协调性；是经济增长、社会进步、环境和谐的系统化和整合化，而非经济、社会、生态3个维度的简单相加。

（2）可持续发展观体现了人本主义精神，是一种以人为本的发展观。生态、经济、社会发展的终极目标是保障人类的永续协调发展。可持续发展思想立足于人类永续生存及和谐平衡，体现了人在发展中的主体地位。

（3）发展永续性和协调性的高度统一是可持续发展的内在逻辑。基于以人为本的发展理念，发展的永续性表现在代际关系的均等上，发展的协调性则表现在代内关系的均等上。实现代际平等，要求保护地球生态的完整性，将人类的发展始终保持在地球的承载能力之内，在提高当代人生活质量的同时，不至于使未来人口承受不利的后果；实现代内平等，要求实现同代人之间在发展机会、享受发展成果上的平等。

（4）可持续发展观是一种系统的发展观。可持续发展观立足于系统的科学认识方法，把社会、经济、生态三个系统作为一个完整的系统来考量。通过人类有目的、有意识的活动，协调系统与系统之间、系统与要素之间、要素与要素之间的相互关系，最终实现经济、社会与生态的全面、协调与可持续发展。

可持续发展思想是人类面对工业文明所带来的巨大生态与环境破坏，通过对传统的、片面追求物质财富增长的工业文明发展观进行反思，提出的一种全新的、系统的、战略性的生态文明发展观。我国土木工程建设速度发展之快、数量之巨，令世界惊叹，加速了城市化进程，推动了经济社会的快速发展，同时也带来了很多环境与生态问题，给可持续发展提出了很多问题与挑战。因此，在工程建设领域贯彻可持续发展战略，对经济、社会及生态的可持续发展有特别重要的意义。绿色建材、绿色施工、节能降耗、生态环保等方面的管理与技术创新，是保障土木工程可持续发展的关键。

在绿色建材方面，应减少混凝土材料的应用，发展高性能混凝土，降低混凝土生产所用的水泥、砂石骨料的应用量，有效地利用固体废弃物，大力提高再生材料的应用效率及应用量。通过技术创新与管理创新，大幅度降低建材生产、运输、使用过程中的废弃物排放量、能源消耗量、粉尘污染量等。

在工程规划设计中，应以保障生态系统的良性循环、降低能源消耗、提高建筑品质为原则，大力研究和推广有效利用自然资源（如太阳能、自然通风、节能技术、材料循环利用等）的节能环保技术，发展绿色建筑。同时要大力推广装配式建筑、提高工程施工的智能化水平，推广绿色施工技术，降低施工过程的粉尘、废水、废物的排放及对环境的影响。

提高各类土木工程的使用寿命也是实现可持续发展的重要途径。适当提高建设标准，提高设计与施工质量，可以有效地改善和提高工程的功能及使用寿命，从根本上说是最有效的降低能耗，实现绿色、低碳发展的途径。

　　面对日益增长的基础设施建设需求、日益扩展的城市化进程，以及由此带来的巨大生态环境压力，在建设理念、规划设计、施工运维等各个方面，都应贯彻和落实好可持续发展理念，而且要从法规建设、技术及管理创新等多方面综合发力，才能从根本上解决工程建设中遇到的可持续发展问题，建设更加美好的未来城乡。

 阅读与思考

1.1 简要解释土木工程与土木工程专业。

1.2 简要分析说明土木工程与人类生存及社会发展的关系。

1.3 简要分析说明中西方建筑发展的特点。

1.4 简要分析说明土木工程材料发展的历史与现状。

1.5 简要分析近现代自然科学及工业革命对土木工程发展的推动与影响。

1.6 讨论分析我国基础设施建设与城市化发展的现状及趋势。

1.7 讨论分析土木工程绿色与可持续发展的意义。

第 2 章

土木工程专业的
对象和范畴

本章知识点

本章从土木工程专业的内涵与外延，讲述土木工程所涉及的主要工程技术领域，以及各领域的主要工程对象、工程技术的主要内容及其特点；简要介绍土木工程专业的专业框架、科学技术基础、设计与建造理论的概念性知识等；同时，介绍各专业方向的特点、之间的联系与交叉融合。通过本章的学习，读者应能结合土木工程专业的培养目标、毕业要求，对土木工程专业有初步的了解与认识，培养热爱土木工程专业的初心，树立做好土木工程专业工作的使命意识，思考如何学好土木工程专业，确立学习目标，初步规划自己未来的职业生涯。

土木工程专业是一门传统而又有强大生命力的工科专业，服务的工程对象及涵盖的工程技术范畴非常广。从专业划分上看，土木工程专业的对象与内容在各个国家及不同的历史时期有所不同，但一般来说，与房屋及基础设施建设有关的工程技术都是土木工程所面对的对象与工作内容。在我国普通高校本科专业目录中，土木类的专业主要包括土木工程、建筑环境与能源应用工程、给排水科学与工程、建筑电气与自动化五个专业。除土木类的专业外，材料类、力学类、水利类、测绘类、地质类、矿业类、交通运输类等工科专业也都与土木工程专业有一定的交叉与联系。在研究生教育目录中，土木工程一级学科包括：岩土工程、结构工程、市政工程、供热供燃气通风及空调工程、防灾减灾工程及防护工程、桥梁与隧道工程等六个二级学科。为强化宽口径的培养要求，土木工程本科专业一般下设若干专业方向，如建筑工程、道桥工程、岩土与地下工程等。本章除了介绍建筑工程、道桥工程、岩土与地下工程等土木工程的主要本科专业方向外，还介绍与土木工程关系较为密切的学科专业或专业方向，如水利工程、港口工程、环境工程等。

土木工程所涵盖的范围广泛，工程建设对经济、社会与生态系统的影响及作用也非常大，工程建设项目的立项、选址、规划、设计、建造须经严格的审批与管理程序，要遵守国家及地方的一系列法律法规，要综合考虑和解决生态环境、投融资、长期效益、安全生产、工程质量等诸多问题，因此，城乡建设及基础设施建设的系统性与整体性特点非常显著，且随着经济社会的发展愈加突出。进入 21 世纪，随着绿色发展、可持续发展等高质量发展理念的实施，土木工程系统性、整体性的特点体现在土木工程全生命周期的各个方面及阶段。本章以土木工程系统性与整体性的特点为切入点，简要介绍各专业或专业方向的对象、内容及其基本知识与概念，旨在帮助读者在认识和理解系统性和整体性特点的基础上，理解和掌握土木工程专业的学科框架，了解和熟悉一些基本知识与概念。

2.1 土木工程及其系统性与整体性

土木工程为人类生产、生活提供固定的空间、场所或设施，如各类建筑物与构筑物；为人类活动建立通道，如道路、桥梁、隧道等。任何土木工程建设，都在利用自然的同时，又在一定程度上改造着自然，影响着生态环境。土木工程建设及其运营与维护应顺应自然，最大限度地减少对环境和生态的干扰和破坏，实现与自然的平衡与协调。土木工程系统性与整体性的特点主要体现在以下几个方面。

2.1.1 工程项目的系统性与整体性

（1）任何工程项目都不能独立地使用和运营，都需要相应的配套工程才能达到使用要求，完成其作为人类生产与生活的空间、场所或设施的功能。例如，任何工程都需要水、电、道路等配套工程或设施，才能投入运营。随着社会的发展、科技的进步、工程功能要求的提高，对配套工程或设施的要求也越来越高。土木工程功能要求的不断提高，使其与其他工程技术的融合也愈加紧密。

（2）工程项目的系统性与整体性，还体现在设计、施工、使用与管理的全生命周期过程中。工程项目设计、施工、使用及其管理周期长、影响因素多，以全生命周期效益最优为准则，其系统性与整体性的特点更为显著。其中，基础设施与大型公共建筑等投资大、建设周期长、运维费用高的工程项目尤为突出。公路、铁路、大型桥隧、车站、机场、体育场馆、展览馆等的设计、施工、运营与管理都是非常复杂的系统工程。

2.1.2 工程建设的系统性与整体性

（1）任何工程项目从可行性论证、选址、规划、设计及施工到最终竣工验收、交付使用，都须经严格的审批与管理程序。在项目立项、规划、设计与施工的各个环节中，都要经过多个专业及其责任主体进行反复分析论证和具体的设计与施工。在分析论证与设计中，不仅要充分考虑项目本身的功能要求、技术经济指标等因素，还要综合考虑区域环境与生态、交通与资源等诸多因素。无论是城乡建设，还是重大基础设施建设，可行性论证、选址与规划都是工程建设的首要环节。只有在宏观的、系统的、综合的分析论证的基础上，才能对工程项目确定科学合理的方案；在科学合理方案的指导下，才能做详细的项目施工图设计；签批了项目施工图，才能进行项目施工。

（2）工程项目设计与施工涉及的内容及工序多、影响因素多、设计与施工周期长，不仅在可行性分析与规划阶段要有系统的、综合的分析论证，在具体的工程设计与施工中，也须多专业、多工种的密切配合，充分分析考虑工程建设中各种因素对工程质量及成本等的影响。例如，一栋建筑的设计包括建筑设计、结构设计与设备设计三部分主要内容。虽然建筑设计主要有建筑体型、外观、平面及空间布局与分隔等设计内容，但要充分考虑建筑与结构的配合，以及满足建筑要求的结构方案的可行性、经济性等因素。结构是建筑的骨架，在建筑中承受重力、风力、地震作用等各种作用，以实现建筑安全、适用与耐久的功能。在结构设计中，既要考虑满足建筑及其功能要求，同时也要考虑材料、施工、运营等方面的技术、质量、经济等多种因素。建筑设备设计包括水电暖、空调与通风等内容。水电暖、空调与通风设备及其管道设计须与建筑、结构等专业密切配合，以满足建筑功能与结构安全要求。因此，即使一个非常简单的单体建筑，也须在方案设计与初步设计的基础上，经过各专业技术人员的密切配合、反复磋商及专业设计，才能最终完成施工图。在施工过程中，施工方案的制定、施工工序的衔接与配合、施工过程管理与工程质量监控等，也都需要综合的考虑、周密的计划与安排。

（3）土木工程专业技术人员的主要工作是工程结构设计与施工。在结构设计中，设计人员要综合考虑结构可能受到的多种作用、产生的多种受力状态、材料与结构构件的弹塑性性质等多方面问题。保证工程在其服役期内具有安全性、适用性与耐久性的功能，结构设计要考虑和解决的问题非常多，也非常复杂。通常要从概念、计算与构造等三个方面进行系统的、整体的分析及计算。概念设计主要确定结构的选型、布置及构件尺寸等；设计计算主要对结构的受力进行分析，在内力分析及组合的基础上，进行构件承载能力计算及适用性校核；构造设计则主要确定结构构件连接、耐久性等措施。在工程项目施工中，从平整场地、设置施工围挡、放线、开挖基槽（坑）、主体结构施工、围护结构施工到装饰装修施工与竣工验收，涉及"人（施工人员）、机（施工机械、机具）、料（施工材料）、法（施工技术与方法）、环（施工环境）"等诸多方面，非工厂化施工且施工周期长，各种因素都会对工程质量与成本造成很大影响，具备整体意识，以系统的理念与方法进行管理十分重要。

2.2 建筑工程

建筑工程专业方向是土木工程专业的重要专业方向，主要服务于城乡建设，是建造各类房屋建筑活动的总称，其对象是城乡建设中的各类房屋建筑及基础设施，如住宅、办公楼、商场、工厂、学校、医院、车站，等等。各类建筑的规划、勘察、设计与施工是建筑工程专业方向的主要专业工作，但这些专业工作又分属不同的专业范畴。

建筑工程专业方向面对的主要专业工作是建筑结构设计与施工。建筑结构设计与施工所要解决的主要问题是结构的安全性、适用性与耐久性，即建设的工程应有足够的安全性，且满足正常使用性能要求，又要具有耐久性能。

结构的安全性指在正常施工和正常使用条件下，结构应能承受可能出现的各种荷载作用和变形而不发生破坏，在偶然事件发生后，结构仍能保持必要的整体稳定性。结构的安全性是通过承载能力极限状态计算实现的。所谓承载能力极限状态指结构或构件达到最大承载能力，或达到不适于继续承载的变形的极限状态。建筑结构除了要保证安全性要求外，还应满足适用性要求。在设计中通过正常使用极限状态验算予以校核。正常使用极限状态相应于结构或构件达到正常使用或耐久性的某项规定的限值，它包括构件在正常使用条件下产生过度变形、裂缝或损伤，导致影响正常使用或建筑外观；在动力荷载作用下结构或构件产生过大的振幅等。结构的耐久性是指结构在规定的工作环境中，在预期的使用年限内，在正常维护条件下不需进行大修就能完成预定功能的能力。

要解决结构安全性、适用性及耐久性方面的设计、施工及维护问题，应建立基本的结构概念，熟悉和掌握土木工程材料的性质，掌握基本的力学理论，掌握结构分析与设计原理及其方法，还应具有绘制施工图、编制施工方案及组织施工的能力。这些能力是建筑工程专业方向毕业生应具有的基本能力。除此之外，还应具有比较好的职业素养和比较宽广的交叉学科知识。

2.2.1 建筑工程专业方向的对象及其主要内容

为了更清楚地讨论建筑工程专业方向的对象及其主要内容，让我们思考一个建筑工程项目建设需要哪些程序，需要解决哪些专业技术与管理问题。假如我们要建设一座楼宇，首先要有土地，能融到建设资金，且要明确项目的建设用途、规模、建设周期等基本信息。那么是否有了土地、资金来源，明确了建设用途，就可以进行建设了呢？其实还远远不够，须具体细化的东西还很多，需要的流程也极其复杂。技术上，规划、勘察、设计、施工等多专业、多工种须在不同阶段协同配合；程序上，国土资源、规划、建设管理、房屋管理等多个政府职能部门须在不同的阶段进行审批与监管。

表 2-1 给出了建筑工程从立项到建设各个阶段有关方的主要工作。由表可见，工程建设从立项到竣工验收大体经历三个阶段，每个阶段的任务不同，都有若干单位参与其中。建设工程活动中的业主或甲方是指建设单位，服务方（乙方）包括工程咨询、规划设计、工程勘察、建筑设计、建筑施工、工程监理等多个单位，各乙方单位在工程项目建设的不同阶段参与工作。乙方须通过招标投标方式获得服务资格，并与建设方（业主或甲方）签订服务合同，在合约和国家法律、法规以及工程

技术规范的指导和约束下，完成工程建设的相应工作。乙方参与工程建设必须具备相应的资质，工程技术人员应具有相应的执业资格或岗位证书。建设过程中的各个环节都须接受政府管理部门的监管，有完整的审批及技术和质量资料。除建筑工程外，其他工程项目的建设程序基本与之类似。

从专业技术的角度看，从项目规划到施工竣工验收，建筑工程项目建设包含了测量、勘探、设计与施工等诸多程序。其中在设计与施工阶段，又包含规划设计、建筑设计、结构设计与施工、设备与安装等多个专业的工作内容。

无论简单与复杂，任何一项工程都须从规划开始。规划分城镇整体规划、区域规划、小区规划等。规划主要规定整体或区域的功能、定位、特点，以及各类建筑、设施、交通、绿化的布局等。任何合法单体建筑的初步设计方案须符合整体规划要求，保证所建项目在建筑风格、体量、尺度、位置等方面与规划相协调。只有经规划主管部门审批的建筑设计方案才能正式开始建筑设计。

工程建设的基本程序、参与方及基本工作内容　　　　表 2-1

	前期准备阶段			施工图设计阶段			施工验收阶段		
	单位	主要工作	成果	单位	主要工作	成果	单位	主要工作	成果
业主 （甲方）	建设单位	①项目论证 ②项目报批	①项目立项文件 ②规划方案 ③用地红线 ④地形图及周围管网图等	建设单位	确定设计任务，与设计单位沟通	审查通过的正式施工图	建设单位	对施工过程进行管理与控制	①工程验收 ②工程档案
服务方 （乙方）	规划设计	规划方案		建筑设计	①建筑设计 ②结构设计 ③水电暖设计等		施工单位	施工	
	勘察单位	地质勘察					监理单位	施工监控	
政府监管	国家发展改革委	项目批复		住房和城乡建设部门施工图审查	审查及签发图纸		住房和城乡建设局	①施工管理 ②工程验收	
	国土资源局	土地规划					城市管理局		
备注	工程发包和承包一般要通过招标投标。业主通过招标代理公司发标书，公开招募符合要求的、有资质的工程承包方，承包方通过投标竞标获得承包权								

建筑设计主要解决两方面问题，一是根据建筑用途和使用要求，对建设空间进行合理的组合和分割；二是根据美学原则，确定组合和分割空间的风格、体量、比例、尺度等。任何建筑空间都由一些几何空间体组成，这就是所谓的空间组合；同时，任何一个建筑内，都要把其空间分割成不同的功能和活动区，这就是分割。在组合和分割这些空间、形成能满足各种使用功能要求的空间时，除应遵循适用的原则外，还应考虑美学因素。

经济、适用、美观是建筑设计的基本要求。要满足这些基本要求，建筑设计中要结合建筑的功能要求，综合考虑气候、地理地貌、地质、资源与环境等多方面因素。这些因素对建筑的营建与使用影响很大。同时，建筑也会对环境、局部气候等产生重要影响。例如，建筑选址、建筑风格、形式与体量的确定等，要考虑地貌、地质、环境等要素；确定建筑布局、建筑容积率、建筑朝向、进深、层高以及门窗尺寸与布置等，要考虑通风、采光、节能等气候条件。重视气候与环境等因素的研究与合理利用，是中国建筑传统的精华。传统的建筑风水的本质无外乎是研究建筑、人与环境的自然和谐。但是，传统的建筑风水学所依据的不是现代科技方法，而主要基于经验，难免有糟粕。现代工程建设中，更加重视气候、地理地貌、地质、资源与环境等对工程影响的研究。工程建设要环境友好，科学合理地利用资源、保护环境。由于科学技术的发展，在工程建设的前期，要对场地进行勘测，对地质进行勘察，对常年温度、湿度、降水量、风力与风向、地下水情况等也要进行调查和分析。建筑建成后，还要采用科学的方法对建筑的性能进行评定，这是现代意义的"建筑风水学"。

确定了建筑空间的组合和分割方式，实际上就确定了建筑设计方案。基于建筑设计方案，才能开始建筑结构设计。建筑结构设计的主要目的和要求是，选择和采用合理的结构方案，通过内力分析及承载能力计算、正常使用性能校核和耐久性措施，以保证建筑在使用期间能经受各种荷载和偶然作用，具有安全性、适用性和耐久性。在建筑结构设计前，勘察部门须对建筑所在场地的地质情况进行勘察，提供所在场地的地质构造、岩土性状、地下水分布、各层土的承载能力等技术资料，并对建筑地基基础设计提出意见和建议。

除建筑和结构设计外，一个完整的建筑工程项目设计还包括设备设计。设备设计的主要目的是设计建筑的水、电、暖、空调、通风等管道及设施。任何建筑无论外观多么华丽，功能分区多么合理，结构多么牢固，如果没有水、电等的供应，就像人没有血液一样，是"无机"的建筑。"无机"的建筑要充满生机与功能，须依靠水、电、网络等系统的良好运行为其提供动力。

建筑规划和建筑设计更多的是考虑和关注人文、环境、生态等方面的问题，结构和设备设计则更多的是应用材料科技，数学、力学等自然科学理论、方法与手段，解决结构的安全性、适用性与耐久性问题，以及各种设施的正常运营问题。

以图 2-1 的国家大剧院为例，简单说明建筑规划、建筑设计、结构设计与设备设计的主要内容。图 2-1（a）的建筑设计方案除应有自身的特点外，还须符合所在区域的整体规划要求；图 2-1（b）的建筑空间组合及分割须满足建筑功能及美学要求；图 2-1（c）所展示的大跨度钢结构屋顶为建筑空间的实现提供了结构保障；剧院内各种灯光、音响等设施是实现建筑功能的必要条件，设备设计在技术上为其提供保证，见图 2-1（d）。

（a）规划模型

（b）建筑空间组合和分割

（c）钢结构屋顶

（d）内部灯光音响等设备

图 2-1 各专业工作内容示意

　　以上简要分析了建筑工程项目建设中设计阶段各专业的工作内容及特点。将设计蓝图付诸实施，施工是最后的、关键的环节。施工阶段首先要进行施工组织设计，施工组织设计是施工计划与技术的指导性文件。施工组织设计中，要合理布置施工场地，确定施工技术方案，合理选用施工设备与机具，科学组织和安排施工人员，制定施工质量、施工安全措施与施工进度计划、材料使用与采购计划等。具体施工是在施工组织设计的指导下进行的。每个施工工序与环节都须有严格的施工管理制度及其措施，有完善的质量和安全保障体系，且各工种、各工序之间须密切配合。投资大、现场作业、施工周期长、涉及的专业和工种多、施工人员组成复杂、总体素质不高、施工影响因素多等，是工程施工的显著特点，施工管理是非常重要的、复杂的系统工程。

　　总之，多个专业和工种配合作业才能完成一个建设项目，这是土木工程系统性、整体性的特征之一，但各专业的工作内容与侧重点有很大的不同。多个专业和工种配合的主要媒介是施工图。施工图是工程建设中最重要的技术文件，是工程师交流的"语言"和"工具"。专业技术与管理工作贯穿于工程项目建设的全环节、全过程，土木工程专业工作的系统性与整体性要求较强，工程建设对土木工程专业人才的需求也最多，综合能力与素质要求也较高。

2.2.2 建筑分类及结构体系

城乡中鳞次栉比的各类建筑，根据其使用性质可分为住宅建筑、文教卫生建筑、工业建筑、农业建筑、商业建筑、公共建筑等多种使用类型。不同使用性质与功能的建筑，可以采用多种材料及结构形式建造。采用什么样的材料及什么样的结构形式建造房屋，由结构工程师决定。根据主体结构使用的材料，建筑结构可分为生土结构、木结构、砌体结构、混凝土结构、钢结构、组合结构、索膜结构，等等；根据结构形式，建筑结构可分为框架结构、剪力墙结构、框架–剪力墙结构、筒体结构、框筒结构、拱结构、桁架结构、网架结构、折板结构、薄壳结构、网壳结构，等等。图2–2为建筑分类示意。在建筑结构概念设计阶段，结构工程师的首要任务是确定采用何种结构材料以及采用何种结构形式。

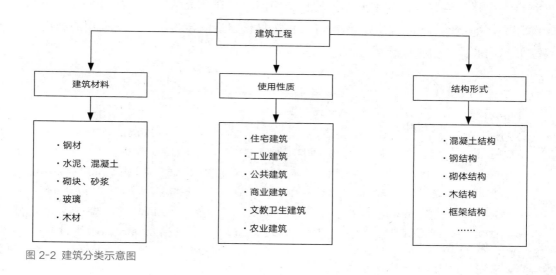

图 2-2 建筑分类示意图

2.2.2.1 材料与结构

建筑工程应用的材料很多，但作为结构材料，目前广泛应用的主要有3种：混凝土、钢材、砖石等，且形成了3种主要结构形式：混凝土结构、钢结构、砌体结构。除此之外，钢与混凝土组合形成的组合结构在高层建筑、大跨建筑中也有比较多的应用。混凝土结构的应用最为广泛，是目前建筑工程中采用最多的结构形式。随着我国钢材产量的不断增加及绿色可持续发展战略的实施，钢结构的应用越来越多。我国已开始鼓励建造钢结构建筑，在工业厂房、大跨公共建筑、高层建筑中，钢结构的应用快速增长。砌体结构在乡镇住宅建筑中还有比较多的应用，但总体上应用越来越少，因为砌体结构的整体性能及抗震性能相对较差，砌体材料的生产与使用也不符合可持续发展的要求。

　　除钢材、混凝土、砌体外，木材也是良好的建筑材料。在人类相当长的发展历程中，砖木结构曾是主要的建筑结构形式。现代建筑中，木材仍是不可或缺的建筑材料，但一般不作为结构材料而仅作为装饰装修材料。木材是可再生的绿色材料，与钢材、混凝土及砌体材料相比，有很多优越性。当森林的蓄养量与木材的使用量能得到很好的平衡时，木材仍会作为结构材料在建筑中应用。

　　材料性能不同、不同材料形成的结构形式不同，所能建造的建筑高度与跨度也不同。砌体是由砖石和砂浆砌筑而成，一般主要做成墙或柱等竖向受力构件，而且以墙体为主。如果做水平受力构件，一般只能采用拱的形式。砌体墙柱构件的整体性差，抗弯、抗拉能力也差，仅能在单、多层建筑中应用，而且要有构造柱、圈梁等构造措施予以加强，以提高其整体性和抗震能力。目前作为承重结构的砌体结构逐渐退出建筑舞台，但起填充作用的轻质砌体仍然在各类结构中发挥着重要的功能作用，例如空间分隔、隔热、保温等。各类材料建造的建筑类型、所采用的结构形式及适用的建筑情况见表 2-2。

建筑结构形式、材料及所适用的建筑　　　　表 2-2

结构类型 （按材料分）	所用材料	适用的建筑	主要结构形式 （按结构形成方式分）
混凝土结构	混凝土、钢筋	单层、多高层建筑	框架、剪力墙、筒体、框筒等
钢结构	钢材（型钢）	单层、多高层建筑，大跨建筑	门式刚架、框架、网架、桁架等
砌体结构	砌块、砂浆、混凝土	单层、多层建筑	横墙或纵墙承重、纵横墙混合承重
木结构	木材	单层、多层建筑	抬梁式、干栏式、框架
组合结构	钢-混凝土组合	高层建筑、超高层建筑	组合剪力墙、组合框架、框筒

注：任何一种建筑中一般都会用到混凝土，例如建筑中的楼（屋）盖都采用混凝土结构。按材料分的结构形式指主要结构构件是用什么材料建造的。

　　混凝土的抗拉强度低、抗压强度高。在混凝土中配置钢筋，可以充分发挥钢筋和混凝土的力学性能优势，建造各类结构构件。但是，大跨梁板结构一般不采用钢筋混凝土结构，而采用预应力钢筋混凝土结构。钢筋混凝土结构指在混凝土中仅配置普通纵筋与箍筋的结构，即把纵向钢筋和箍筋绑扎在一起形成骨架，然后支模板、浇筑与养护混凝土而建成的结构。预应力钢筋混凝土结构中的纵向钢筋主要是预应力钢筋。在混凝土结构构件中设置预应力钢筋，在结构构件受荷载前给混凝土施加预压应力，能提高构件的刚度和抗裂度、减少裂缝和变形。因此，大跨混凝土结构一般要采用预应力钢筋混凝土结构。但是，混凝土结构自重大，抗拉强度低，大跨空间结构采用混凝土结构也是不合理的，而一般要采用钢网架结构、钢桁架结构、网壳结构等各种形式的钢结构。

钢材的抗拉、抗压强度都很高，易于加工成桁架、网架、网壳等多种形式，形成自重轻、承载能力高的结构，是大跨结构，特别是大跨空间结构优先采用的结构形式。钢材性能稳定、可以加工成各种截面形式，构件之间的连接方式简单，构件可以在工厂中制作、在现场安装，施工速度快，特别适合装配式建筑。在国家有关政策的引导下，钢结构将会得到更大的发展与应用。

钢－混凝土组合结构是型钢和钢筋混凝土组合为整体而共同工作的一种结构。钢－混凝土组合结构充分利用了钢结构和混凝土结构的优势和特点，可用于多层和高层建筑中的楼面梁、桁架、板、柱，屋盖结构中的屋面板、梁、桁架，厂房中的柱及工作平台梁、板以及桥梁中。钢和混凝土组合结构有组合梁、组合板、组合桁架和组合柱四大类型，图2-3和图2-4为型钢混凝土梁和柱的示意。

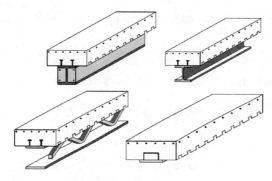

图 2-3 型钢混凝土梁的形式示意图

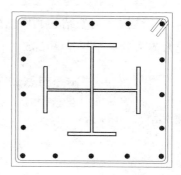

图 2-4 型钢混凝土柱截面形式示意图

表2-3列出了三种主要结构材料的力学性能。混凝土与砌体相比（以烧结普通砖为例），混凝土的密度比砌体密度大30%左右，但其抗压强度设计值比砌体大10倍左右，抗拉强度设计值大10～30倍，弹性模量大4～15倍；钢材与混凝土相比，密度是混凝土的3倍多，但抗拉强度设计值、抗压强度设计值、弹性模量分别是混凝土的几百倍、几十倍和几倍。轻质、高强、弹性变形小是优质结构材料的重要性能指标。

三种主要结构材料力学性能比较　　　　　　　表 2-3

黏土砌体				混凝土（C25～C50）				钢材			
抗压强度（MPa）	抗拉强度（MPa）	弹性模量（MPa）	质量密度（kg/m³）	抗压强度（MPa）	抗拉强度（MPa）	弹性模量（MPa）	质量密度（kg/m³）	抗压强度（MPa）	抗拉强度（MPa）	弹性模量（MPa）	质量密度（kg/m³）
0.67～3.94	0.04～0.19	1807～6304	1800	11.9～23.1	1.27～1.89	(2.80～3.45)×10⁴	2400	270～410	270～1320	(1.95～2.10)×10⁵	7850

2.2.2.2 建筑结构体系

由前所述,建筑的本质是固定的人造空间。维持建筑空间安全稳定的是其中的整体结构。建筑整体结构由竖向和水平两个分受力体系组成,承受竖向重力荷载,以及水平风力和地震作用等作用。所谓竖向受力体系一般指竖向放置的受力结构,而水平受力体系一般指水平放置的受力结构。竖向和水平受力体系通过合理的连接方式组合在一起形成整体结构。多高层建筑中,根据竖向结构的形式,整体结构形式主要可分为:框架结构、剪力墙结构、框架 – 剪力墙结构、筒体结构、框筒结构、巨型框架,等等;在一般工业与民用建筑中,不论整体结构形式采用何种方式,水平结构受力体系都可以从平板结构、主次梁结构、井字楼盖结构、密肋楼盖结构等形式中选用。在大跨及大跨空间结构中,水平结构受力体系主要有:桁架结构、空间桁架结构、网架结构、拱结构、穹顶结构、网壳结构、膜结构,等等。建筑结构受力体系分类示意见图 2–5。

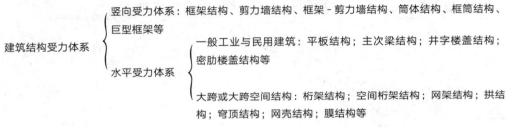

图 2-5 建筑结构受力体系分类

结构是由构件组成的。结构中应用的构件按其作用与位置,主要有梁、板、柱、墙、基础、拱、壳等;按其受力形式可分为受弯构件、受压构件(包括轴心受压和偏心受压)、受拉构件(包括轴心受拉和偏心受拉)、受扭构件及复合受力构件等。柱和墙是最简单的竖向受力构件,梁和板是最简单的水平受力构件。拱是梁的高阶形式,壳是板的高阶形式,因为拱和壳的受力更合理,比直线梁板能跨越更大的跨度。独立的柱和墙由于容易失稳,其承载能力与长细比成反比,其高度受限。因此,实际工程中的柱或墙必须与其他构件形成整体才能有较高的承载能力和稳定性。结构构件既可以采用矩形、方形、圆形等实心截面形式,也可以采用 T 形、H 形、方管或圆管等截面形式;既可以采用实腹形式,也可以采用空腹形式,如蜂窝梁。整体结构就是由这些基本的结构构件按照一定的规律组合而成的。

1. 竖向结构受力体系

竖向结构形式主要取决于建筑高度。当结构高度比较小的时候,其承载能力、抗灾能力及正常使用性能都比较容易满足;而随着结构高度的增加,不仅满足承载

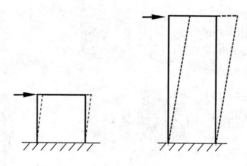

图 2-6 水平力作用的结构变形

能力和抗灾能力的难度增大了，满足正常使用条件下舒适度的难度也会显著加大。对高层建筑，竖向结构的侧向刚度非常重要，以保证结构既有足够的安全性，又有良好的抵抗侧向变形的能力。侧向刚度指结构或结构构件在水平方向产生单位位移所需施加的水平力。如图 2-6 所示，随着建筑高度的增加，结构在水平风力和地震作用下的层间剪力增大，层间及总的顶点侧向位移会增大，建筑的舒适度会降低。提高结构的侧向刚度，减少侧向层间变形，是结构设计计算的重要内容。承载能力计算和变形验算是建筑结构设计的重要内容，变形性能是结构构件的重要性能指标。建筑结构分析设计中，变形验算包括结构层间弹性变形验算、梁板构件正常使用阶段的变形验算及结构层间弹塑性变形验算等。

在确定竖向结构方案时，既要考虑适宜的侧向结构刚度，又要考虑竖向受力体系的平面布置。墙体的侧向刚度比框架的大得多，筒体的侧向刚度一般又比墙体的大，见图 2-7。但在结构中过多地采用墙体，又会限制建筑平面布置，影响建筑的平面分隔及使用功能。为提高结构的侧向刚度以及抵御地震、台风等灾害的能力，在结构竖向受力体系的选择与布置中，须兼顾结构平面布置及建筑功能要求，往往把几种典型的结构形式加以组合，形成框架 – 剪力墙、框筒结构、巨型框架结构，等等，见图 2-8、图 2-9。

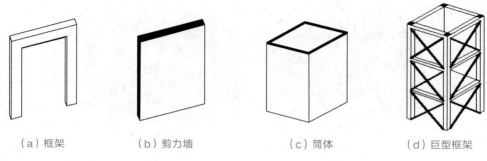

（a）框架　　　　　（b）剪力墙　　　　　（c）筒体　　　　　（d）巨型框架

图 2-7 竖向受力体系的几种典型形式

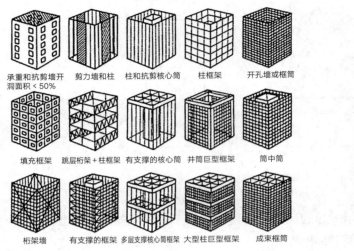

承重和抗剪墙开　剪力墙和柱　柱和抗剪核心筒　柱框架　开孔墙或框筒
洞面积 < 50%

填充框架　跳层桁架 + 柱框架　有支撑的核心筒　井筒巨型框架　筒中筒

桁架墙　有支撑的框架　多层支撑核心筒框架　大型柱巨型框架　成束框筒

图 2-8 竖向结构的组成及形式

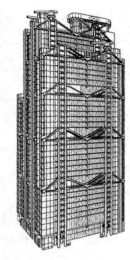

图 2-9 实际结构示意

　　竖向受力体系不仅要有足够的平面承载能力和刚度，还要具有足够的空间作用能力，以加强结构的整体性、提高结构的平扭耦合性能。图 2-7 所示的独立框架或墙，在其平面内的承载能力和刚度都较高，能抵抗其轴平面内的水平力。但是，独立的框架和墙承受竖向荷载，或承受轴平面外荷载的能力都较弱，容易失稳或弯曲。而且，实际建筑受到的风、地震等水平力总是多维的，不会简单地作用于结构平面内。因此，要保证结构的安全，不仅要保证结构平面内受力安全，还须保证平面外受力安全，即要求结构在横向和纵向形成整体的空间结构。横向与纵向连接形成的空间结构，不仅会显著提高竖向承载能力，还能有效地抵抗多维水平作用。实际工程中的建筑结构都是由横向和纵向竖向受力结构组成的空间结构，见图 2-10。在纵横向竖向结构组成的空间结构中，在每个楼层处又设有水平楼（屋）盖结构体系，进一步加强了结构的整体性和空间作用能力。

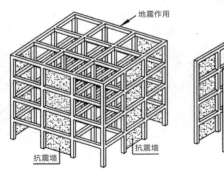
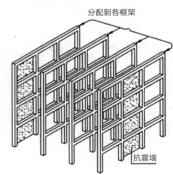

图 2-10 竖向结构及空间构成

2. 水平结构受力体系

建筑结构中总会有楼（屋）盖，楼（屋）盖水平放置或连接于竖向结构上，其受力结构称为水平结构。楼盖一般水平放置，屋盖大多数情况采用水平放置，有时根据建筑要求，也会有一定的坡度或采用曲面等其他形式。楼（屋）盖承受垂直方向的恒荷载和活荷载，并把荷载传递给竖向的柱或墙，同时加强了竖向结构的整体性及空间作用能力。水平构件可采用简支的方式，直接放置在竖向的墙或柱上，也可以采用固支的方式与墙或柱刚接在一起。

水平结构受力体系的形式主要取决于结构的跨度与建筑空间大小。多高层工业与民用建筑，楼（屋）盖的跨度小，一般采用钢筋混凝土主次梁结构、井字梁结构、密肋梁板结构、平板结构等；需要形成较大建筑空间的公共建筑，如体育馆、博览馆、交通枢纽等，则须采用大跨结构或大跨空间结构。因此，水平结构受力体系选择中，要充分考虑结构跨度及建筑空间因素。随着跨度的增加和空间的增大，则需要采用比较复杂的水平受力结构体系，且一般采用钢结构。但是，无论采用什么样的结构形式，其本质都是一些板、梁、拱等基本水平构件组合拓展而成。

如图 2-11（a）所示，当建筑空间较小时，如一个简单的、四边有墙的房间，可用简单的平板作为水平受力构件支承在墙体上形成楼面或屋面。随着墙体间距和建筑空间的增大，采用简单的平板结构直接支承在墙体上就不合理和不可靠了，而要在墙上首先设置截面高度比较大的梁，再在梁上设置板，形成建筑中常见的主次梁楼（屋）盖、井字楼（屋）盖、密肋楼（屋）盖等。梁的截面高度大，抗弯刚度大、承载能力大，用梁支承板，板上的荷载通过梁传递给墙体，从承载能力和变形性能两个方面分析，都比直接采用平板结构更加合理和可靠。

这样的概念可以推广到一般的水平结构受力体系中。一个简单的水平受力构件，如梁（图 2-11b），如果再增加一个交叉梁，显然所承受的荷载会增加。同理，如果多个纵横交错的梁交叉地联系在一起，其承载能力会更大，变形会更小，或者形成更大的空间。纵横交错放置的梁支承在墙体或柱上，然后在其上放置板就形成了建筑结构中常见的肋梁楼盖体系。进一步思考，对比图 2-11（b）所示的水平梁，图 2-11（c）所示的拱形梁所能跨越的跨度更大，或能承受更大的荷载。当纵横交错的拱交叉地放置在一起时，就形成了网壳结构，能形成跨度更大的空间结构。除水平梁和拱形梁外，图 2-11（d）所示的折形梁，也是最基本的结构形式，多个折形或弧形构件交错地连接在一起时，也会组合成跨度较大的空间结构。

建筑空间除与水平结构的跨度有关外，还与水平结构的高度有关。随着跨度的增加，水平结构的高度也要增加，在建筑高度不变的情况下，建筑的净空就要减小。因此，为了尽量保证建筑的净空，在满足结构承载能力及抗弯刚度要求的情况下，应尽量减少水平结构或构件的高度。

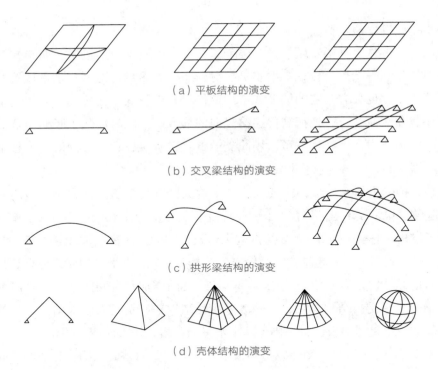

（a）平板结构的演变

（b）交叉梁结构的演变

（c）拱形梁结构的演变

（d）壳体结构的演变

图 2-11 水平受力体系的演变

　　对于跨度较小的水平结构可以直接采用梁式结构，如矩形截面钢筋混凝土梁，或工字形截面钢梁。对于大跨度的水平结构，为了减轻自重，减小挠度变形，直接采用梁式结构则不合理，往往要采用桁架结构等合理有效的结构形式。桁架结构是由杆件彼此在两端连接、形成具有稳定性的三角形单元组成的平面或空间结构。在计算分析中，桁架结构杆件节点可简化为铰接，桁架中的杆件承受轴向拉力或压力，从而能充分利用材料的强度和特性、减轻自重、节省材料、提高承载能力、减小变形。

　　图 2-12 为桁架结构的一些典型形式。其中，矩形和三角形桁架是最常用的桁架形式。矩形桁架在桥梁结构中应用较多，三角形桁架在建筑中应用较多。除此之外，还可以根据建筑屋面的外观及排水要求，设计成梯形桁架、折线形桁架等多种形式。

　　从简单的实腹截面梁或型钢梁发展到空腹的桁架结构，是水平结构向大跨发展的巨大飞跃。桁架结构相当于将实腹截面梁中间剔除，使结构重量大为降低，而且还显著提高了受力性能。桁架结构中的杆件都是简单的压杆或拉杆（结构上又称二力杆），这些杆件通过节点连接组成稳定的三角形单元，单元组合连接形成整体结构，传力路线十分清晰。由于不同的杆件单纯地处于受压或受拉状态，可以分别采用抗

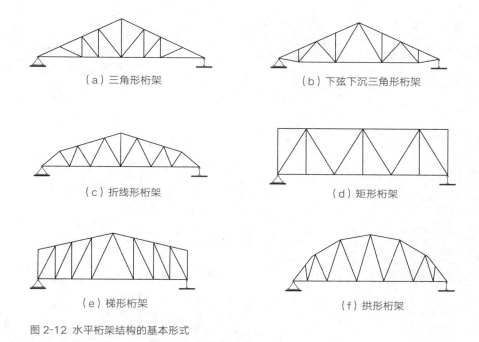

（a）三角形桁架　　　　　　　　　　　（b）下弦下沉三角形桁架

（c）折线形桁架　　　　　　　　　　　（d）矩形桁架

（e）梯形桁架　　　　　　　　　　　（f）拱形桁架

图 2-12 水平桁架结构的基本形式

拉强度高和抗压强度高的材料作为桁架的杆件。在实腹梁中，截面顶部的材料处于受压状态，截面底部的材料处于受拉状态，当采用钢筋混凝土结构时，因为混凝土的抗拉强度低，截面受拉区很容易开裂，受拉区混凝土增加了结构重量，但不能有效利用。当采用钢结构时，截面靠近中和轴附近的材料也不能充分发挥作用。因此，在大跨结构中不宜采用实腹截面形式，而应采用更加合理有效的桁架或拱架等结构形式。

根据组成桁架杆件的轴线和所受外力的分布情况，桁架可分为平面桁架和空间桁架。平面桁架可视为在一个基本的三角形框上添加杆件构成的结构。每添加两个杆，须形成一个新节点，才能使结构的几何形状保持不变。屋盖或桥梁等结构可以由一系列互相平行的平面桁架所组成。因此，平面桁架结构是由二力杆组成的稳定的三角形单元组合拓展而形成的，空间桁架结构则是由平行的桁架结构组成的。网架、网壳、桁架等空间结构，则是最基本稳定的结构单元向两个方向拓展而成的，见图 2-13。

在体育场馆、展览中心、机场候机大厅、客运站等大型公共建筑中，屋盖结构一般采用空间钢结构。钢结构自重轻、受力性能好、制作安装相对方便，能实现建筑要求的复杂曲面形式。因此，各个城市建设的这类大型公共建筑几乎无一例外地采用大跨空间钢结构。屋盖的形式也都采用比较复杂的曲面形式，展现出较强的视觉效果。大跨空间结构的竖向结构既可以采用钢结构，也可以采用钢筋混凝土结构。

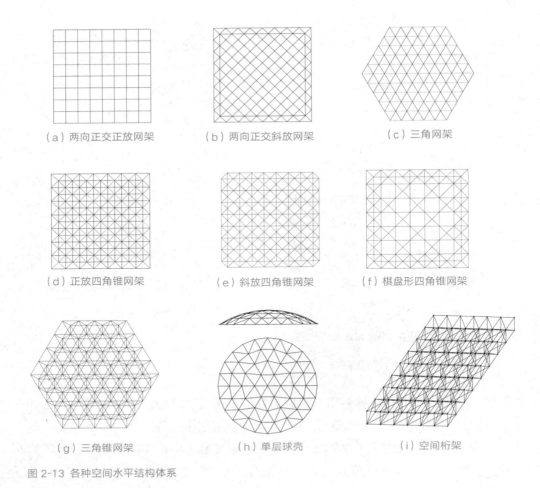

（a）两向正交正放网架　　　　　（b）两向正交斜放网架　　　　　（c）三角网架

（d）正放四角锥网架　　　　　（e）斜放四角锥网架　　　　　（f）棋盘形四角锥网架

（g）三角锥网架　　　　　（h）单层球壳　　　　　（i）空间桁架

图 2-13 各种空间水平结构体系

在不设计楼面的情况下，即直接在地面上建造大跨空间结构，可以直接用钢结构柱支承上部大跨空间结构屋面，形成全钢结构建筑，见图 2-14 和图 2-15。在设计楼面的情况下，可以采用混凝土结构上或外部再做大跨钢结构屋面的形式，见图 2-16和图 2-17。图 2-18 为国家游泳中心的剖面图，它是一个在混凝土结构上做大跨钢结构的典型案例。图 2-19 为国家大剧院剖面，这实际上是在混凝土建筑外做大跨钢结构的典型案例，大跨钢结构将混凝土结构覆盖其中。

　　3. 膜结构

　　膜结构是一种建筑与结构结合的结构体系。它是采用高强度柔性薄膜材料与辅助结构，通过一定方式使其内部产生一定的预张应力，从而形成应力控制下的某种空间形状，以覆盖结构或建筑物主体，且具有足够刚度以抵抗外部荷载作用的一种空间结构形式。

　　膜结构是 20 世纪中期发展起来的一种新型建筑结构形式。它打破了纯直线建筑风格的模式，以其独有的优美曲面造型，形成简洁、明快、刚与柔、力与美的组合，

图 2-14 钢结构桁架

图 2-15 钢结构网壳

图 2-16 体育场混凝土结构上做钢结构

图 2-17 混凝土结构外做钢结构

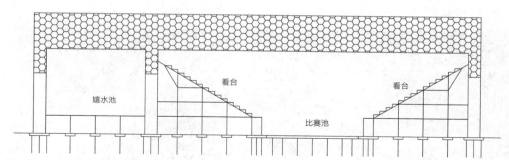

图 2-18 国家游泳中心剖面

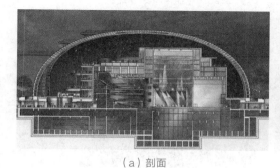

（a）剖面

（b）屋顶钢结构

图 2-19 国家大剧院剖面及屋顶钢结构

为建筑师提供了丰富的想象和创造空间。膜结构具有强烈的视觉冲击力和艺术感染力，能结合整体环境，建造出标志性的形象工程，实用性强、施工速度快、应用领域广泛。既可应用于大型公共建筑与设施中，也可应用于标志性或景观性的建筑及小品中。图 2-20 ~ 图 2-23 是几个典型的膜结构工程案例。

　　膜结构中，膜材既是结构材料，也是建筑装饰材料。对于任何建筑屋面系统，不论采用何种结构形式，其上必须有覆盖材料，见图 2-24。传统的屋面系统由屋面结构和屋面防护材料两部分组成。膜结构兼有结构、防护和装饰多种功能，见图 2-25。正是由于具有结构、建筑防护和装饰多重功能，膜结构在公共建筑及设施中得到了越来越多的应用。

图 2-20 张力膜结构

图 2-21 充气膜结构

图 2-22 钢结构与张力膜组合（一）

图 2-23 钢结构与张力膜组合（二）

图 2-24 建筑屋面材料

图 2-25 张力膜结构屋面

膜结构有两种基本形式，一种是张力膜，或称负高斯曲率张力膜，见图2-20；另一种是充气膜，或称正高斯曲率膜，见图2-21。国家游泳中心水立方是充气膜结构。目前建筑中张力膜结构应用较多。

2.2.2.3 建筑结构分析设计的一般程序

由上述简要介绍可见，建筑工程可采用多种结构体系。在结构设计的初期阶段，首先应根据建筑设计方案，结合材料供应、施工技术以及其他经济技术条件，确定合适的结构方案，进行结构布置，并确定结构构件的截面尺寸。结构方案、布置及构件尺寸确定后，就要确定计算分析模型。计算分析模型包括计算简图、单元划分、单元类型、材料本构关系等内容。计算简图是实体结构的简化，是表示构件尺寸、位置、承受荷载情况、连接与边界条件的简化图形。图2-26所示为框架剪力墙结构平面结构分析的计算简图。

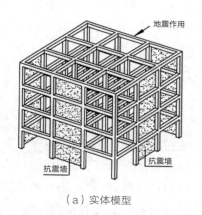

（a）实体模型　　　　　　　　　　（b）简化模型

图2-26 实体模型与简化分析模型

结构分析计算简图中，实际的梁、板、墙、柱等结构构件都是用杆件或单元表示的。由梁、柱杆件组成的框架结构，以及用二力杆组成的桁架结构通常称为杆系结构。杆系结构中杆件之间的连接有铰接和固结两种方式。杆系结构分析中，一般以杆件为单元建立单元刚度矩阵，并集成整体刚度矩阵后进行结构分析计算。梁柱及桁架结构中杆件的几何特征是，长度方向尺寸远大于截面尺寸。与梁柱杆件不同，墙和板的几何特征是，平面边长远大于厚度。墙和板类构件的受力比梁柱等杆件复杂，在结构分析中，一般需要把这类构件划分为更小的单元。

将整体结构离散成由各种单元组成的计算模型，离散后单元与单元之间利用单元的节点相互连接起来，单元节点的设置、性质、数目等根据问题的性质，以及描述变形形态的需要和计算精度而定。这种结构分析方法称为有限元分析方法（FEM，Finite Element Method）。数学中，有限元法是一种求解偏微分方程边值问题近似解的数值分析技术；求解时对整个问题区域进行分解，每个子区域都成为简单的部分，这种简单部分就称作有限元。有限元分析计算所获得的结果只是近似的。如果划分单元数目非常多而又合理，则所获得的结果就与实际情况相符合。有限元方法是20世纪50年代开始研究的、重要的模拟仿真数值分析方法。随着计算机技术的发展，目前被广泛应用于各个工程技术领域，是真实物理场模拟分析的不可或缺的工具。土木工程结构分析离不开有限元计算方法。

所谓边界条件，是指在求解区域边界上所求解的变量或其导数随时间和位置的变化规律。边界条件是控制方程有确定解的前提，任何问题的求解都需要给定边界条件。边界条件的处理，直接影响了计算结果的精度。在结构静力分析中，边界条件是用位移和转角来表示的，位移和转角取决于支承与约束条件。

本构关系（Constitutive Relationship）是反映物质宏观性质的数学模型，又称本构方程或本构模型（Constitutive Equation）。结构分析中，材料的本构关系指材料的应力和应变关系，或应力张量与应变张量关系。材料的应力－应变本构关系非常复杂，具有线性、非线性、黏弹塑性、剪胀性、各向异性等多种模型，而且受应力水平、应力历史以及材料的组成、状态、结构等的影响。结构分析中，材料本构关系的选取也十分重要，对分析计算结果有很大影响。

分析计算模型建立后才能进行结构分析。结构分析的目的是求结构构件在外力作用下的效应——内力和变形。建筑结构受力分析的基础理论是结构力学。结构进行内力和变形分析后，才能利用混凝土结构、钢结构等结构设计原理，进行结构构件承载能力计算和正常使用性能的验算。在承载能力计算和正常使用性能验算的基础上，最终结合构造要求绘制施工图。结构设计的一般程序与步骤可以用图2-27所示的框图表示。

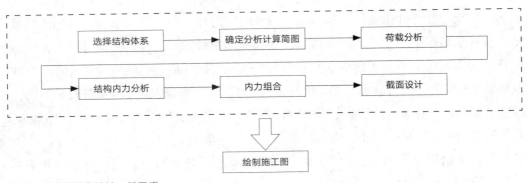

图 2-27 建筑结构设计一般程序

2.2.3 建筑工程的发展

建筑工程伴随着经济社会，特别是城市化的发展而发展，其质量与功能要求越来越高。一方面，建筑工程的不断发展满足了人类物质和精神需求，不断推动人类文明和科技进步；另一方面，人类文明和科技进步也不断促进建筑工程的发展。

2.2.3.1 文化与建筑

建筑具有美观要求，一个建筑要建成什么样，一个城市要建成什么样，除了要考虑功能要求外，还要充分考虑美观因素。如何评判建筑的美，没有绝对的标准，取决于人们的审美趣味，因为美与审美是统一的，美来源于审美。审美的内涵和基础是文化，审美的标准源于文化。不同国家、不同民族都有自己独特的文化，也就有不同的审美标准，反映到建筑上，不同国家、地域及民族的建筑，会呈现出各自独特的风格。因此，建筑有鲜明的文化烙印。这些烙印折射的是具有国家或地域特征的、民俗的、民族的、宗教的影响及其文化积淀。图 2-28 是世界几个著名建筑（群），

（a）北京故宫

（b）印度泰姬陵

（c）拉萨布达拉宫

（d）泰国宗庙

图 2-28 不同国家或民族建筑的典型代表

图 2-29 北京香山饭店   图 2-30 巴黎卢浮宫

从中不难感受到建筑的文化烙印。随着时代的发展、文化的交流、科技的发展，这些文化特征也会发展和变化。但无论如何发展和变化，一些鲜明的文化符号总会蕴涵或呈现在建筑中，见图 2-29、图 2-30。

2.2.3.2 现代化与建筑

城市现代化在基础设施建设及建筑工程建设中得以充分体现，是国家现代化的重要标志之一。改革开放 40 多年来，我国城乡建设的发展充分展示了建筑及建筑业在现代化及现代化建设中的地位与作用。可以说没有基础设施及建筑工程的大量建设，就没有城乡的现代化；没有建筑业的快速发展，就没有经济与社会的快速发展。工程建设及建筑业发展是社会现代化发展的重要引擎。当我们置身于任何一个现代化城市，都会切身感受到建筑对城市现代化的贡献，以及建筑在城市现代化中的标志作用。世界上任何一个国家、任何一个城市都把城市建设作为现代化建设的一个重要组成部分。基础设施及建筑既是现代化的重要标志，同时也承载着现代化的方方面面，还改变着人们的生产与生活方式。车水马龙、灯火璀璨的城市，很好地诠释了城市现代化的含义。林林总总的高楼大厦、川流不息的交通、熙熙攘攘的人流，使城市变得繁荣、灿烂与辉煌，也极大地促进了科技、文化、艺术等各项事业发展。图 2-31 所示的城市是我国几个典型现代化城市的代表。

2.2.3.3 生态环境与建筑可持续发展

建筑在为人类提供生产、生活空间的同时，也为人类提供新的环境和生态。任何工程建设活动都会改变和影响自然生态与环境。在工程建设活动中，人们总是试图营建和谐自然的生态环境，尽量减少对自然生态与环境的破坏。从微观和局部区域来说，工程建设似乎都使生态环境变得更加完美。但从宏观看，工程建设对生态

(a) 香港夜景

(b) 上海陆家嘴

(c) 广州塔

图 2-31 现代化城市与建筑

环境的长期、综合影响往往不以人的美好愿望和规划思想为转移。人们在营造人工生态环境的同时，必然对自然生态造成一定的影响或损害，因为人类一切活动的能源消耗与碳排都会对生态环境造成影响或损害。因此，在工程建设以及工程营运及维护中，应特别重视对生态环境的保护。从短期说，保护和营建良好的生态环境，可以为人类提供良好的生存空间；从长期来说，可以实现绿色、低碳和可持续发展，减轻自然灾害，延长建筑的使用年限。

重视节能减排与生态环境建设，是实现绿色、低碳与可持续发展的必由之路。在"双碳"目标下，土木工程领域的绿色、低碳与可持续发展尤为关键。建筑工程领域倡导和实现绿色、低碳和可持续发展，要做好三方面工作：一是推广使用绿色建材，降低建材生产、运输及使用过程中的碳排放；二是在建筑工程中推广使用节能技术，降低建筑工程使用过程中的能量消耗；三是推广绿色施工技术，降低工程建设过程中的环境污染、能源消耗及碳排。

所谓绿色建材是指采用清洁技术生产、少用天然资源和能源、大量使用工业或城市固态废物生产的无毒害、无污染、无放射性、有利于环境保护和人体健康的建筑材料。由于水泥生产会产生大量的碳排放，混凝土生产需要消耗大量的砂石资源，减少混凝土应用量或发展绿色混凝土，是未来工程建设领域的重要课题。相比于混凝土材料，钢材属于绿色结构材料。因此，目前我们国家大力倡导和发展钢结构建筑。在混凝土生产中，大量使用矿物掺合料，使用机制砂，发展高性能混凝土，同时，再生骨料混凝土的研究与应用也得到了重视。这些都是绿色混凝土的发展方向。

所谓绿色施工是指工程建设中，在保证质量、安全等基本要求的前提下，通过科学管理和技术进步，最大限度地节约资源、减少对环境负面影响的施工活动，实现节能、节地、节水、节材和环境保护。绿色施工作为建筑全寿命周期中的一个重要阶段，是实现建筑领域资源节约和节能减排的关键环节。绿色施工涉及可持续发展的各个方面，如生态与环境保护、资源与能源利用、社会与经济发展等内容。为实现绿色施工，必须推广和应用绿色施工技术，创新管理方法，培养产业工人。发展装配式建筑、推广智慧化工地建设等，就是推广与应用绿色施工技术的具体举措。

建筑使用过程中的能量消耗很大。据统计，我国建筑年消耗的商品能源约占全社会终端能源消耗总量的25%，对温室气体排放的贡献率也基本在25%的水平。因此，建筑节能对绿色、低碳与可持续发展十分重要。建筑节能的有效途径是建设节能建筑与改造高能耗建筑。节能建筑是指遵循气候设计和节能的基本方法，对建筑规划分区、群体和单体、建筑朝向、间距、太阳辐射、风向以及外部空间环境进行研究后，设计出的低能耗建筑。

为实现可持续发展，近年来国内外已经开始建设零能耗建筑。零能耗建筑将从规划设计理念、建筑做法与构造、建筑采光通风、太阳能及生物能源的利用，建筑产品的开发与利用，建筑生态与环境等多方面综合考虑，最大限度地降低房屋建造与使用过程中的能耗，建设环境与生态友好、低碳排放的建筑与社区。

为有效控制建筑能耗，我国从20世纪80年代初就组织编制了建筑节能设计标准。目前我国已建立了比较完善的建筑节能法规体系。建筑节能产品与成套技术的推广与应用，在节能减排中发挥了重要作用。为降低建筑的总能耗，一般有以下5个技术途径：（1）在建筑规划与设计阶段做好节能设计；（2）改善围护结构的热工性能，提高围护结构的节能效率；（3）采用高效能的采暖、空调系统，提高终端用户用能效率；（4）降低能源开采、处理、输送、储存、分配和终端利用的损耗，提高总的能源率；（5）开发清洁能源，如风能和太阳能等。围绕这5个方面的技术途径，进入21世纪以来，建筑节能技术有了很大发展，在外墙节能技术、门窗节能技术、屋顶节能技术以及供暖系统控制、建筑能耗管理、室内环境控制、清洁能源利用等方面都出现了很多成熟的技术。

2.2.3.4 建筑工程防灾减灾

防灾减灾就是防御和减轻各类灾害。灾害分为自然灾害和人为灾害两大类。自然灾害的种类很多，能对建筑工程造成影响、损害或破坏的自然灾害主要有：地震、洪水、台风、火灾、滑坡、泥石流等。人为灾害主要指人的行为引起的爆炸、火灾等。随着社会的发展和现代化水平的提高，各类灾害，特别是一些重大灾害一旦发生，对建筑工程所造成的直接或间接后果越来越严重，建筑工程的防灾减灾已成为工程建设的重要任务之一。建筑工程不仅要满足正常使用条件下的安全性，也要满足地震、台风等偶然作用下的安全性。对于城市及重大工程而言，防灾减灾的意义更为重大。它不仅关系建筑本身的安全，也关系社会的公共安全与稳定。防灾减灾的任务不仅是提高建筑工程的抗灾能力，还包括防灾减灾规划、灾害预报、灾害预防、灾后救援、灾后过渡性安置和恢复重建，以及监督管理、法律责任等多个方面，为此国家及地方也颁布了相应的法律法规。

工程抗震设计原理及设计方法，是土木工程专业学生要学习和掌握的重要专业知识之一。传统的防灾减灾方法，主要是"抗"的方法，即通过提高结构构件的承载能力与耗能能力，提高结构构件的抗震性能及抵御地震的能力。随着建筑结构抗震防灾理论的发展，各种减震、隔震技术及结构振动控制理论不断发展，并在实际工程中广泛地推广应用，成为创新的、有效的减震防灾技术。图2-32是结构阻尼控制减震示意图。通过在结构上设置一些减震装置，可以大幅度减少地震作用，减轻地震破坏。图2-33是基础隔震示意图。当基础上设置橡胶支座等隔震措施后，可以显著地减轻地震破坏。广州塔在没有振动控制的情况下，设计最大风速下塔楼的最大摇晃幅度可高达1.5m。为了减轻摇晃幅度，采用两个自重600t的巨大水槽作为减震系统，安装

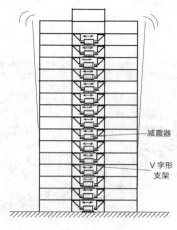

图 2-32 结构阻尼减震示意图

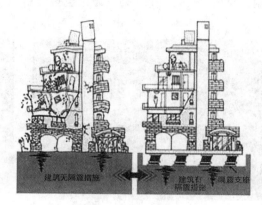

图 2-33 建筑基础隔震示意图

在餐厅上方的 84 层和 85 层的滑道上，当塔楼向一个方向摆动时，水槽就朝反方向移动，抵消鞭梢效应，可以减少风力和地震作用产生的振幅，最大可达 50%。

工程建设中，如没有防灾减灾理论为支撑，没有防灾减灾技术作保证，就无法提高城乡抵御灾害的能力，更无法保证重大基础设施及超高层建筑、大跨建筑等工程的安全。唐山、汶川等罕遇大地震造成的重大人员伤亡和财产损失，对工程抗震防灾理论与技术提出了严峻的挑战，同时也极大地促进了理论与技术的发展。最近十几年，减隔震理论与技术、性能化设计理论及其应用、韧性城市理念的提出与发展等，丰富和完善了工程抗震防灾理论，提高了工程的抗灾能力及城市综合防灾水平。

2.2.3.5 工程建设与科技

工程建设离不开科技支撑。计算机及信息技术时代，科技对工程建设的支撑作用越来越显著。历次科技和工业革命都极大地促进了工程建设的科技进步及城市化发展。20 世纪中叶以后，在第三次工业革命中，计算机技术与新材料技术快速发展，对建筑材料、建筑结构分析与设计理论、工程施工技术、工程防灾减灾理论与技术、工程质量控制与检测等工程建设领域的各个方面都起到了巨大的推动作用，显著地提高了工程建设及城市化水平。进入 21 世纪，人类开始进入信息化和智能化的第四次工业革命时代，基础设施及城乡建设也迎来了崭新的物联网时代。

（1）建筑材料主要包括结构材料、装饰材料和功能材料三大类。由于材料科学与技术的发展，不仅钢材、水泥等应用量非常大的结构材料有了很大发展，而且还出现了很多新的轻质、高强、高性能结构材料，如膜材、纤维增强材料，等等。除结构材料外，随着社会和人们生活水平的提高，建筑对装饰与功能材料的要求也越来越高。建筑装饰与功能材料的发展，为建设多样性的建筑，营造舒适的建筑环境提供了可能。各种各样建筑装饰与功能材料的快速发展，使建筑的"外衣"越来越华丽，见图 2-34、图 2-35，城市也被装扮得多彩多姿。

图 2-34 复星艺术中心

图 2-35 北京银河 SOHO

（2）建筑结构满足安全性、适用性与耐久性的根本功能要求是永恒的，但随着工程的发展与需要，工程师对结构安全性、适用性与耐久性的认识会不断深化，不断创新和发展结构安全性、适用性与耐久性的理论和方法。随着理论的发展和完善，材料的弹塑性、结构的非线性、偶然荷载作用、结构的抗倒塌性能等复杂问题不断被解决，并应用于解决实际的结构问题。基于性能的抗震设计理论、全寿命周期结构设计理论、结构抗倒塌理论、结构控制理论与技术、智能材料与结构等一些创新的设计理论与方法不断研究与创新，并在重大工程中不断地得到应用与发展。

创新的结构设计理论与方法的发展与应用，除了基于大量的试验研究及力学分析外，还依赖于计算机及信息技术的飞速发展。无论是结构工程中的科学研究、实际工程的设计计算，还是实际工程施工，都必须依靠计算机及信息技术。计算机及信息技术的应用为结构工程的发展发挥了不可替代的作用。计算机已成为土木工程领域中不可或缺的重要工具。从计算机辅助设计 CAD、科学计算的可视化、计算机模拟与仿真等虚拟现实技术，到多媒体技术、网络技术、物联网技术及人工智能技术，计算机及信息技术的最新发展及其成果都能在土木工程中找到广阔的应用场景。正是这些科技成果在土木工程领域的应用与普及，推动与加速了土木工程技术的发展与工程建设质量和管理水平的提高。

（3）工程建设信息化与智能化技术不断发展，在提高工程建设管理水平、减少投资、提高全寿命周期的安全性及综合营运效益等方面发挥着重大作用。工程建设信息化水平直接关系设计、施工、维护及监管各个环节的管理水平与管理效益。我国目前各级政府已建成了比较完善的工程建设信息化管理体系。工程结构在使用过程中其材料与结构性能会不断退化，严重的劣化会直接引发安全事故，为了提高工程结构耐久性及其长期使用性能，预防和避免重大安全事故，为全寿命周期的维修与维护提供可靠的依据，利用无线传感和数据传输技术、结构诊断和检测系统等，建立起的结构智能检测与健康监测系统，为重大工程的安全可靠运营、可靠性评估及科学维护发挥了重要作用。

（4）工程管理是工程建设与发展的重要保证。我国工程管理的总体水平与国外发达国家相比还有一定的差距，在法制、市场及管理体系和机制等方面存在一些弊端与问题。懂技术、经济、管理与法律的综合工程管理人才还有缺口，一线施工人员的素质相对比较低下，工程建设中的决策科学化、集成化与信息化程度还不高。针对这些问题，进入 21 世纪，工程建设领域贯彻落实可持续发展战略，以最优综合效益为管理目标，引进国外的先进管理理念、模式和技术，努力提高集成化工程管理水平，极大地提高了工程建设的总体管理水平与效率，特别是重大工程的决策、管理与营运水平。

（5）传统建筑工程建设主要以新建工程为主，随着时间的积累，城乡中存量工程越来越多。随着工程服役时间的增加，一方面既有工程的功能会退化，另一方面其功能要求可能要改变或提高。因此，既有建筑的改扩建、维修加固、平移等需求也会越来越多，将是城市更新的重要任务。从 20 世纪 90 年代开始，结构检测、鉴定、再设计与维修加固理论、加固材料与维修加固技术等都有了很大发展。在城市更新、提高城市防灾韧性、倡导绿色与可持续发展理念的大背景下，工程结构检测、鉴定、再设计及维修、改造及加固等方面的工程活动将有更为广阔的市场前景。

2.3 道路与铁道工程

道路与铁道工程是土木工程的重要组成部分，是国家基础设施建设的重要内容，对于发展国民经济，加强全国各族人民的团结，促进文化交流和巩固国防等方面，都具有非常重要的作用。

2.3.1 道路工程

道路是供各种车辆和行人通行的工程设施。道路工程则是以道路为对象而进行的规划、设计、施工、养护与管理工作的全过程及其工程实体的总称。

我国道路的发展可追溯到上古时代。黄帝拓土开疆，统一中华，发明舟车，开启了我国的道路交通。周朝的道路更发达，"周道如砥，其直如矢"，表明那时道路的平坦和壮观。秦始皇十分重视交通，以"车同轨"与"书同文"列为一统天下之大政。当时的国道以咸阳为中心，形成从中心向各方辐射的道路网。我国近代道路建设起步较晚，1912 年才修筑第一条汽车公路——湖南长沙至湘潭公路，全长 50km。抗日战争时期的 1941 年，我国修建的长 155km 的滇缅公路，是国内最早的沥青路面公路，也是我国最早使用机械化施工的公路。中华人民共和国成立初期，全国公路通车里程仅为 8.07 万 km。中华人民共和国成立后，从修筑康藏、青藏高原公路开始，进行了大规模的公路建设，截至 2020 年，我国高速公路里程达 15 万 km，覆盖城镇人口 20 万以上城市及地级行政中心；高速铁路里程达到 3 万 km，覆盖 80% 以上城区常住人口 100 万以上的城市。高速公路和高速铁路里程都位于世界首位。

2.3.1.1 道路的基本类型

道路因其所处位置、交通性质及使用特点不同，可分为公路、城市道路、专用道路和村道，但不包括铁路。公路与城市道路的分界线为城市规划区的边界线。

（1）公路。公路（图2-36）是道路的一种，为公众自由出行或使用的道路。现代公路涵盖了由国家、地方政府以及社会团体多种投资主体修建和管理的道路。各级公路均具有公益性。公路由线形组成、结构组成、安全与服务设施以及环境保护四大部分组成。线形组成主要是指构成公路主体线形的基本线形和实用线形两部分；结构组成是指路基工程（包括防护与支挡工程）、路面工程、桥梁工程、涵洞工程、隧道工程、特殊构造物等；安全与服务设施包括交通工程、安全工程等；环境保护包括绿化工程等。

（2）城市道路。城市道路（图2-37）是指在城市范围内供车辆及行人通行，具备一定技术条件和设施的道路。城市道路的作用是将城市各主要组成部分，如居民区、市中心、工业区、车站、码头、文化福利设施之间联系起来，形成一个完整的道路系统，方便城市生产和生活活动，从而充分发挥城市的经济、社会和环境效益。城市道路由如下若干部分组成，包括机动车道、非机动车道、人行步道、交叉路口、公共广场、交通设施、排水系统、地上设施、地下管线、绿化带、高架道路等。

图 2-36 公路

图 2-37 城市（市政）道路

（3）专用道路。专用道路是指由企业或者其他单位建设、养护、管理，专为或者主要为本企业或者本单位提供交通与运输服务的道路。如厂矿道路、林区道路、运煤专线、大型设备运输专线、战备专用道路，以及大型水利工程、大型核电工程、航空航天工程专用线等。

（4）村道。村道是指修建在乡村、农场，主要供行人及各种农业运输工具通行的道路，由县统一规划，主要为农业生产服务。

2.3.1.2 道路的分级

（1）公路的分级。公路分级包括行政分级与技术分级两种。公路按行政分级可分为：国道、省道、县道、乡道。具有全国性的政治、经济、开发、国防意义的公路叫国道。国道（G）为由国家统一规划，并确定为国家主要干线的公路。省道（S）是指具有全省性的政治、经济、开发等意义，并由省级有关部门规划建设的道路。县道（X）是指除国道、省道以外的县际间公路以及连接县级人民政府所在地与乡级人民政府所在地和主要商品生产、集散地的公路。乡道（X）是指除县道及县道以上等级公路以外的乡际间公路以及连接乡级人民政府所在地与建制村的公路。公路按技术分级可分为：高速公路、一级公路、二级公路、三级公路和四级公路 5 个等级。公路分级的依据是功能、任务和交通量。我国公路等级的划分详见现行《公路工程技术标准》JTG B01—2014，具体见表 2-4。表中同时列出了我国最初制定标准时的各级公路划分的文字描述和新标准描述。

我国公路等级的划分 表 2-4

等级	高速公路			一级公路		二级公路	三级公路	四级公路	
	四车道	六车道	八车道	四车道	六车道	双车道	双车道	双车道	单车道
制定标准初赋予各级路的功能和主要任务	高速公路是专供汽车分道、分向并全部控制出入的公路。其特点是全线封闭、全部立交、固定进出、汽车专用、分向分道			连接高速公路或是大中城市的城乡接合部以及人烟稀少的干线公路		中等以上城市的干线公路或者是通往工矿区或港区的公路	沟通县乡城镇之间的集散公路	沟通乡村等特别困难地方的公路	
《公路工程技术标准》JTG B01—2014 定义	高速公路为专供汽车方向、分车道行驶，全部控制出入的多车道公路			一级公路为专供汽车分方向、分车道行驶，可根据需要控制出入的多车道公路		二级公路为专供汽车行驶的双车道公路	三级公路为专供汽车、非汽车交通混合行驶的双车道公路	四级公路为专供汽车、非汽车交通混合行驶的双车道或单车道公路	
适宜的年平均日设计交通量（辆）	15000 以上			15000 以上		5000 ~ 15000	2000 ~ 6000	2000 以下	400 以下

（2）城市道路分级。根据城市道路在城市道路网中的地位、交通功能以及对沿线服务功能等，我国《城市道路工程设计规范》CJJ 37-2012（2016 年版）城市道路分为四个等级，即快速路、主干路、次干路和支路。

快速路是指单向设置不少于两车道、中央设置隔离带、全部控制车辆出入及出入口间距与形式，具有配套完善的交通安全与管理设施，能实现交通连续通行的道路；主干路是连接城市各主要分区、以交通功能为主的道路；次干路是连接于主干路，以集散交通功能为主的道路，兼有服务功能；支路宜与次干路和居住区、工业区、交通设施等内部道路相连接，主要解决局部地区的交通，以服务功能为主。

2.3.1.3 道路的基本组成

道路是设置在大地表面供各种车辆行驶的一种线形带状结构物，由线形和结构两部分组成。线形组成主要研究道路中心线的线形形状及定位、定形技术；结构组成主要研究道路主体工程和附属设施。

（1）道路的线形组成。道路中线在水平面上的投影称为路线的平面；沿着中线竖直剖切，再行展开就称为纵断面；中线各点的法向切面是横断面。道路的平面、纵断面和横断面构成了道路的线形组成，如图 2-38 所示。

道路由于受自然条件或现状地物的限制，在平面上有转折、纵面上有起伏。在转折点两侧相邻直线处，为了满足车辆行驶顺适、安全和速度要求，必须用一定半径的曲线连接，因此路线在平面和纵面上均由直线和曲线组成。

（2）道路的结构组成。道路由路基、路面、排水结构物、特殊结构物等部分组成。路基是道路行车路面下的基础，它是由土、石按照一定尺寸、结构要求建筑成的带状土工结构物。路基须有一定的力学强度和稳定性，又要经济合理，以保证行车部分的稳定性和防止自然损害。公路路基的横断面组成一般有行车道、路肩、路缘带、边坡、边沟和碎落台等，如图 2-39 所示。路基断面形式通常分为路堑、路堤、半填半挖路基 3 种，见图 2-40。

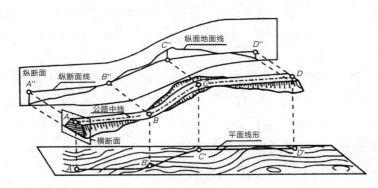

图 2-38 道路的平面、纵断面及横断面

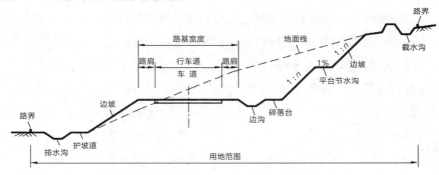

图 2-39 路基断面组成

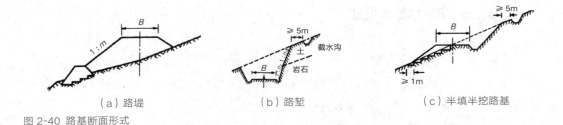

(a) 路堤　　　　　　　(b) 路堑　　　　　　　(c) 半填半挖路基

图 2-40 路基断面形式

　　路面是用各种建筑材料分层铺筑于路基顶面的结构物，以供汽车安全、迅速和舒适行驶。路面必须具有足够的力学强度和良好的稳定性，表面应平整且应具有良好的抗滑性能。路面按其使用品质、材料组成、结构强度和稳定性可分为高级、次高级、中级、低级 4 个等级，见表 2-5；按其力学性能可分为柔性路面、刚性路面及半刚性路面。

各路面等级所对应的面层类型及公路等级　　　　　　　　表 2-5

路面等级	面层类型	公路等级
高级	水泥混凝土、沥青混凝土、厂拌沥青碎石、整齐石块或条石	高速、一、二级
次高级	沥青贯入碎砾石、路拌沥青碎砾石、沥青表面处置、半整齐石块	二、三级
中级	泥结或级配碎砾石、水结碎石、不整齐石块、其他粒料	三、四级
低级	各种粒料或当地材料改善土，如炉渣土、砾石土和砂砾石	四级

　　为了确保路基稳定，免受地面水和地下水的侵害，公路还应修建专门的排水设施，也称排水结构物。地面水的排除系统按其排水方向不同，分为纵向排水和横向排水。纵向排水有边沟、截水沟和排水沟等。横向排水有桥梁、涵洞、路拱、过水路面、透水路堤和渡水槽等。道路特殊结构物包括隧道、悬出路台、防石廊和挡土墙等。

　　（3）沿线附属结构。道路上除上述各种基本结构和特殊构造物外，为了保证行车安全、迅速、舒适和美观，还需设置交通工程与沿线设施，以及环境美化设施等。交通工程及沿线设施包括交通安全设施、服务设施、管理设施和环境美化设施 4 种。

　　交通安全设施主要指交通标志和路面标线。公路交通标志有 4 类，分别为指示标志、警告标志、禁令标志、视线诱导标志；路面标线有 4 种形式：分别为白色连续实线、白色间断线、白色箭头指示线、黄色连续实线。高等级公路的边线还设置反光标志。各级公路在急弯、陡坡、高路堤、中央分隔带以及路侧有悬崖、深谷、江河、湖泊等地形险峻路段，还应按公路等级需要，按规定设置必要的安全设施，如护栏、防撞栏、护柱、护墙、防护网及防眩设施等。交通服务设施包括渡口码头、汽车站、加油站、修理站、停车场、餐饮与小卖部、旅馆、洗手间等，应根据公路的等级、交通组成及区域路网、地形、景观、环保等合理布设。交通管理设施包括监控、收费、通信、配电、照明和管理养护等设施。环境美化设施包括在路侧带、中间分隔带、停车场以及道路用地范围内的边角空地等处设置的景观造型和花草植被。环境美化设施不能影响交通安全与管理。

2.3.1.4 高速公路

高速公路是一种具有 4 条以上车道，路中央设有隔离带，分隔双向车辆行驶、互不干扰，且为全封闭、全立交、控制出入口、严禁产生横向干扰，为汽车专用的、设有自动化交通监控系统，以及沿线设有必要服务设施的道路（图 2-41）。高速公路的造价高、占地多，但从其经济效益与成本比较看，高速公路的经济效益还是很显著的。

图 2-41 高速公路

高速公路的主要特点为，行车速度快、通行能力高；物资周转快、经济效益高；交通事故少、安全舒适便捷。高速公路设有严格的管理系统，全路段设有先进的自动化交通监控系统和完善的交通设施，所有相交道路都立体交叉，高速公路两侧还设置隔离网或隔离墙，防止人、畜进入，避免横向干扰，可大幅度降低交通事故率。据国外资料统计，高速公路交通事故率与普通公路相比，美国下降 56%，英国下降 62%，日本下降 89%。另外，高速公路的线形标准高，路面坚实平整，行车平稳，驾乘人员不会感到颠簸；高速公路与周围景观协调，还能给驾乘人员较高的安全和舒适感，不易疲劳。

高速公路建设对经济社会发展具有重要意义。1988 年 10 月，沪嘉高速公路建成通车，全长 20.4km，实现了中国高速公路建设零的突破。2004 年 12 月 17 日，国务院审议通过了《国家高速公路网规划》。规划确定，未来 20 ~ 30 年，我国高速公路网将连接所有省会级城市、计划单列市、83% 的 50 万以上城镇人口大城市和 74% 的 20 万以上城镇人口中等城市。我国国家高速公路网采用放射线与纵横网格相结合布局方案，由 7 条首都放射线、9 条南北纵线和 18 条东西横线组成，简称为"7918"网。2020 年我国高速公路里程已达 15 万 km，覆盖城镇人口 20 万以上城市及地级行政中心。

2.3.1.5 道路工程的发展前景

随着改革开放和国民经济的蓬勃发展，我国公路科技取得了巨大成就。目前，我国已系统开发和应用了公路、桥梁和交通工程 CAD 技术和航测遥感技术。未来计算机与信息技术在公路上的应用必将更加广泛和深入，并将进一步集成卫星定位系统和三维测量技术、航测遥感技术和地质判释技术，使公路测设全面实现数字化与信息化。在新建、改建、养护和管理营运方面，应用大量信息数据建立和开发了大区域集成网公路数据库，为公路的科学运维，提供了数据基础。智能高速公路 ITS（Intelligent Transportation System）技术的研发和应用，大大提高了我国高等级公路运输、管理和安全监控水平。

为降低工程投资、提高道路服务水平、延长路桥工程的使用寿命、提高工程全寿命周期效益，高性能混凝土、改性沥青和新型复合材料等应用于路桥工程建设和养护的新材料，将不断开发和应用。在施工机械与施工工艺方面，专用工程机械和养护设备的制造水平将进一步提高；优质高效的大型沥青混凝土和水泥混凝土自动联合摊铺机、250 型转子中置式大功率稳定土拌合机、80t 滚动式沥青再生搅拌机、多功能公路养护机、大型排污清疏机、具有快速拖吊功能和救援装置的公路清障车等公路建设和服务设备将广泛应用和不断创新。

公路环保技术今后将会受到更大的重视。公路环保及可持续发展战略的重点是，防止建设过程中对自然生态的破坏、降低营运过程中对环境的影响。在道路工程建设中，在规划阶段做好环评；在施工阶段，大力发展边坡生物稳定技术、固废材料（如粉煤灰、废轮胎、废塑料和工业废渣等）的综合利用技术等。在道路工程营运阶段，采用科学方法与措施，开发吸音降噪技术，最大限度降低车辆行驶引发的噪声、废气和电磁污染；沿线科学规划，建设生态绿化带；创新营运养护管理模式和养护技术，降低运营养护投资，提高运营效率与质量。

2.3.2 铁道工程

铁道工程（Railway Engineering）是指铁路上各种土木工程设施和修建铁路各个阶段（勘测、设计、施工、养护、改建等）所运用技术和管理的总称。1825 年 9 月 27 日，世界上第一条行驶蒸汽机车的永久性公用运输设施，英国斯托克顿—达灵顿铁路正式通车，标志着近代铁路运输业的开端。19 世纪是西欧各国和美国铁路建设的高潮期，横贯美国大陆的铁路就是这个时期建成的。19 世纪后半叶，铁路热已扩展至非洲、南美洲和亚洲各国。1881 年，我国建成了第 1 条自主设计施工的铁路——唐胥铁路，其后不久又制造出第 1 台蒸汽机车——"龙号"。从此中国拉开了铁路建设的序幕。一百多年来，铁路工程已成为我国最重要的基础设施之一，在国土开发、区域经济发展、促进国民经济整体水平提高以及形成全国统一市场等方面发挥了重要作用，铁路运输在国家综合运输体系中始终处于骨干地位。

2.3.2.1 铁路种类

铁路种类的划分方法有多种，一般按所有权和经营权、在路网中的地位与作用、设计运行速度以及担负的运输性质进行分类。按所有权和经营权分，可分为国家铁路、地方铁路、合资建设铁路、专用铁路和铁路专用线；按在路网中的地位与作用分，可分为干线、支线、联络线；按设计运行速度可分为常速铁路、快速铁路和高速铁路；按担负的运输性质可分为客运专线、货运专线和客货运线。

2.3.2.2 铁路等级和技术标准

铁路等级是铁路的基本标准。设计铁路时，首先要确定铁路等级。铁路技术标准和装备类型都要根据铁路等级选定。我国最新《铁路线路设计规范》TB 10098—2017 中规定，铁路等级应根据其在路网中的作用、性质、设计速度和客货运量确定，分为高速铁路、城际铁路、客货共线铁路、重载铁路。客货共线铁路又分为Ⅰ、Ⅱ、Ⅲ、Ⅳ级。铁路主要技术标准应根据其在铁路网中的作用、运输需求和输送能力、地形和地质条件等因素，针对不同的铁路等级，按系统优化的原则综合比选确定。

2.3.2.3 铁路轨道

轨道主要由钢轨、轨枕、连接零件、道砟、道岔等组成（图 2-42），此外，有些线路还配备防爬器、轨距拉杆等附属装置。轨道结构直接承受列车荷载，并传至路基等线路下部结构，同时还要承受列车牵引力、制动力、列车摇摆力、钢轨温度力等。轨道结构必须保持几何形位的稳定性，以保证各种列车都能按规定速度安全平稳地运行。

钢轨的作用是支承和引导机车车辆前进；承受各车轮的巨大压力，并将力传递到轨枕上；为车轮滚动提供连续、平顺和阻力最小的滚动面。钢轨应有足够的强度和耐磨性、抗疲劳强度和冲击韧性、一定的弹性；足够光滑的顶面，并有一定的粗糙度；良好的可焊性；对高速铁路上的钢轨还要求有高平直度。钢轨断面的工字形由轨头、轨腰、轨底三大部分组成（图 2-43）。我国钢轨的类型以每米长的质量（kg/m）表示，现行的标准钢轨类型有 75kg/m、60kg/m、50kg/m 三种。我国目前

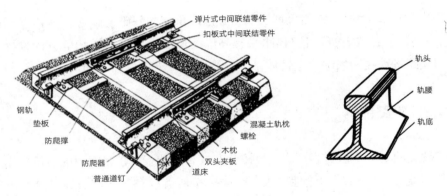

图 2-42 轨道的基本组成   图 2-43 钢轨断面图

的钢轨定长主要为 12.5m 和 25m 两种。高速铁路一般用无缝钢轨。

轨距是铁路轨道两条钢轨之间的距离（以钢轨的内距为准）。国际铁路协会在 1937 年制定 1435mm 为标准轨，世界大约 60% 的铁路的轨距是标准轨。该轨距又称标准轨距或国际轨距。比标准轨宽的轨距称为宽轨，比标准轨窄的称为窄轨。我国铁路主要采用标准轨距。

轨枕又称枕木，传统一般用木材制作，目前多使用预应力混凝土制作。轨枕的作用是，既要承受钢轨的垂直力、水平力，又要把力传递给道床和路基，还要保持钢轨方向、位置、轨距。轨枕须具备一定的柔韧性和弹性，且应制造简单、易于铺设养护、使用寿命长。轨枕间距大小与每千米铺设的轨枕数有关，而每千米铺设轨枕数与列车速度、机车车辆轴重、列车速度及钢轨、轨枕类型有关。

道床通常指的是轨枕下面、路基面上铺设的石砟（道砟）垫层。道床的主要作用是，将轨枕传来的荷载扩散传给路基、为轨排提供纵横向阻力、保持轨道几何形位稳定、排水及减少振动、方便轨道几何形位的调整等。普通铁路道床材料的道砟为质地坚硬、有弹性、不易压碎和捣碎、排水性能良好、吸水性差、不易风化和不易被风吹动或被水冲走的碎石、卵石等，称有砟轨道。有砟轨道具有铺设方便、造价低廉的特点。但是，随着重载、高速铁路运输的发展，有砟道床累积变形带来的技术与经济问题已无法解决，须采用无砟轨道，见图 2-44。

无砟轨道是以混凝土或沥青混合料等取代散粒道砟道床而组成的轨道结构形式。无砟轨道具有轨道平顺性高、刚度均匀性好、轨道几何形位能持久保持、维修工作量显著减少等特点，在各国铁路得到了迅速发展。特别是高速铁路，一些国家已把无砟轨道作为轨道的主要结构形式进行全面推广，并取得了显著的经济效益和社会效益。

（a）支承层施工

（b）道床板施工

（c）双块式无砟道床

（d）铺轨后的无砟轨道

图 2-44 无砟轨道结构示意图

2.3.2.4 高速铁路工程

铁路现代化的一个重要标志是大幅度地提高列车的运行速度。高速铁路是发达国家于 20 世纪 60 ~ 70 年代逐步发展起来的一种城市与城市之间的运输工具。一般地讲，铁路速度的分档为：速度 100 ~ 120km/h 称为常速；速度 120 ~ 160km/h 称为中速；速度 160 ~ 200km/h 称为准高速或快速；速度 200 ~ 400km/h 称为高速；速度 400km/h 以上称为特高速。高速铁路具有速度快、客运量大、全天候、安全可靠、占地少、能耗低、污染少、效益高等显著特点。

1964 年 10 月 1 日，世界上第一条高速铁路——日本东海道新干线正式投入运营，速度达 210km/h，突破了保持多年的铁路运行速度的世界纪录，从东京到大阪运行 3 小时 10 分钟（后来又缩短为 2 小时 56 分钟）。出入速度比原来提高一倍，票价比飞机票便宜，因而吸引了大量旅客，使得东京至大阪的飞机不得不停运，这是世界上铁路与航空竞争中首次获胜的实例。

国外高速铁路建设的主要模式有：日本新干线模式：全部修建新线，旅客列车专用（图 2-45a）；德国 ICE 模式：全部修建新线，但旅客列车及货物列车混用（图

（a）日本高速列车

（b）德国高速列车

（c）英国高速列车

（d）法国高速列车

图 2-45 世界各国高速铁路与列车

2-45b）；英国 APT 模式：既不修建新线，也不大量改造旧线，主要采用由摆式车体的车辆组成动车组，旅客列车及货物列车混用（图 2-45c）；法国 TGV 模式：部分修建新线，部分旧线改造，旅客列车专用（图 2-45d）。

目前，开行时速 200km 以上高速列车的国家有中国、日本、法国、德国、意大利、西班牙、比利时、荷兰、瑞典、英国、美国、俄罗斯。正在积极建设或规划建设高速铁路的国家还有瑞士、奥地利、丹麦、加拿大、澳大利亚、韩国、印度等。其中，中国、日本、法国、德国等是当今世界高速铁路技术发展水平最高的几个国家。

高速铁路有效克服了普通铁路速度较低的问题，是解决大量旅客快速输送的最有效途径，与高速公路的汽车运输和长途航空运输相比，具有明显的经济技术优势。主要表现在以下几个方面：速度快、输送能力大、安全性高、天气条件影响小、旅行方便舒适、能源消耗低、环境污染小等。

我国立足交通强国，铁路先行的方针，在高速铁路发展中坚持自主创新，独立自主地解决高速机车、高速铁路勘测设计与工程施工中的关键技术问题，系统掌握了高速机车制造、复杂路基处理、长大桥梁工程、大断面隧道工程、轨道工程、牵引供电、通信信号、客运枢纽等高铁建设技术和运营管理维修技术。按照 2016 年国家发布的《中长期铁路网规划》，明确将建设"八纵八横"高速铁路客运网。2021年国铁集团又调整了《中长期铁路网规划》，提出了"678"（6 主轴 7 走廊 8 通道）新铁路网规划。"678"新铁路网规划中，增加了连接西藏的高铁通道（川藏线）、连接长三角核心区与珠三角核心区的上海至深圳的高铁通道，以及加强珠三角和成渝都市群连接的广州至重庆、成都的高铁通道。整体规划更加突出铁路网中各个线路的功能，构筑了以京沪、京广、京渝、沪渝、沪广、广渝为主骨架的高速铁路网。截至 2020 年，我国高速铁路里程达到 3 万 km，覆盖 80% 以上城区常住人口 100 万以上的城市。

目前我国高速铁路上运行的高速列车主要有两种："和谐号"和"复兴号"。"和谐号"是我国 2004 年开始与国外合作研发生产、2007 年投入运营的 CRH 系列动车组。"和谐号"动车组有 CRH1、CRH2、CRH3、CRH5 四个型号，其中 CRH1、CRH2、CRH5 为时速 200km 级别，CRH3 为时速 300km 级别。"复兴号"是我国 2017 年投入运营的、具有完全自主知识产权的动车组。"复兴号"动车组具有以下特点：设计使用寿命 30 年，而国外及 CRH 系列动车组的设计使用寿命只有 20 年；采用全新低阻力流线型头型和车体平顺化设计，车型看起来线条更优雅，跑起来也更节能；"容量"更大，列车高度从 3700mm 增高到了 4050mm，座位间距更宽敞，但外观却更好看，而且在断面增加、空间增大的情况下，按时速 350km 运行，列车运行阻力、人均百公里能耗和车内噪声明显下降；舒适度更高，"复兴号"空调系统充分考虑减小车外压力波的影响，通过隧道或交会时减小耳部不适感；列车设有多种照明控制模式，可根据旅客需求提供不同的光线环境。车厢内实现了 WIFI 网络全覆盖；"复兴号"设置智能化感知系统，建立强大的安全监测系统，全车部署了 2500 余项监测点，比以往监测点最多的车型还多出约 500 个，能够对走行部状态、轴承温度、冷却系统温度、制动系统状态、客室环境进行全方位实时监测，采集各种车辆状态信息 1500余项，为全方位、多维度故障诊断、维修提供支持。图 2-46 为"复兴号"和"和谐号"动车组的外观照片。

（a）复兴号　　　　　　　　　　　　（b）和谐号

图 2-46　"复兴号"和"和谐号"高铁列车

2.3.2.5 城市轻轨

城市轻轨是城市交通的一种重要形式，也是近年来发展最快的城市交通形式。目前我国已有 40 多个城市获准建设地铁（含轻轨）。城市轻轨的机车重量和载客量比起一般列车要小，所使用的钢轨质量较轻，每米只有 50kg。它一般有较大比例的专用行车道，常采用浅埋隧道或高架桥的方式，机车车辆和通信信号设备也是专门化的。它比公交车速度快、效率高、省能源、无污染等。相比地铁，轻轨造价更低，建设周期更短。

轻轨可建于地下、地面、高架（如建于地面上的高架地铁也可称之为轨道交通），而地铁同样可建于地下、地面、高架。两者区别主要视其单向最大高峰小时客流量。地铁能适应的单向最大高峰小时客流量为 3 万 ~ 6 万人，而轻轨的单向最大高峰小时客流量为 1 万 ~ 3 万人。城市轻轨一般具有如下特点：行车线路多经过居民区，对噪声和振动的控制较严，除了对车辆结构采取减震措施及建筑声屏障以外，对轨道结构也要求采取相应的措施；运营时间长，行车密度大，留给轨道的作业时间短，因而须采用较强的轨道部件，一般用混凝土道床等少维修轨道结构；机车一般采用直流电机牵引，以轨道作为供电回路；为减少泄漏电流的电解腐蚀，要求钢轨与基础间有较高的绝缘性能；线路中曲线段所占的比例较大，曲线半径比常规铁路小得多，一般为 100m 左右，因此要解决好曲线轨道构造问题。

2000 年 12 月，上海建成了我国第一条城市轻轨交通——明珠线（图 2-47）。明珠线轻轨一期工程全长 24.975km，自上海市西南角的徐汇区开始，贯穿长宁区、普陀区、闸北区、虹口区，直到东北角的宝山区，沿线共设 19 个车站，全线采用无缝线路，除了与上海火车站连接的轻轨车站外，其余全部采用高架桥形式。

重庆于 2004 年开通轨道观光线路，2005 年轨道交通正式运营，是我国西部地区第一座开通轨道交通的城市，目前运营和在建的轨道交通规模达到了 850km，年客运量达 8.4 亿人次，单日最大客流量达 416.9 万人。图 2-48 为重庆的轨道交通照片。

图 2-47 上海轻轨交通——明珠线

图 2-48 重庆轨道交通

建设城际快速轨道交通网，是一个地区综合运输系统现代化的重要标志，快速轨道交通以其输送能力大、快速准时、全天候、节省能源和土地、污染少等特点，将开拓城市未来可持续发展的新空间。例如，长株潭城际交通网采用地铁、磁悬浮、城际铁路及有轨电车等多种交通形式，构建了以发达交通枢纽体系为核心、以轨道和中运量交通为骨架、以常规公交为主体、以慢行交通为延伸的多模式、一体化公共交通体系，形成了以公共交通为主导的交通发展模式。

2.3.2.6 磁（悬）浮铁路

磁（悬）浮列车是一种靠磁悬浮力来推动的列车。它通过电磁力实现列车与轨道之间无接触的悬浮和导向，再利用直线电机产生的电磁力牵引列车运行。由于其轨道的磁力使之悬浮在空中，减少了摩擦力，行驶时不同于其他列车需要接触地面，只受来自空气的阻力，高速磁（悬）浮列车的速度可达 400 km/h 以上，中低速磁（悬）浮则多数在 100 ~ 200km/h。

1922 年，德国工程师赫尔曼·肯佩尔（Hermann Kemper）提出了电磁悬浮原理，并申请了专利。20 世纪 70 年代以后，德国、日本、美国等国家相继进行磁（悬）浮运输系统的研发。我国在 20 世纪 80 年代初开始对低速常导型磁（悬）浮列车进行研究。1994 年 10 月，西南交通大学建成了首条磁（悬）浮铁路试验线，并开展了磁（悬）浮列车的载人试验。1998 年 11 月研制成功了时速 100km 的低速常导 6t 单转向架磁悬浮试验车。

图 2-49 上海磁（悬）浮列车

2003 年 1 月我国第一条采用德国技术的磁（悬）浮交通线在上海浦东开始运营，见图 2-49。2015 年 10 月中国首条国产磁（悬）浮线路——长沙磁（悬）浮线成功试跑。2016 年 5 月 6 日，中国首条具有完全自主知识产权的中低速磁（悬）浮商业运营示范线——长沙磁（悬）浮快线开通试运营。该线路为世界上最长的中低速磁浮运营线。2018 年 6 月，中国首列商用磁浮 2.0 版列车在中车株洲电力机车有限公司下线。2019 年 5 月 23 日，我国时速 600km 的高速磁浮试验样车在青岛下线，标志着我国在高速磁浮技术领域实现了重大突破。2021 年 1 月 13 日，我国自主研发设计、自主制造的世界首台高温超导高速磁浮工程化样车及试验线在成都下线启用，预期运行速度目标值大于 600km/h。2021 年 7 月 20 日，由中国中车研制、具有完全自主知识产权的时速 600km 高速磁浮交通系统在青岛成功下线，这是世界首套设计时速达 600km 的高速磁浮交通系统，标志着我国掌握了高速磁浮成套技术和工程化能力，实现了系统集成、车辆、牵引供电、运控通信、线路轨道等成套工程化技术的重大突破。

作为高速交通运输模式，高速磁浮列车可以填补航空和高铁客运之间旅行速度的空白，成为高速高品质出行的有效途径之一，对于完善我国立体高速客运交通网具有重大的技术和经济意义。高速磁浮列车的应用场景多样，可用于城市群内的高速通勤化交通、核心城市间的一体化交通和远距离高效连接的走廊化交通。当前，我国经济发展带来的商务客流、旅游客流和通勤客流对高速出行的需求日益攀升。作为高速交通的有益补充，高速磁浮可以满足多元化出行需求，促进区域经济一体化协同发展。

2.4 桥梁工程

在公路、铁路、城市和农村道路以及水利工程建设中，为跨越各种障碍（如江河、沟谷或其他路线等）而修建的构造物称为桥梁。我国有悠久的造桥历史，除了举世闻名的赵州桥外，历代都建设了很多著名的石桥、木桥和索桥。

现代桥梁是交通线路的重要组成部分，往往是保证全线早日通车的关键。建设投资上，桥梁的造价平均可占公路总造价的 10% ~ 20%。国防上，桥梁是交通运输的咽喉，在高度快速、机动的现代战争中，它具有非常重要的地位。此外，为了保证已有公路的正常运营，桥梁的养护与维修工作也十分重要。纵观全球的很多大城市，常以工程雄伟的大桥作为城市的标志与骄傲，因而桥梁建筑既是有重要功能的结构物，也可称为具有强烈艺术感染力的空间立体造型工程。

2.4.1 桥梁的组成

桥梁一般由四部分组成：上部结构、下部结构、支座（部分桥设）和附属设施。图 2-50 为典型梁式公路桥梁的立面图，桥梁各组成部分的名称见图示。

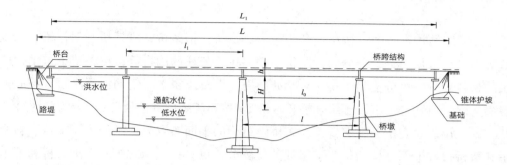

图 2-50 桥梁组成示意图

上部结构又称桥跨结构或桥孔结构，是线路遇到障碍（如江河、沟谷或其他路线等）中断时，跨越障碍的结构物。桥跨结构直接承受各种荷载，按受力方式不同，分为梁式、拱式、悬吊式三种基本体系以及它们之间的合理组合。

下部结构包括桥墩、桥台、墩台基础。桥墩、桥台是支承上部结构并将传来的永久作用和车辆荷载等可变作用再传至基础的结构物。通常设置在桥两端的称为桥台，桥墩则设置在两桥台之间。桥台除了上述作用外，还要与路堤衔接，并抵御路堤土压力，防止路堤填土的滑坡和坍塌。单孔桥只有两端的桥台，而没有中间桥墩。桥墩和桥台下部、使上部的全部作用传至地基的底部奠基部分称为基础。基础须埋在土层之中，有时需要在水下施工，是桥梁施工中难度较大的部分，也是确保桥梁安全的关键之一；同时，基础属于隐蔽工程，此处的质量问题及病害比较难于发现，处理难度也较大。因此，基础的质量非常重要。

梁式桥一般应设支座。支座是设置在桥梁上、下部结构之间的传力和连接装置。其作用是把上部结构的各种作用传递到墩台上，且能适应可变作用、温度变化、混凝土收缩和徐变等因素所产生的位移，使桥梁的实际受力情况符合结构计算分析简图。

附属设施主要包括：桥面铺装、伸缩装置、排水与防水系统、灯光照明、栏杆（或防撞护栏）等几部分。附属设施对保证桥梁功能的正常发挥有重要作用。

桥梁的主要作用是交通运输和通行。桥梁建设既要满足桥上交通运输和通行的要求，跨江、跨海、跨湖、跨河的桥及各种立交桥又要满足桥下交通运输或通行要求，要满足各种运输和通行要求，桥梁设计中首先要确定桥梁的选型，桥型选择合理与否，直接关系到桥梁建设的经济技术指标。在桥梁选型中，不仅要熟知各类桥梁的特点，还要掌握一些基本的桥梁专业术语，理解术语的内涵及其与桥梁性能和经济技术指标之间的关系。桥长、跨径、计算跨径、净跨径、桥下净空、桥面净空、桥梁建筑高度、水位等，是桥型选择与方案设计中用到的一些基本专业术语。

2.4.2 桥梁的主要类型

按桥跨结构类型分，桥梁可分为梁桥、拱桥、桁架桥、刚架桥、斜拉桥、悬索桥等类型；按用途分，可分为公路桥、铁路桥、公铁两用桥等；按主要承重结构所用的材料划分，可分为圬工桥（包括砖、石、混凝土桥）、钢筋混凝土桥、预应力混凝土桥、钢桥、钢-混凝土组合桥和木桥等；按跨越障碍的性质分，可分为跨河（海、江、湖）桥、立交桥、高架桥等；按桥跨结构的平面布置分，可分为正交桥、斜交桥和弯桥；按上部结构的行车道所处的位置分，可分为上承式桥、中承式桥和下承式桥；按跨径分，可分特大桥、大桥、中桥、小桥等。表2-6为桥梁（涵）分类表。

桥梁（涵）分类表 表2-6

桥涵分类	铁路桥涵	公路桥涵	
	多孔跨径总长 L（m）	单孔跨径 L（m）	桥梁总长 L（m）
特大桥	$L > 500$	$L > 150$	$L > 1000$
大桥	$100 < L \leqslant 500$	$40 < L \leqslant 150$	$100 < L \leqslant 1000$
中桥	$20 < L \leqslant 100$	$20 < L \leqslant 40$	$30 < L \leqslant 100$
小桥	$L \leqslant 20$	$5 < L \leqslant 20$	$8 < L \leqslant 30$
涵洞	$L < 6$	$L < 5$	

2.4.3 桥梁的基本体系

结构是由一些基本构件或基本构件（单元）的组合体组成的。基本构件主要有拉杆、压杆、弯曲杆件和弯压（拉）杆件等。由基本结构构件组成的组合体称为结构或结构单元，如桁架、拱架等。桥梁的主要结构形式有梁式桥、拱桥、桁架桥、刚架桥、斜拉桥、悬索桥等。

2.4.3.1 梁式桥

梁式桥是由受弯构件作为上部结构的桥，它在竖向荷载作用下只承受弯矩和剪力，不受轴力作用，如图2-51（a）和（b）所示。与同样跨径的其他结构形式的桥相比，梁桥产生的弯矩最大，一般采用抗弯、抗剪能力高的钢筋混凝土结构、预应力混凝土结构、钢－混凝土组合结构等建造。梁桥按静力受力体系可分为：简支梁、悬臂梁和连续梁桥。

　　简支梁桥一般适用于中小跨度的桥梁，具有结构简单、制造运输和架设方便的特点。目前在公路上应用最广的是标准跨径的钢筋混凝土和预应力混凝土简支梁桥，施工方法有预制装配和现浇两种。钢筋混凝土简支梁桥常用跨径在 25m 以下。当跨径较大时，需采用预应力混凝土简支梁桥，但跨度一般不超过 50m。为改善梁桥的受力条件和使用性能，地质条件较好时，中、小跨径桥梁均可修建连续梁桥，如图 2-51（c）和（d）所示。

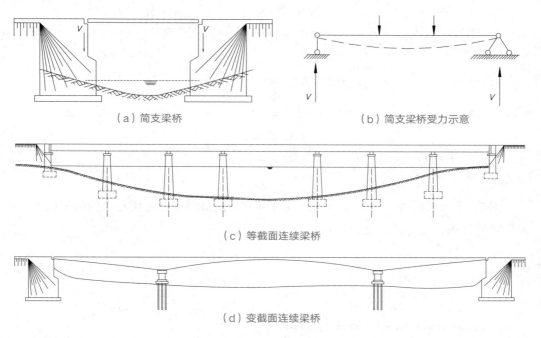

（a）简支梁桥　　　　　　　　　　　　　（b）简支梁桥受力示意

（c）等截面连续梁桥

（d）变截面连续梁桥

图 2-51 梁式桥

　　连续梁桥是多跨简支梁桥体在中间支座处贯通，形成连续的、整体的、多跨的桥梁结构。连续梁桥由于在支座处贯通，能够承受支座负弯矩，减少跨中弯矩，可以降低梁高或增大跨度。连续梁桥按其截面变化可分为等截面和变截面两种。所谓变截面是在支座处增加截面高度，以承受和抵抗更大的弯矩。连续梁桥既可以建成等跨的，也可以建成不等跨的，通常可根据其下的通车、通船情况确定。

　　悬臂梁桥是简支梁桥的桥体向一端或两端伸过其支点形成的梁桥。悬臂梁桥也是利用支座承受负弯矩的受力特点，降低跨中弯矩的大小，从而增大梁的跨径。悬臂梁桥也可以根据其弯矩分布做成变截面梁桥。

　　桥梁工程中广泛使用的简支梁桥按截面形式主要分为 3 种类型：简支板桥、简支肋梁桥和简支箱形梁桥，见图 2-52 ～图 2-54。

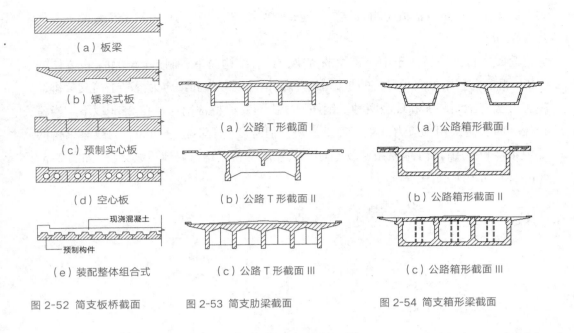

（a）板梁

（b）矮梁式板

（c）预制实心板

（d）空心板

现浇混凝土
预制构件

（e）装配整体组合式

图 2-52 简支板桥截面

（a）公路 T 形截面 I

（b）公路 T 形截面 II

（c）公路 T 形截面 III

图 2-53 简支肋梁截面

（a）公路箱形截面 I

（b）公路箱形截面 II

（c）公路箱形截面 III

图 2-54 简支箱形梁截面

2.4.3.2 拱桥

图 2-55 为拱桥的几种基本形式。各种形式的拱桥都是在传统石拱桥的基础上，根据跨度要求，结合其他结构形式的特点演变而来。

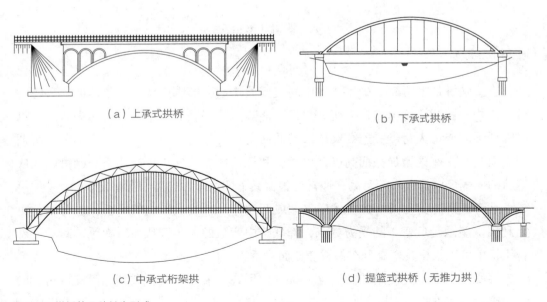

（a）上承式拱桥

（b）下承式拱桥

（c）中承式桁架拱

（d）提篮式拱桥（无推力拱）

图 2-55 拱桥的几种基本形式

图 2-56 所示为石拱桥各组成部分名称。石拱桥主要由桥跨结构、下部结构和附属设施组成。拱桥的桥跨结构主要是拱圈或拱肋（拱圈横截面设计成分离形式时称为拱肋）。拱圈或拱肋（拱结构）支承在下部的桥墩或桥台上。在竖向荷载作用下，拱结构受力并传递给桥墩和桥台，使墩（台）承受水平推力和竖向反力，见图 2-57。墩（台）的反力作用能够有效地抵消拱结构在竖向荷载下产生的弯矩和剪力。通过矢跨比和拱线的优化设计，还可以使拱结构处于纯受压状态。拱桥极大地改变了结构受力状态，可以直接使用抗压强度高、抗拉强度低的圬工材料（如砖、石、混凝土）来建造。赵州桥就是使用石材建造拱桥的典范。

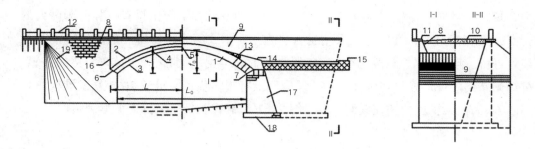

图 2-56 实腹式拱桥的组成

1—主拱圈；2—拱背；3—拱腹；4—拱轴线；5—拱顶；6—拱脚；7—起拱线；8—侧墙；9—拱腔填料；10—桥面铺装；11—人行道；12—栏杆；13—护拱；14—防水层；15—盲沟；16—伸缩缝；17—桥台；18—桥台基础；19—锥坡；L_0—净跨度；L—计算跨度；f_0—净矢高；f—计算矢高；f/L—矢高比

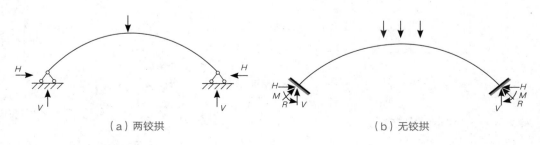

（a）两铰拱   （b）无铰拱

图 2-57 单跨拱桥受力示意图

按结构体系分，拱桥可分为简单体系拱桥和组合体系拱桥。简单体系拱桥是指拱上全部荷载由主拱结构单独承担，拱的传力结构不参与受力，只作为荷载的拱桥结构体系。简单体系一般是有推力拱，常见的形式有：双铰拱、三铰拱和无铰拱，见图 2-58。因铰的构造较为复杂，通常采用无铰拱体系。传统的石拱桥都属于此类。

组合体系拱桥一般由拱和梁、桁架或刚架等两种以上的基本结构体系组合而成。

组合体系与主拱按不同的构造方式形成整体结构，以共同承受荷载，其力学性能和经济指标往往优于同等设计条件的简单体系拱桥。组合体系拱桥可以做成上承式、中承式和下承式（图2-55）。常用的为有推力拱（使用较广泛）和无推力拱两种形式，见图2-59。无推力拱的推力由系杆承受，墩台不承受水平推力；有推力拱的水平推力由墩台承受。

根据基本结构的组成及受力特点，组合体系拱桥可分为桁架拱桥、刚架拱桥、桁式组合拱桥和拱式组合拱桥四种。桁架拱桥又称拱形桁架桥，由拱和桁架两种结构体系组合而成，其结构整体性强，受力合理；刚架拱桥也是一种有推力拱桥，其外形与桁架拱桥相似，但构造比桁架拱桥简单，具有结构整体好、刚度大、整体受力合理、自重轻、用钢量少等优点；桁式组合拱桥具有结构用料省、竖向刚度大的特点，具有桁梁的特性，且能采用悬臂法施工。拱式组合拱桥常见的有钢管混凝土组合拱桥。组合体系拱桥受力合理，能跨越较大的跨度，而且能充分体现桥梁的美感，可以创新出多种形式，在设计、施工及应用上有很多优点，最近20年来发展很快。图2-60为桁架拱桥的工程案例照片，图2-61为钢管混凝土拱桥施工案例照片。

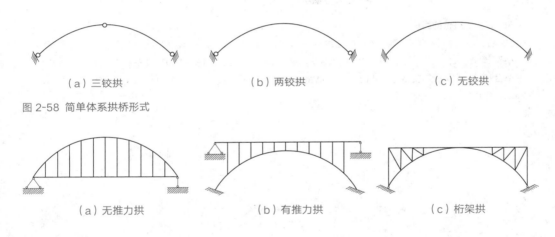

（a）三铰拱　　　　　　（b）两铰拱　　　　　　（c）无铰拱

图2-58 简单体系拱桥形式

（a）无推力拱　　　　　　（b）有推力拱　　　　　　（c）桁架拱

图2-59 组合体系拱桥的主要形式

图2-60 横琴二桥——钢桁架拱桥

图2-61 "飞燕式"钢管混凝土拱桥施工

2.4.3.3 桁架桥

桁架桥指的是以桁架作为上部结构主要承重构件的桥梁。桁架桥一般由主桥架、上下水平纵向联结系、桥门架和中间横撑架以及桥面系组成。桁架桥是一种介于梁与拱之间的结构体系，是由受弯的上部梁结构与承压的下部柱整体结合在一起的结构。如图2-62所示，在桁架中，弦杆是组成桁架外围的杆件，包括上弦杆和下弦杆，连接上、下弦杆的杆件叫腹杆，按腹杆方向的不同又分为斜杆和竖杆。弦杆与腹杆所在的平面称为主桁平面。大跨度桥架的桥高沿跨径方向变化，形成曲弦桁架（图2-63）；中、小跨度采用不变的桁高，即所谓平弦桁架或直弦桁架（图2-62）。

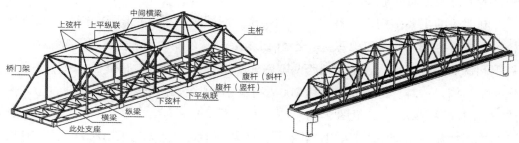

图 2-62 桁架桥及其杆件（直弦）　　　　图 2-63 曲弦桁架桥

桁架桥一般多采用钢结构，有简支钢桁架、连续钢桁架和悬臂钢桁架3种基本桥型。钢桁架桥由于自重较轻、施工简便，杆件直接受拉与受压，能充分发挥材料性能，适用于跨径100~600m左右的桥梁。200m以下一般可以采用简支钢桁架，跨径200m以上的大跨径桥梁一般采用连续钢桁架桥或悬臂钢桁架桥。1889年福斯桥就实现了521m的跨越，1974年日本建成的日本港大桥跨径也达到了510m。

拱桥和钢桁架桥在桥梁发展史上占有重要地位。19~20世纪，大跨度公路桥、铁路桥或公铁两用桥主要采用拱桥、钢桁架桥或钢桁架拱桥等形式。我国著名的钱塘江大桥、南京长江大桥、武汉长江大桥等都采用的是钢桁架桥；悉尼海港大桥则为钢桁架拱桥（图2-64），美国的贝云桥亦是钢桁架拱桥（图2-65）。

图 2-64 悉尼海港大桥

图 2-65 美国贝云桥

2.4.3.4 刚架桥

梁式桥的特点是通过铰支座支承于桥墩或桥台上。除简支或连续桥外，目前应用最为广泛的是刚架桥，一般由钢筋混凝土或预应力混凝土梁或板与桥墩刚接在一起组成，梁和柱（墙）之间采用刚接，能承担弯矩，柱（墙）不仅承受竖向轴力，还承受弯矩和剪力，与梁式桥显著不同。在刚架桥中，顶部梁（板）主要受弯，但还有轴力，其受力状态介于梁桥与拱桥之间。刚架桥有单跨和多跨两种形式，单跨的主要用于小跨径桥或涵洞中，此时梁或板可采用钢筋混凝土结构；多跨连续刚架桥主要应用于大跨径桥梁中，其水平梁一般采用预应力混凝土箱梁。高铁线一般采用预应力混凝土连续刚架桥。

刚架桥的主要结构形式有：门式刚架桥、斜腿刚架桥、T形刚构桥和连续刚构桥等，见图2-66。其腿和梁垂直相交呈门形构造，跨越能力不大，适用于跨线桥，可用钢和钢筋混凝土结构建造。三跨两腿门式刚架桥，在两端设有桥台，采用预应力混凝土结构建造时，跨越能力可达200多米。在山区公路建设中或高铁建设中，多跨连续刚构桥使用较多，见图2-67。

T形刚构之间的构造可采用挂孔和剪力铰两种形式，但无论采用何种形式，其构造及实际使用中都存在一些弊端和缺陷，目前这种T形刚构桥已经很少使用。在连续刚构桥施工中，一般采用现浇悬臂梁的形式，未合龙前呈现出T形刚构的状态，但合龙后就形成连续刚构（图2-68）。因此，目前工程上所说的T形刚构不是结构形式意义上的刚构，而是施工阶段的刚构。

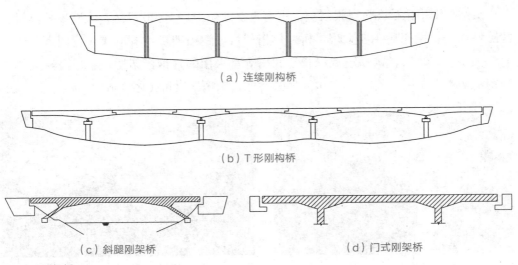

（a）连续刚构桥

（b）T形刚构桥

（c）斜腿刚架桥　　　　　　　　　　　（d）门式刚架桥

图2-66 刚架桥

图 2-67 连续刚构桥

图 2-68 T形转体刚构桥

当跨越陡峭河岸和深谷时，修建斜腿式刚架桥往往既经济合理，又造型轻巧美观。由于斜腿墩柱置于岸坡上，有较大斜角，中跨梁内的轴压力也很大，因而斜腿刚架桥的跨越能力比门式刚架桥要大得多，但斜腿的施工难度较直腿大些。

刚架桥一般均需承受正负弯矩的交替作用，横截面宜采用箱形。箱形截面的整体性强，它不但能提供足够的混凝土受压面积，而且由于截面的闭合特性，抗扭刚度很大，同时截面挖空率较大，节省材料并降低自重，因而是大跨径桥梁常用的截面形式。连续刚构桥主梁受力与连续梁相近，横截面形式与尺寸也与连续梁基本相同。

2.4.3.5 悬索桥

现代悬索桥是以承受拉力的缆索或链索作为主要承重构件的桥梁，由悬索、索塔、锚碇、吊杆、桥面系等部分组成（图 2-69）。悬索桥的主要承重构件是悬索，它主要承受拉力，一般用抗拉强度高的钢材（钢丝、钢缆等）制作。由于悬索桥可以充分利用材料的强度，并具有用料省、自重轻的特点，因此悬索桥是特大跨径桥梁的首选形式。

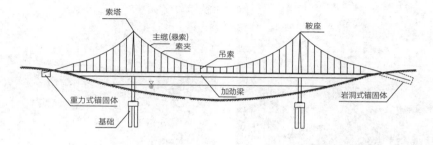

图 2-69 悬索桥的组成

相对于前面所说的其他体系桥梁而言，悬索桥的刚度最小，属柔性结构，在车辆动荷载和风荷载作用下，悬索桥将产生较大的变形。例如，跨度 1000m 的悬索桥，在车辆荷载作用下，L/4（L 为桥梁的跨度）区域的最大挠度可达 3m 左右。因此，悬索桥风致振动及稳定性在设计和施工中也需予以特别的重视。在大风情况下交通必须暂时被中断，且不宜作为重型铁路桥梁。

悬索桥有悠久的历史。早期热带原始人利用森林中的藤、竹、树茎做成悬式桥以渡小溪，使用的悬索有竖直的，斜拉的，或者两者混合的。简单的、供人通行的悬索桥至今在很多地方仍被建造和使用。适用于交通运输的、大跨度和特大跨度现代悬索桥的建造始于 19 世纪。现代悬索桥的悬索一般均支承在两个塔柱上。塔顶设有支承悬索的鞍形支座。承受很大拉力的悬索锚于悬索桥两端的锚碇结构中，也有个别固定在刚性梁的端部，称为自锚式悬索桥。大跨度悬索桥的锚碇结构需做得很大（重力式锚碇），或者依靠天然完整的岩体来承受水平拉力（隧道式锚碇）。

我国现代悬索桥的建造始于 19 世纪 60 年代，在西南山区建造了一些跨度在 200m 以内的半加劲式单链和双链式悬索桥，其中较著名的是 1969 年建成的重庆朝阳大桥；1984 年建成的西藏达孜桥，跨度达到 500m。20 世纪 90 年代开始，我国迎来了交通建设高潮时期，现代大跨度悬索桥得到大量建设，设计与建造技术不断提高。1995 年建成通车的全长 2500m、正桥长 961.8m 的广东汕头海湾大桥为预应力混凝土加劲梁悬索桥。1997 年建成通车的线路全长 15.76km、主桥长 4.6km、主跨 888m 的广东虎门大桥为钢箱梁悬索桥。1999 年建成通车的江阴长江大桥（图 2-70），是我国首座跨径超千米的特大型钢箱梁悬索桥，也是 20 世纪"中国第一、世界第四"的大型钢箱梁悬索桥；大桥全长 3071m，索塔高 197m，两根主缆直径为 0.870m，桥面按六车道高速公路标准设计，宽 33.8m，设计行车速度为 100km/h；桥下通航净高为 50m，可满足 5 万 t 级轮船通航。1997 年通车运营的香港青马大桥（图 2-71) 跨越马湾海峡，将青衣岛和马湾连接起来。青马大桥是一座公铁两用悬

图 2-70 江阴长江大桥

图 2-71 香港青马大桥

索桥，桥梁主跨 1377m，桥梁总长 2200m，桥塔高 131m，桥下通航净空高 62m，在青衣岛侧采用隧道式锚碇，在马湾侧采用重力式锚碇，加劲桁梁高 7.54m，高跨比 1/185，加劲梁采用双层式设计。青马大桥创造了世界最长公铁两用悬索桥纪录。表 2-7 为截至 2022 年全球十大悬索桥列表，从表中可见世界前十悬索桥排名中，中国占了 4 席。

全球前 10（主跨长度）悬索桥排名   表 2-7

序号	大桥名称	国家	所在地点	主跨长（m）	开通年份	备注
1	明石海峡大桥	日本	神户 – 淡路岛	1991	1998	世界主跨最长悬索桥
2	西堠门大桥	中国	舟山册子岛 – 金塘岛	1650	2009	
3	大贝尔特大桥	丹麦	西兰岛 – 斯普奥岛	1624	1998	欧洲主跨最长悬索桥
4	奥斯曼一世大桥	土耳其	其伊兹密特	1550	2016	双塔双跨钢桁架梁悬索桥
5	李舜臣大桥	韩国	光阳 – 丽水	1545	2012	
6	润扬长江大桥	中国	镇江 – 扬州	1490	2005	
7	洞庭湖大桥	中国	岳阳	1480	2018	
8	南京长江第四大桥	中国	南京	1418	2012	
9	亨伯桥	英国	赫尔 – 亨伯河畔巴顿	1410	1981	
10	第三博斯普鲁斯大桥	土耳其	伊斯坦布尔	1408	2016	世界主跨最长公铁两用桥

2.4.3.6 斜拉桥

斜拉桥又称斜张桥，是将主梁用许多拉索直接拉在索塔上的一种桥梁；是由承压的索塔、受拉的斜拉索和承弯的主梁体组合起来的一种结构体系，见图 2-72。图 2-73 为斜拉桥照片。斜拉桥可看作是拉索代替支墩的多跨弹性支承连续梁。这种结构形式可使梁体内弯矩减小，可显著减小主梁截面，降低建筑高度，跨越很大的跨径，减轻结构重量，节省材料。斜拉桥是一种自锚式体系，斜拉索的水平力由梁承受。斜拉索中的拉力是由主梁平衡的，因此不需要悬索桥那样巨大的锚碇，对地基的要求比较宽松。斜拉桥结构形式多样，造型优美壮观，跨越能力仅次于悬索桥，是近几十年来发展很快的一种桥式。此外，由于塔柱、拉索和主梁构成了稳定的三角形，

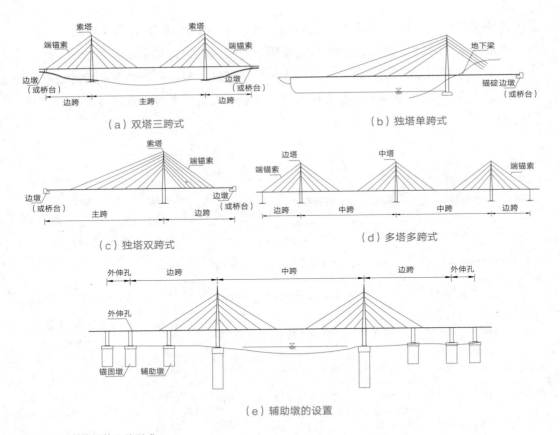

（a）双塔三跨式   （b）独塔单跨式

（c）独塔双跨式   （d）多塔多跨式

（e）辅助墩的设置

图 2-72 斜拉桥的几种形式

图 2-73 斜拉桥

斜拉桥的刚度较大，在铁路桥梁中也有较多的应用。

在实现跨江、跨海的现代大跨度桥梁中，两种主要桥型为斜拉桥与悬索桥，其性能比较见表 2-8。一般来说，悬索桥所能实现的跨度比斜拉桥大。斜拉桥较合理的跨径为 300～1000m。在这一跨径范围，斜拉桥与悬索桥相比有较明显优势。但是，德国著名桥梁专家 F.Leonhardt 认为，即使跨径 1400m 的斜拉桥也比同等跨径悬索桥的高强钢索节省二分之一，其造价低 30% 左右。

斜拉桥与悬索桥比较　　　　　　　　　　　　　　　　　　　　　　　表 2-8

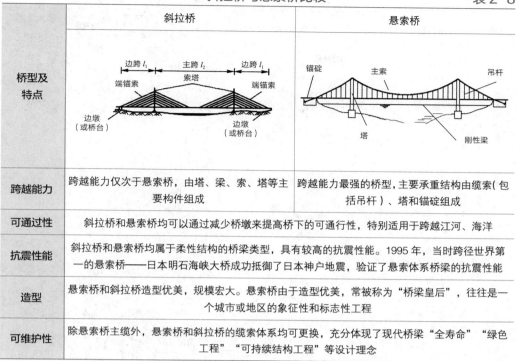

	斜拉桥	悬索桥
桥型及特点	见图	见图
跨越能力	跨越能力仅次于悬索桥，由塔、梁、索、塔等主要构件组成	跨越能力最强的桥型，主要承重结构由缆索(包括吊杆)、塔和锚碇组成
可通过性	斜拉桥和悬索桥均可以通过减少桥墩来提高桥下的可通行性，特别适用于跨越江河、海洋	
抗震性能	斜拉桥和悬索桥均属于柔性结构的桥梁类型，具有较高的抗震性能。1995 年，当时跨径世界第一的悬索桥——日本明石海峡大桥成功抵御了日本神户地震，验证了悬索体系桥梁的抗震性能	
造型	悬索桥和斜拉桥造型优美，规模宏大。悬索桥由于造型优美，常被称为"桥梁皇后"，往往是一个城市或地区的象征性和标志性工程	
可维护性	除悬索桥主缆外，悬索桥和斜拉桥的缆索体系均可更换，充分体现了现代桥梁"全寿命""绿色工程""可持续结构工程"等设计理念	

　　现代斜拉桥可以追溯到 1956 年瑞典建成的斯特伦松德桥，主跨 182.6m。历经半个世纪，斜拉桥技术得到空前发展，世界上已建成的主跨在 200m 以上的斜拉桥有 200 余座，其中跨径大于 400m 的有 120 余座，中国有 65 座，占比超过 50%。主跨超过 600m 的斜拉桥，全球仅有 26 座，其中 21 座位于中国。此外，全球在建及拟建的主跨 400m 以上斜拉桥有 50 余座，其中超过 80% 在中国。世界上建成的著名斜拉桥有：俄罗斯岛大桥（主跨 1104m），苏通长江公路大桥（主跨 1088m），以及 1999 年日本建成的当时世界最大跨度的多多罗大桥（主跨 890m）。我国已成为拥有斜拉桥最多的国家，在世界十大著名斜拉桥排行榜上（表 2-9），中国有 7 座，尤其是沪苏通长江公铁大桥（主跨 1092m）和苏通长江公路大桥（主跨 1088m），斜拉桥主跨长度分列世界第二、第三。

全球前 10（主跨长度）斜拉桥排名（截至 2021 年）　　　　　表 2-9

序号	大桥名称	国家	地点	跨越	主跨长（m）	开通年份	桥塔数	最大高度（m）
1	俄罗斯岛大桥	俄罗斯	海参崴	东博斯普	1104	2012	2	320.9
2	沪苏通长江公铁大桥	中国	江苏南通－张家港	长江	1092	2020	2	330

序号	大桥名称	国家	地点	跨越	主跨长（m）	开通年份	桥塔数	最大高度（m）
3	苏通长江公路大桥	中国	江苏南通－苏州	长江	1088	2008	2	306
4	昂船洲大桥	中国	香港新界	蓝巴勒海峡	1018	2009	2	298
5	鄂东长江大桥	中国	湖北黄石－浠水	长江	926	2010	2	242.5
6	多多罗大桥	日本	广岛县－爱媛县	濑户内海	890	1999	2	220
7	诺曼底大桥	法国	勒阿弗尔－翁夫勒	塞纳河	856	1995	2	214.77
8	九江长江公路大桥	中国	江西九江－湖北黄梅	长江	818	2013	2	242.3
9	荆岳长江大桥	中国	湖北监利－湖南岳阳	长江	816	2010	2	265.5
10	芜湖长江公路二桥	中国	安徽芜湖	长江	806	2017	2	262.48

21 世纪以来，随着交通强国战略的实施，高速公路和高速铁路建设的大发展，我国桥梁工程建设进入黄金时期，桥梁结构设计理论及桥梁施工技术已达世界先进水平。不仅在山区及江河湖海等复杂地质条件与气候环境条件下，建设了具有世界领先水平的各类桥梁，而且还建设了诸如港珠澳大桥、深中通道、胶州湾跨海大桥等一些超级工程。琼州海峡通道、渤海海上通道等宏伟工程也在论证规划中。海峡通道工程建设（桥梁＋隧道＋人工岛＋连接线）将是未来交通基础设施建设的重要领域之一。桥梁工程技术在其中发挥着重要作用。在桥梁工程研究与工程建设领域，能用于建造超大跨径桥梁（主跨 3000 ~ 5000m）的新型结构材料，超大跨径桥梁的合理结构形式和其抗风、抗震与抗海浪技术及其措施等方面的研究与工程应用，将是桥梁结构设计理论发展的重要方向。超深（100 ~ 500m）桥梁基础形式及设计方法、超深基础施工技术及复杂环境施工技术，将是桥梁施工技术研究要解决的主要问题。除此之外，桥梁工程智能材料、智能结构、智能施工、智能健康监测系统及其全寿命设计与运维理论与技术的发展与应用，将极大地提高桥梁工程的建设质量与效能，全面改善与提高桥梁工程全生命周期运营水平与安全可靠性。

2.5 地下与隧道工程

地球表面以下有很厚的岩石圈，岩层表面风化形成不同厚度的土层。岩层和土层在自然状态下都为实体，受自然和人工作用可形成位于地表以下的空间——地下空间。天然地下空间按成因分，有喀斯特溶洞、熔岩洞、风蚀洞等；人工地下空间主要有两类：一类是开发地下矿藏形成的（矿）坑道，另一类是因工程建设需要开挖的地下隧道等工程实体。地下空间是人类的宝贵自然资源，其合理开发与利用为人类开拓了新的生存空间。20世纪80年代国际隧道协会（ITA）提出了"大力开发地下空间，开始人类新的穴居时代"的口号，地下空间的开发利用成为全球十分重视的问题，很多国家都把地下空间的开发与利用上升为国策。

建造在地层表面以下的、有一定空间的建筑物或构筑物统称为地下（空间）工程。地下工程所属的工程领域及功能不同，在不同的工程领域有不同的称谓。公路和铁道部门称之为隧道及地下工程，在矿山行业称之为巷道，水利水电部门称之为隧洞，军事部门称之为坑道，在市政工程部门则称之为通道等。

隧道是修建在地下、水下或者山体中，铺设铁路或修筑公路供机动车辆通行的建筑物。根据其所在位置可分为山岭隧道、水下隧道和城市隧道三大类。为缩短距离和避免大坡道而从山岭或丘陵下穿越的称为山岭隧道；为穿越河流或海峡而从河下或海底通过的称为水下隧道；为适应铁路通过大城市的需要而在城市地下穿越的称为城市隧道。其中山岭隧道最多。

世界隧道建设伴随着公路和铁路的建设而发展。隧道工程与桥梁工程结合，解决了公路和铁路建设中的穿越和跨越问题。世界最早的隧道是始建于1826年的英国的铁路隧道——770m的泰勒山单线隧道和2474m的维多利亚双线隧道。19世纪世界上就建设了多座5~10km的长隧道，其中瑞士的圣哥达铁路隧道长度近15km。20世纪初期，在欧洲和北美洲的铁路网建设中，5km以上的长隧道20余座，其中最长的是长19.8km的瑞士和意大利间的辛普朗铁路隧道，美国的新喀斯喀特铁路隧道长约12.5km。至1950年，世界铁路隧道最多的国家有意大利、日本、法国和美国。日本至20世纪70年代末共建成铁路隧道约3800座，总延长约1850km，其中5km以上的长隧道达60座，为世界上铁路长隧道最多的国家，1974年建成的新关门双线隧道，长18 675m，为当时世界最长的海底铁路隧道；1981年建成的大清水双线隧道，长22 228m，为世界最长的山岭铁路隧道；连接本州和北海道的青函海底隧道，长达53 850m，为当今世界最长的海底铁路隧道。

我国于1887~1889年在台湾地区台北至基隆窄轨铁路上修建的长261m的狮球岭隧道，是中国的第一座铁路隧道，后又在京汉、中东、正太等铁路线上修建了一些隧道。京张铁路关沟段修建的 4 座隧道，是我国自主技术修建的第一批铁路隧道，其中 1908 年建成的八达岭铁路隧道长为 1091m。1950 年以前，我国建成标准轨距铁路隧道 238 座，总延长 89km。1950 年代后，隧道修建数量大幅度增加，1950～1984 年期间共建成标准轨距铁路隧道 4247 座，总延长 2 014.5km，成为世界上铁路隧道最多的国家之一。改革开放后，随着铁路、公路，特别是高速公路和高速铁路的大规模建设，隧道工程建设与桥梁工程建设一样，呈现出急速增长的态势。截至 2020 年，中国已建成通车的最长的公路隧道是位于陕西省的秦岭终南山隧道（2007 年 1 月 20 日正式通车），全长 18 020m，双洞四车道，是世界第三长公路隧道，世界上最长的双洞山岭公路隧道，以及亚洲最长的山岭公路隧道。中国正在建设中的最长的公路隧道是位于新疆维吾尔自治区的乌尉天山胜利隧道，全长 22 035m，双洞四车道，计划于 2025 年建成通车。2020 年，全国规划特长铁路隧道 338 座，总长 5054km。其中，长度 20km 以上的特长铁路隧道 37 座，总长 999km。截至 2020 年底，长度 20km 以上的特长铁路隧道 11 座，总长 262km。其中西格线上的新关角隧道全长达到 32 690m，已于 2014 年投入运营。整体来看，受地形条件影响，长度 20km 以上的特长铁路隧道主要分布在甘肃、青海、山西等中西部地区。广惠城际线松山湖隧道是中国已建成的最长铁路隧道，全长 38 813m，于 2017 年 12 月 28 日通车。规划建设的烟大海底隧道，全长 123km，采用铁路运输方式，建成后将成为世界最长的海底隧道和铁路隧道。

1960 年以来，隧道机械化施工水平有很大提高。全断面液压凿岩台车和其他大型施工机具相继用于隧道施工。喷锚技术的发展和新奥法的应用为隧道工程开辟了新的途径。掘进机的使用彻底改变了隧道开挖的钻爆方式。盾构构造不断完善，已成为松软、含水地层修建隧道的最有效施工机械。

在城市化的发展过程中，地下空间的综合利用十分重要。除利用地下空间修建地铁外，还可以修建地下商城、地下停车场、地下防灾避难设施、地下综合管廊、仓储设施及军事设施等。城市地下空间是一个巨大而丰富的空间资源，城市地下空间可开发的资源量为可供开发的面积、合理开发深度与适当的可利用系数之积。统计资料表明，我国城市建设用地总面积为 32.28 万 ha，按照 40% 的可开发系数和 30m 的开发深度计算，可供合理开发的地下空间资源量就达到 3 873.60 亿 m³。这是一笔很可观而又丰富的资源，若得到合理开发，对扩大城市空间、实现城市集约化发展具有重要的意义。

地下空间的利用对改善地面环境起到重要作用。在发展地下交通、降低城市大气污染的同时，还应提倡建设城市地下综合管廊，将自来水、排污管、供热管、电缆和通信线路纳入其中，可缩短路线长度达 30%，还易于检查和修理，不影响地面土地的使用。有条件的城市还可发展地下垃圾处理系统，消除垃圾"围城"现象。

综上所述，地下空间的开发与利用以及隧道工程建设，对交通基础设施建设及城市化的高质量发展具有重要意义，是未来土木工程的重要领域。本节简要介绍和地下与隧道工程有关的基本概念及专业知识。

2.5.1 地下与隧道工程特点

地面以上的建（构）筑物的基础也是位于地面以下的，一般称地下结构。地下与隧道工程是位于地面或水面以下的、具有独立工程功能的工程实体。很多建筑下设有地下室或地下人防工程，这种情况下，也可称为地下工程。地下工程与隧道工程位于地面或水面以下，在工程条件与环境、设计与施工等方面都与地面以上的工程有显著的不同。

（1）工程条件与环境。按所处的地质环境不同，地下工程可分为岩石地下工程和土层地下工程。根据现代围岩级别划分方法，土层地下工程视为特殊类型的岩石地下工程。从围岩级别的多样性来看，直接作用于地下工程的围岩压力呈现出复杂多样的特点，通常同一地下工程往往要穿过不同的围岩条件。地下围岩不仅是作用于地下结构的外在荷载，也是能约束地下结构变形和位移、参与地下结构共同作用的岩土体，而且施工方法也影响地下结构的受力状态。受围岩条件及其与地下结构的共同作用等因素的影响，地下工程设计与地面工程设计有很大不同，需要考虑的因素及参数更为复杂。

（2）施工条件及环境。地下工程施工一般包括两大方面的内容，一是岩土体的开挖和清运，二是地下建（构）筑物的施工。相比于地面工程施工，地下工程施工具有工作面相对狭窄、施工条件复杂、施工环境相对较差、施工与运输机械的效率相对较低、施工中遇到的突发事件多、施工安全风险高、施工周期长、隐蔽工程质量控制盲点多等特点。为改善和提高地下工程施工的质量和效率，降低安全风险，目前地下工程施工广泛使用先进的施工机械，如隧道工程施工中，盾构机已经得到了比较广泛的应用。

（3）使用条件与环境。地下与隧道工程不仅施工阶段与地上工程不同，在使用阶段也有很大的不同。地下工程处于地面以下，是封闭的地下空间，水电、通信、消防、疏散等设施的设计与应用，通风、采光、防湿、防潮等条件都与地面上的工程有很大不同。但地下工程也有温湿度相对稳定、与外部的能量交换能力低、结构的安全性高、工程运行条件稳定等优点，除可以作为交通、商业与生产用途外，还可以作为防护及国防用途。

2.5.2 地下与隧道工程分类

地下与隧道工程可以根据其功能、所处的地质条件与环境、施工方法和埋置深度分类。按使用功能可分为：矿山巷道、地下交通工程、地下工业工程、地下民用工程、地下仓储工程、地下水工硐室、地下市政工程、地下人防与军事工程等；按所处地质条件与环境（介质）可分为：岩石地下工程和土层地下工程；按施工方法可分为：浅埋明挖法地下工程、盖挖逆作法地下工程、矿山法隧道、盾构法隧道、顶管法隧道、沉管法隧道、沉井基础工程等；按埋置深度可分为：深埋地下工程和浅埋地下工程。

2.5.3 地下工程的结构体系

地下工程结构是由围岩和支护结构（衬砌）组成的，为围岩与支护结构共同作用的复合结构体系。地下工程围岩指地层中受开挖影响的那一部分岩体。地下工程的受力与地面上的建筑、桥梁等工程的受力有显著差别，体现在荷载、支护结构与围岩的复合作用等方面。在荷载方面，上部结构所受的荷载主要是自重恒荷载、活荷载及风、地震作用等；地下工程的荷载则主要是通过围岩施加于结构上的荷载——水土压力，同时也会受到地震、爆炸等作用，但其作用方式及其影响因素与地面工程不同。在支护结构与围岩的复合作用方面，支护结构埋入地层中，周围都与围岩紧密接触，组成共同且相互作用的受力体系。各类围岩既有传递应力的作用，同时也会由于变形或坍塌直接对支护结构产生荷载作用，但围岩自身有一定的稳定和承载能力，能与支护结构组成复合受力体系，改善支护结构的受力。稳定的围岩可以承受自重力与地应力而不设支护结构。

地下工程的稳定性，首先取决于围岩能否保持持续稳定。围岩自承能力较强时，支护结构承受的地层压力就少；反之，则要承受较大的荷载。在围岩的稳定性与承载能力完全丧失的情况下，支护结构要独立地承受全部荷载作用。围岩是否稳定不仅取决于岩石强度，而且取决于地层构造的完整程度。地层构造的完整性对硐室稳定性影响显著。在地下工程设计中，充分发挥围岩的作用十分重要。强度高、稳定性好的围岩，可以减少支护结构所受的荷载；增加支护结构的刚度、减少变形，又可以阻止围岩的变形，提高围岩的稳定性，减少围岩对支护结构的作用。

2.5.3.1 围岩结构及其破坏特征

如上所述，围岩是指受开挖影响的岩土体。围岩边界定义为开挖引起的应力或变形可以忽略的边界。这个范围在横断面上一般为 6 ~ 10 倍的硐径。因此，地下工程中所指的围岩为这个范围内的岩土体。

围岩的工程性质主要是强度与变形两个方面，与岩体结构、岩石的物理力学特性、原始地应力和地下水条件有关。工程实践表明，地下工程围岩变形、破坏与岩土体结构的关系十分密切，大致有以下五种情况：

（1）脆性破裂。岩性坚硬的整体状和块状结构岩体，在一般工程开挖条件下表现稳定，仅产生局部掉块。但在高应力区，硐壁处的应力集中可引起"岩爆"，岩石呈碎片射出并发出破裂响声，称脆性破裂。

（2）块状运动。当块状或层状岩体受明显的少数软弱结构面切割而形成块体或数量有限的块体时，由于块体间的联系很弱，在自重作用下，有向临空面运动的趋势，逐渐形成块体塌落、滑动、转动、倾倒及块体挤出等失稳破坏形态，如图 2-74（a）所示。块体挤出是块体受到周围岩体传来的应力作用的结果。在支护结构和围岩之间有较大空隙但未回填密实或未回填时，支护结构可能由于块体运动产生的冲击荷载而破坏。

（3）弯曲折断破坏。层状岩体尤其是有软弱夹层的互层岩体，由于层间结合力差而易于错动，其抗弯能力较低。硐顶岩体受重力作用易产生下沉弯曲，进而张裂、折断形成塌落体，如图 2-74（b）所示。边墙岩体在侧向水平力作用下弯曲变形而对支护结构产生压力，严重时可使支护结构因受弯、受剪或冲切而破坏。

（4）松动脱落。碎裂结构岩体基本上是由碎块组成的，在拉力、压力、振动力作用下容易松动脱落。一般在洞顶表现为崩塌，在边墙则为滑塌、坍塌，如图 2-74（c）所示。

（5）塑性变形和剪切破坏。散体结构岩体或碎裂结构岩体，若其中含有较多的软弱结构面，开挖后由于围岩应力的作用，将产生塑性变形或剪切破坏。往往表现为塌方、边墙挤入、底鼓及硐径缩小等现象，且具有明显的变形时间效应，如图 2-74（d）所示。

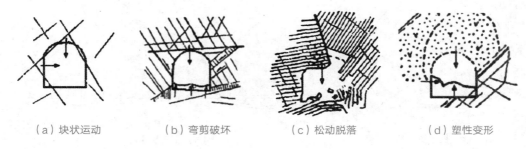

（a）块状运动　　　（b）弯剪破坏　　　（c）松动脱落　　　（d）塑性变形

图 2-74 地下工程围岩失稳破坏形态

2.5.3.2 地下工程的支护结构形式

地下工程的支护分临时支护与永久支护两种。临时支护一般指施工阶段的支护，主要作用是保证施工的安全；永久支护是保证地下工程全生命周期的安全与正常使用。地下工程的支护结构一般都是永久结构，是与地下结构合二为一的。与地下结构合二为一的支护结构应满足两个基本要求：一是满足结构承载能力与刚度要求，在承受诸如水、围岩压力等荷载作用下保持结构功能；二是有防护作用，保证地下工程的正常使用功能。支护结构的结构形式有单一的和复合的等多种。所谓复合的支护结构，指采用两种或两种以上的结构形式组合而成的支护结构。

（1）现浇整体式钢筋混凝土衬砌。这种结构适用于矿山法施工，能使围岩在短时间内稳定。现浇整体式钢筋混凝土衬砌既适用于硐室施工的地下工程中，也能用于明挖法施工的地下工程中。衬砌结构大多数由上部拱圈、两侧边墙和底部仰拱（或铺底）组成。上部拱圈的轴线采用多心圆或半圆形，边墙可做成直边墙或曲边墙，当底部压力较大或有地下水时，应做成带仰拱的封闭式结构。几种典型的现浇整体式钢筋混凝土衬砌的断面形式如图 2-75 所示。

（2）锚喷支护。锚喷支护常用于矿山法施工中，它可以在坑道开挖后及时施设，能有效地限制硐周位移，保护作业人员的安全，避免局部产生过大的变形。当围岩条件比较好，锚喷支护具有长期稳定性，可设计成永久结构。实际工程中，一般设

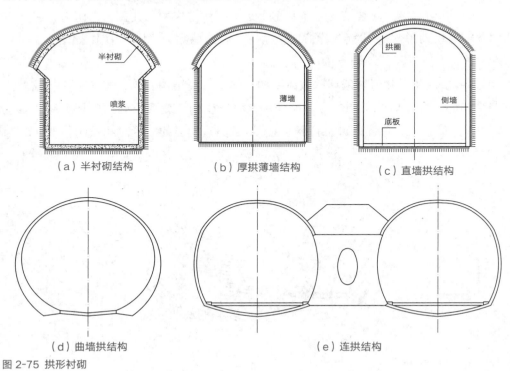

（a）半衬砌结构　　　　（b）厚拱薄墙结构　　　　（c）直墙拱结构

（d）曲墙拱结构　　　　　　（e）连拱结构

图 2-75 拱形衬砌

计为永久支护的一部分，与整体现浇的混凝土衬砌组成复合式衬砌，如图 2-76 所示。

锚喷支护为柔性结构，能有效地利用围岩的自承能力维持硐室稳定，其受力性能一般优于整体式衬砌。根据围岩的稳定情况，锚喷支护可以采用不同的组合形式，形成由喷射混凝土、钢筋网喷射混凝土、锚杆喷射混凝土、锚杆钢筋网喷射混凝土、钢纤维喷射混凝土等不同的组合形式构成的衬砌。

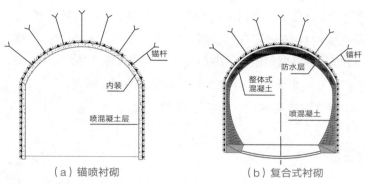

图 2-76 锚喷衬砌和复合式衬砌

（3）复合式衬砌。复合式衬砌是指外层用锚喷作初期支护，内层用模筑混凝土或喷射混凝土作二次衬砌的永久结构。初期支护可以采用喷混凝土衬砌和锚杆喷射混凝土衬砌。当岩石条件较差时，也可在喷层中增设钢筋网或型钢拱架，或采用钢纤维喷射混凝主。二次支护常为整体式现浇混凝土衬砌，或喷射混凝土衬砌，其中整体式现浇混凝土衬砌具有表面平顺光滑，外观视觉较好，通风阻力较小等优点，适用于对硐室内环境要求较高的场合。

（4）装配式衬砌。指在工厂或工地预制的构件拼装而成的隧道衬砌。装配式衬砌与整体式（模筑）衬砌比较，可以减轻工人的劳动强度，节约劳动力，降低建筑材料消耗和提高衬砌质量。一般来说，装配式衬砌的造价较低，施工速度也较快。由于衬砌拼装就位后，几乎就能够立即承重，拼装工作可以紧接隧道开挖面进行，因而缩短了坑道开挖后毛洞的暴露时间，使地层压力不致过大；而且不用临时支撑，有助于机械化快速施工和工业化生产。

2.5.4 地下工程降水与防水

地下工程一般处于地下水位以下或水中，在其设计、施工和使用过程中，必须考虑水对地下建筑物的影响。如在盾构隧道、明挖深基坑、沉井和顶管施工中，地下水压力的作用将给施工造成很大的困难，通常须进行降水处理。在地下工程使用过程中,由于地下水的渗透和侵蚀作用,工程的耐久性及长期使用性能将会受到影响,严重的会产生病害、降低使用寿命、增加工程维修维护成本。因此,在地下工程的设计、施工及运维中,降水、防水等十分重要。

地下工程中常遇到的地下水有上层滞水、潜水、毛细管水和层间水。施工中,常用的降水方法与措施有:井点降水、集水井降水;防水方法与措施主要是止水、防水帷幕。《地下工程防水技术规范》GB 50108—2008 规定,地下工程的防水设计和施工应该遵循"防、排、截、堵相结合,刚柔相济,因地制宜,综合治理"的原则。"防"即要求地下工程结构具有一定的防水能力,能防止地下水渗入;"排"即地下工程应有排水设施并充分利用,以减少渗水压力和渗水量;"截"是指在地下工程的顶部有地表水或积水,应设置截、排水沟和采取消除积水的措施;"堵"是采用注浆、喷涂、嵌补、抹面等方法堵住渗水裂隙、孔隙、裂缝。

2.5.5 隧道工程

如前所述,按所处的位置分,隧道可分为山岭隧道、水底隧道和城市隧道三种。按其用途分,可分为交通隧道、水工隧道、市政隧道和矿山隧道。隧道的主要断面形式有圆形、马蹄形、矩形等。根据国际隧道协会(ITA)的定义,断面面积 100m² 以上的为特大断面隧道,50 ~ 100m² 的为大断面隧道,10 ~ 50m² 的为中等断面隧道。按照公路隧道设计规范,长度大于 3000m 的为特长隧道,1000 ~ 3000m 的为长隧道,500 ~ 1000m 的为中长隧道,小于 500m 的为短隧道。隧道的主要施工方法有矿山法、明挖法、盾构法、沉埋法、掘进机法等。

隧道结构由主体结构和附属结构两部分组成。主体结构是为了保持围岩体的稳定和行车安全而修建的人工结构,通常包括洞身衬砌和洞门构筑物。洞身衬砌的平、纵、横断面的形状由隧道的几何设计确定,衬砌断面的轴线形状和厚度由衬砌计算决定。在山体坡面有发生崩坍和落石可能时,往往需要接长洞身或修筑明洞。洞门的构造形式由多方面的因素决定,如岩体的稳定性、通风方式、照明状况、地形地貌、美观要求以及环境条件等。为运营管理、维修养护、给水排水、供蓄发电、通风、照明、通信、安全等修建的、附属于主体结构以外的构筑物称为附属结构。

与地上工程相比,隧道工程受到地质条件的影响更大。准确的地质资料对隧道工程的规划、设计、施工、养护等各个阶段都具有重要的意义。在复杂的地质条件下,地质资料的不充分与不准确往往会显著影响隧道工程的施工进度、施工安全及工程投资。

隧道工程设计主要包括几何设计、结构构造设计与附属设施设计三大部分内容。几何设计的主要内容包括平面线形、纵断面线形、与平行隧道或其他结构物的间距、引线、隧道横断面设计等。几何设计的主要任务是确定隧道的空间位置。几何设计中要综合考虑地形、地质等工程因素和行车的安全因素。结构构造设计主要指衬砌结构设计及洞门设计。地下工程与隧道的衬砌方式主要有整体式衬砌、复合式衬砌、锚喷衬砌和装配式（组合式）衬砌几种形式，隧道工程设计中，应根据隧道所处的地质条件，考虑其结构受力的合理性，根据施工方法和施工技术水平等因素来确定。

洞门是隧道两端的外露部分，也是联系洞内衬砌与洞口外路堑的支护结构，其作用是保证洞口边坡的安全和仰坡的稳定，减少洞口土石方开挖量；拦截、汇集、排除地表水，使地表水沿排水渠道有序排离洞门区域，防止地表水沿洞门流入洞内。洞门也是隧道工程的景观标志，应在保障安全的同时，进行景观建设和环境美化。因此，隧道洞门应与隧道规模、使用功能以及周围环境、地形条件等相协调。洞门附近的岩（土）体通常都比较破碎松软，易于失稳而崩塌。为了保护岩（土）体的稳定，使车辆免受崩塌和落石带来的威胁，确保行车安全，应根据实际情况，选择合理的洞门形式，并综合考虑景观与排水等因素。

道路隧道在照明上有相当高的要求，为了使司驾人员在通过隧道时能适应进出隧道时的视觉变化，有时需要在入口一侧设置减光棚等减光构造物，对洞外环境作某些减光处理。这样洞门位置上就不再设置洞门建筑，而是用明洞和减光建筑将衬砌接长，构成新的有减光功能的入口。

当隧道埋深较浅，上覆岩（土）体较薄，难以采用暗挖法时，可采用明挖法施工。明挖法施工的隧道通常称明洞。明洞兼具地面与地下工程的双重特点，既能作为地面工程以抵御边坡、仰坡坍方、落石、滑坡、泥石流等产生的危害，又能用于在深路堑、浅埋地段不适宜暗挖隧道时作为地下工程替代隧道作用。明洞的结构形式应根据地形、地质、经济、运营安全及施工难易等条件进行选择，采用最多的是拱式明洞和棚式明洞，见图 2-77。拱式明洞由拱圈、边墙和仰拱（或铺底）组成，它的内轮

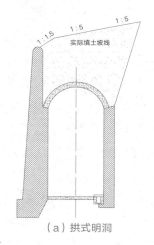

（a）拱式明洞

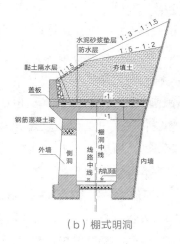

（b）棚式明洞

图 2-77 明洞形式

廊与隧道相一致，但结构截面的厚度要比隧道大一些。棚式明洞又可称为傍山隧道，主要用于地形自然横坡比较陡，外侧没有足够的场地设置稳定的外墙及基础的情况。棚式明洞常见的结构形式有盖板式、刚架式和悬臂式 3 种。

为了使隧道正常使用，除了主体结构外，还要修建一些附属设施。隧道的附属设施主要包括排水设施、电力、通风以及通信设施等。除基本的排水、电力、通信、通风、救援设施外，还应根据隧道的功能与用途，设置特殊用途的设施，如铁路隧道中要设置避车洞。公路隧道内的环境与亮度应满足行车安全，其中的照明设施、防噪设施等则比较重要。

随着重大交通工程建设、重大水利发电工程建设、重大输水工程建设及城市轨道交通建设的大力发展，以及城市地下空间的不断开发利用，地下工程与隧道工程是土木工程发展的重要领域，将有非常广阔的发展前景。

2.6 水利水电工程

水利水电工程是重要的基础设施工程，用以控制和调配水流，在发电、防洪、航运、供水、灌溉、水产养殖、改善环境、发展旅游、合理开发与利用资源等方面都有巨大的社会效益、经济效益和环境效益，在国民经济建设和社会发展中有极其重要的作用。

2.6.1 水利工程

水利工程是指对自然界的地表水和地下水进行控制和调配，以达除害兴利目的而修建的各项工程总称。水利工程的根本任务是除水害和兴水利，前者主要是防止洪水泛滥和渍涝成灾；后者则是从多方面利用水资源为人们造福，包括灌溉、发电、供水、排水、航运、养殖、旅游、改善环境等。农业生产用水水利工程、城乡生产生活用水水利工程，如大中小型蓄水、供水水库、供水管网、灌溉用沟渠等工程，其功能一般比较单一；而大型水利枢纽工程则兼具调洪、调水、蓄水、发电、航运等多种功能。水利枢纽工程一般是庞大的、覆盖区域大的系统工程，如三峡工程、南水北调工程等。历史上，我国十分重视水利工程建设，都江堰水利工程、京杭大运河水利工程等至今仍发挥着重要的作用。

我国大小河流总长度约为 42 万 km，流域面积在 1000km^2 以上的河流有 1600 多条，大小湖泊 2000 多个，年平均径流量为 2.78 万亿 m^3，居世界第六位。由于我国人口众多，人均水资源量仅为世界人均水资源占有量的 1/4，列世界第 109 位，是世界上水资源贫乏的国家之一，而且我国水资源在时间和空间上分布很不均匀。径流量在汛期和枯水期相差较大，汛期内的降雨量占全年降雨量的 60% ~ 80%。降雨量在季节上分布的不均匀，常常造成洪涝或干旱等自然灾害。我国幅员辽阔，自然条件相差悬殊，东南沿海雨水充沛，年均水资源量占全国年均水资源量的 25.2%；而西北五省区干旱少雨，年均水资源量仅为全国年均水资源量的 7.9%。因此，加强对水资源的合理开发、利用和保护，实施南水北调等重大水利工程建设，贯彻节水理念，发展节水技术，实现水资源有效保护利用与经济社会的协调与可持续发展，是经济社会发展的重大问题。

水利工程原本是土木工程的一个分支，随着其自身的发展，现在已经成为一门相对独立的学科，但它与土木工程仍然有着千丝万缕的联系。水利工程包括：水力发电工程、防洪工程、治河工程、农田水利工程（排水灌溉工程）、内河航道工程、跨流域调水工程。与其他工程相比，水利工程具有如下特点：

（1）有很强的系统性和综合性。规划设计水利工程必须从全局出发，系统地、综合地进行分析研究，才能得到最为经济合理的优化方案。

（2）对环境有很大影响。水利工程，特别是大型水利工程的建设与运营对经济社会和环境生态能产生显著作用与影响。一方面，水利工程能发挥除害兴利功能，促进经济社会的发展；另一方面，又会对江河、湖泊以及附近地区的自然面貌、生态环境、自然景观，甚至对区域气候，都将产生不同程度的影响。因此，水利工程建设的环评及可行性论证十分重要。

（3）水利工程的服役条件复杂。服役运营期内，水利工程中的各种建（构）筑物不仅要经受复杂的气象、水文、地质等自然条件的作用与影响，而且又要承受各种水力和泥沙作用。

（4）水利工程效益的不确定性高。水利工程的效益与水文、气象等自然条件的关联性大、灾害风险高，工程建设中涉及的不可控因素也多，相比其他类型的工程，具有较高的不确定性。而且水利工程还具有规模大、技术复杂、工期较长、投资多等特点，因此，水利工程的可行性分析及立项应严格按照基本建设程序和有关法规、标准进行。

2.6.2 水电工程

据 2005 年国家发展和改革委员会公布的全国水能资源复查数据，中国水能资源理论蕴藏量约为 6.9 亿 kW，其中技术可开发的装机容量约为 3.8 亿 kW，均占世界首位。按流域统计的水能资源理论蕴藏量及可开发容量如表 2-10 所示。水电资源在我国能源结构中的地位非常重要，是我国现有能源中唯一可以大规模开发的可再生能源。

我国水能资源理论蕴藏量及可开发量（按流域统计）　　　表 2-10

流域	水能资源理论蕴藏量		水能资源可开发量			
	蕴藏量（万 kW）	占全国比重（%）	装机容量（万 kW）	占全国比重（%）	年发电量（亿 kWh）	占全国比重（%）
长江	26 601.8	38.8	19 724.3	51.6	10 275.0	53.1
黄河	4 054.8	5.9	2 800.4	7.3	1 169.9	6.0
珠江	3 348.4	4.8	2 485.0	6.5	1 124.8	5.8
海栾河	294.3	0.4	213.5	0.6	51.7	0.3
淮河	114.9	0.2	66.0	0.2	18.9	0.1
东北诸河	1 530.6	2.2	1 307.8	3.6	439.4	2.3
东南沿海诸河	2 066.8	3.0	1 389.7	3.6	547.4	2.8
西南国际诸河	9 690.2	14.0	3 768.4	9.8	2 098.7	10.8
西藏诸河	15 974.3	23.1	5 038.2	13.2	2 968.6	15.3
内陆及新疆诸河	3 698.6	5.4	996.9	2.6	538.7	2.8
台湾诸河	1 500.0	2.2	400.0	1.0	130.0	0.7
全国合计	69 074.7	100.0	38 190.2	100.0	19 363.1	100.0

　　水力发电除了需要流量之外，还需要集中落差（水头）。水电站类型分为常规水电站和抽水蓄能电站两类，也称常规水电站枢纽和抽水蓄能电站枢纽。常规水电站枢纽按照积聚水头的方式可分为：坝式、引水式和混合式 3 类。按照发电厂房的布置形式，抽水蓄能电站枢纽的布置形式分为地下式、井式、地面式等类型。

　　（1）坝式水电站。主要是用坝来集中落差。坝不仅可以集中落差，而且还可以利用坝所形成的水库，调节流量。坝式开发方式需要修建工程量庞大的水库。如图 2-78 所示的三峡水利枢纽工程就是这种形式。

　　（2）引水式水电站。引水式开发主要或全部是用引水道（明渠、隧洞、水管）来集中水头，如图 2-79 所示鄂西州清江雪照河水电站。但严格地从集中水头的方式来说，大多数水电站是混合式开发，即部分水头由坝集中，部分水头由引水道集中。

　　（3）混合式水电站。枢纽首部与厂房区一般相距不很远，多利用河弯修建引水隧洞，以获得一定的水头，首部建有相对较高的拦河坝，不设沉砂池，如矶头水电站枢纽。

　　（4）抽水蓄能电站枢纽。抽水蓄能电站是一种特殊作用的水电站，即电能调蓄电站。它通过抽水将电网中的富余电能储藏在上游水库中，又通过水力发电将储蓄

图 2-78 三峡水利枢纽

图 2-79 鄂西州清江雪照河水电站

的电能释放到电网中的方式，调蓄电网的电能。蓄能电站一般在晚上电网负荷低时抽水蓄能，在白天电网负荷大时释能。由于清洁能源的发展，核能电站的建设越来越多，作为核能电站的配套工程，抽水蓄能电站的建设也越来越多（图 2-80 和图 2-81）。

图 2-80 河北抚宁抽水蓄能电站

图 2-81 北京十三陵抽水蓄能电站

水电站工程的主要作用是水力发电，但一般兼具防洪、灌溉、调水、航运等综合功能。因此，水电站枢纽工程中的各类建（构）筑物很多，十分复杂。主要有：挡水构筑物、泄水构筑物、水电站进水构筑物、水电站引水构筑物、水电站平水构筑物、发电、变电和配电建筑物等。水电站建（构）筑物的布置也有多种类型，如河床式布置、坝后式布置、地上引水式布置和地下引水式布置等。

2.6.3 防洪工程

洪水是一种自然现象，常造成江河沿岸河谷、冲积平原、河口三角洲和海岸地带的淹没。由于洪水现象的周期性和随机性特点以及自然环境变化和人类活动的影响，被淹没地带及其淹没强度在空间和时间上既有一定的规律性，又有不确定性和偶然性。受洪水泛滥威胁的地带大多仍可被人类开发利用，由此带来了防洪问题。

防洪包括防御洪水危害人类的对策、措施和方法。它是水利科学的一个分支，主要研究对象包括洪水自然规律，河道、洪泛区状况及其演变。防洪工作的基本内容可分为建设、管理、防汛和科学研究。

防洪工程指为控制、防御洪水以减免洪灾损失所修建的工程，主要包括堤坝、河道整治工程、分洪工程和水库工程等。按功能可分为挡、泄（排）和蓄（滞）三类。挡即挡水，主要是运用工程措施挡住洪水对保护对象的侵袭。如用河堤、湖堤防御河、湖洪水泛滥；用海堤和挡潮闸防御海潮；用围堤保护低洼地区不受洪水侵袭等。泄（排）洪主要是增加泄洪能力，常用的措施有：修筑河堤、整治河道（如扩大河槽、裁弯取直）、开辟分洪道等。拦蓄（滞）主要作用是拦蓄（滞）调节洪水，削减洪峰，减轻下游防洪负担。

河流或流域的防洪功能需由多种工程和非工程措施组成的工程系统完成。应本着除害兴利的基本原则，整体统筹、综合治理的方针，根据河流或流域的自然地理条件、基本洪水特征，对防洪工程进行科学合理规划与布局。一般在上中游干支流山谷区修建水库拦蓄洪水、调节径流；山丘地区广泛开展水土保持、蓄水保土、发展农林牧业、改善生态环境等方面的工作；在中下游平原地区，修筑堤防、整治河道、治理河口，并因地制宜修建分蓄（滞）洪工程，以达到减免洪灾的目的。规划与建设中，还应编制和完善非工程防洪措施，并制定相应的管理和运行制度。

江河湖泊具有重要的资源功能、生态功能和经济功能。加强河湖治理、管理和保护，对防洪、供水、发电、航运、养殖等都具有重要意义。为贯彻绿色和可持续发展，提高水安全保障能力和江河湖泊的管理保护能力，我国目前实现"河长制"。"河长制"的主要责任和目标：一是加强水资源保护，全面落实最严格水资源管理制度，严守"三条红线"；二是加强河湖水域岸线管理保护，严格水域、岸线等水生态空间管控，严禁侵占河道、围垦湖泊；三是加强水污染防治，统筹水上、岸上污染治理，排查入河湖污染源，优化入河排污口布局；四是加强水环境治理，保障饮用水水源安全，加大黑臭水体治理力度，实现河湖环境整洁优美、水清岸绿；五是加强水生态修复，依法划定河湖管理范围，强化山水林田湖系统治理；六是加强执法监管，严厉打击涉河湖违法行为。

2.6.4 水利水电工程建设展望

水利水电工程可以有效地开发利用水资源和水能资源，对改善人类生存环境和条件具有重要作用。但是，水利水电工程建设及运营也会对生态环境或城乡安全产生隐患和负面影响。因此，大型水利水电工程建设必须坚持合理配置水资源、保障水资源安全、合理开发和保护利用水资源及水能资源、不断提高资源利用效率和效益、实现水资源的有效保护和可持续利用的原则。其总体要求：一是严格用水总量控制，抑制对水资源的过度消耗；二是严格用水定额管理，提高用水效率和效益；三是加强生态环境保护，实现水资源的可持续利用；四是合理调配水资源，提高区域水资源承载能力；五是完善供水安全保障体系，保障经济社会又快又好发展；六是实行最严格的水资源管理制度，全面提升社会管理能力。

按照建设资源节约、环境友好型社会，实行最严格的水资源管理制度的要求，到 2020 年，我国的万元 GDP 用水量和万元工业增加值用水量分别要比 2008 年降低 50%。根据国务院批复的《全国水资源综合规划》，到 2020 年，全国用水总量力争控制在 6700 亿 m^3 以内，万元 GDP 用水量和万元工业增加值用水量分别降低到 $120m^3$ 和 $65m^3$，城市供水水源地水质基本达标，主要江河湖库的水功能区水质达标率提高到 80%，退减超采地下水和挤占河道生态环境用水的现状。到 2030 年，全国供需基本平衡的年用水量为 7100 亿 m^3，万元 GDP 用水量和万元工业增加值用水量分别降低到 $70m^3$ 和 $40m^3$，江河湖库的水功能区水质基本达标。

中国水利建设的重点任务是，在巩固提高中东部地区防洪和供水能力的同时，加强西部水利工程建设，兴建环境保护和控制性水利枢纽工程，改善西部地区生态环境和民众生活生产条件。为优化水资源配置，采取东西互补，南北互济，以丰补枯的方法，多途径缓解北方地区水资源紧缺的矛盾；继续推进"南水北调"等调水工程建设，提高水资源调配能力与利用效益；建设大中型骨干水库调蓄工程，增强对天然径流的调控能力；改善重点地区、重点流域、重要城市及粮食生产基地的水源条件，提高供水安全保障能力；加强综合治理与科学开发利用，着力解决洪涝灾害、水资源不足和水环境恶化问题；加强水库、堤坝等除险加固工程建设，确保水利工程安全。

水电开发重点是，基本完成长江上游、乌江、南盘江红水河、湘西、闽浙赣、黄河中游和东北等 7 个水电基地的开发建设；重点开发建设金沙江、雅砻江、大渡河、澜沧江、怒江、黄河上游干流等 6 个西部水电基地；推进雅鲁藏布江、藏东南"三江"等西藏自治区的水电开发；积极推进和加强国际能源合作，开发和利用缅甸、尼泊尔、老挝、泰国等国家的水电资源。

2.7 机场及港口工程

2.7.1 机场工程

机场亦称空港或航空站，是航空运输体系的重要组成部分。世界上第一个机场建于美国北卡罗来纳州基蒂·霍克附近的沙滩上，是莱特兄弟在 1903 年 12 月试飞世界第一架飞机的场地。我国第一个机场是北京南苑机场，1910 年由航空家李宝焌建立。1913 年在该机场创立了我国第一所航空学校。机场一般分军用机场和民用机场两类。本节只介绍民用机场。

机场工程包括机场规划设计、场道工程、导航工程、通信工程、空中交通控制、气象工程、旅客航站楼及指挥楼工程等。

民航机场交通运输系统由三部分组成：飞行区、航站区和进出地面交通系统。民航机场的主要功能有：①供飞机安全、有序地起飞和着陆；②提供各种设施和设备，供飞机停靠至指定机位；③提供各种设施，为旅客及行李、货物与邮件的运输或转运提供服务；④提供各种设备和设施，安排旅客、货物、邮件等方便、安全、及时、快捷地上下飞机；⑤提供包括飞机维修在内的各种技术服务，如通信导航监视、空中交通管制、航空气象、航行情报等（这些通常由所在机场的空管部门提供）；⑥一旦飞机发生事故，能提供消防和紧急救援服务；⑦为飞机补充燃油、食品、水及航材等，并清除、运走废弃物；⑧为旅客、货物与邮件的到达及离开机场提供方便的地面交通组织和设施（停车场和停车楼）；⑨各种商业服务，如餐饮、购物、会展、休闲服务等功能。依托机场还可建立物流园区、临空经济区以及航空城等。

民航机场的重要设施有：①机场空中交通管理设施，包括指挥塔台、空中交通管制、航行情报、通信导航监视、航空气象等设施；②应急消防救援设施，包括应急指挥中心、救援及医疗中心、消防站、消防供水系统等设施；③机场保安设施，包括飞行区、航站楼和货运区保安设施、监控与报警系统以及保安和安检人员的业务和训练场所；④航空货运区，包括货运仓库、货物集散地和办公设施以及货机坪；⑤属于机场的机务维护设施及地面服务设施等；⑥机场环境保障设施；⑦动力及电信系统；⑧供油设施；⑨基地航空公司区；⑩旅客服务设施，如航空食品公司、宾馆、商店及餐饮、娱乐、游览、会务等设施；⑪驻场单位区，包括政府联检单位、公安、金融等部门；⑫机场办公及值班宿舍等。

机场是航空运输系统网络的节点，按照其在该网络中的作用，通常可以分为枢纽机场、干线机场和支线机场。按进出机场的航线业务范围可分为：国际机场、国内航线机场、地区航线机场。

（1）枢纽机场：是全国航空运输网络和国际航线的空中枢纽；具有业务量巨大，国际、国内航线航班密集，旅客中转率高等特点，如北京首都国际机场（如图2-82）、上海浦东国际机场（如图2-83）。

（2）干线机场：以国内航线为主，兼有少量国际航线，航线连接枢纽机场和重要城市，空运量较为集中，年旅客吞吐量达到一定水平的机场。

（3）支线机场：经济比较发达的中小城市和一般旅游城市，或经济欠发达但地面交通不便、空运量较少的城市地方机场。这些机场的航线多为本省区航线或邻近省区支线。

图 2-82 北京首都国际机场

图 2-83 上海浦东国际机场

民航机场主要由飞行区、旅客航站区、货运区、机务维修设施、供油设施、空中交通管制设施、安全保卫设施、救援和消防设施、行政办公区、生活区、生产辅助设施、后勤保障设施、地面交通设施及机场空域等组成。

飞行区是供机场内飞机起飞、着陆、滑行和停放使用的场地，包括升降带、跑道、跑道端安全区、滑行道、机坪以及仪表着陆系统、远近灯光系统等所在的区域。根据《运输机场总体规划规范》MH/T 5002—2020，飞行区是指机场内用于飞机起飞、着陆和滑行的那部分地区，包括跑道系统、飞机起降运行区和滑行道系统。按照《民用机场飞行区技术标准》MH 5001—2021 的规定，民用机场飞行区应按指标Ⅰ（基准代码）和指标Ⅱ（基准代字）进行分级。指标Ⅰ和指标Ⅱ的组合构成飞行区指标，其目的在于使机场飞行区的各种设施的技术标准能与在该机场上运行的飞机性能相适应，见表2-11。飞行区指标Ⅰ是指拟使用该机场飞行区跑道的各类飞机中最长的飞机基准飞行场地长度。飞机基准飞行场地长度不等于实际跑道长度，它包括跑道、净空道和停止道（若设置）的长度，并扣除海拔高度等因素的影响。飞行区指标Ⅱ按使用该机场飞行区的各类飞机中最大翼展划分。北京首都国际机场、上海浦东国际机场的飞行区指标为4F。

飞行区基准代号 表 2-11

飞行区指标 I		飞行区指标 II	
代码	飞机基准飞行场地长度（m）	代字	翼展（m）
1	< 800	A	< 15
2	800 ~ 1200（不含）	B	15 ~ 24（不含）
3	1200 ~ 1800（不含）	C	24 ~ 36（不含）
4	≥ 1800	D	36 ~ 52（不含）
		E	52 ~ 65（不含）
		F	65 ~ 80（不含）

注：飞机基准飞行场地长度是指飞机以规定的最大起飞质量，在海平面、标准大气条件下（1个大气压、15℃）、无风和跑道纵坡为零条件下起飞所需的最小飞行场地长度。

　　航站区主要包括航站楼、站坪及停车场。航站区是机场和地面交通主要衔接地区，包括旅客和行李的集散系统，货物装卸、机场维护、运营、管理系统。航站楼是机场内重要的功能建筑，是供旅客办理乘转服务的功能区，一般有 5 大功能：①出发与到达服务功能；②航空商务服务功能；③行李交运、传输处理、提取功能；④运营管理功能；⑤内部交通功能。站坪连接航站楼和飞行区，供飞机停放以上下旅客，包括停机位和飞机进入停机位所必需的回旋和滑行以及相关的服务设施。停车场所设在航站楼附近，通常为停车场。机场货运区一般指处理航空货物（含航空快件）和航空邮件等航空货运运输的区域，包括货运站、货机坪以及货运区进出道路、停车场、货物停放坪、集中控制坪等，承担国际货运业务的机场还应设海关及联检用房。

　　航空港与高速铁路、城际和城市轨道交通、公共汽车、出租车紧密衔接形成现代化的交通枢纽才能发挥更大的作用，是航空港发展与建设的方向。例如，2010 年建成的上海虹桥综合交通枢纽，规划用地面积约 $26.26km^2$，集国内外航空运输、铁路客运、轨道交通、高速巴士、市内巴士等交通于一体。2019 年投入运营的北京大兴国际机场，采用交通枢纽与航站楼一体化设计，内部高铁、地铁、城铁多条轨道地下南北穿越，实现空陆侧交通零距离换乘，为旅客打造一站式的出行环境。

2.7.2 港口工程

　　港口是指位于江、河、湖、海或水库沿岸，具有明确界限的水域和陆域及相应的设备和条件，为船舶出入和停泊，旅客上下船，货物装卸、储存和驳运，以及船舶补给、修理等技术和生活提供服务的场地。就其作用而言，港口是交通枢纽、水陆联运的咽喉；是水陆运输工具的衔接点和货物、旅客的集散地。港口工程则指兴建港口所需工程设施的工程技术，包括港址选择、工程规划设计及各项设施（如各种建筑物、装卸设备、系船浮筒、航标等）的修建。港口工程原是土木工程的一个分支，随着港口科学技术的发展，已成为相对独立的学科，但仍和土木工程有着密切的联系。

港口按照用途可分为商港、军港、渔港、工业港和避风港；按其所处水域，可分为内河港、海岸港和河口港；按其水深及开挖情况，可分为天然港和人工港；按其所处水域在寒冬季节是否冻结，可分为冻港和不冻港；按潮汐关系、潮差大小以及是否修建船闸控制进出港，可分为闭口港和开口港；按对进口货物是否办理报关手续，可分为报关港和自由港；按装卸货物的种类可分为综合性港、专业性港、集装箱港、散货港等。

港口工程由水域和陆域两大部分组成。水域供船舶航行、运转、锚泊和停泊装卸之用，需有适当的深度和面积，且要水流平缓，水面稳静；陆域供旅客上下船以及货物装卸、货物堆存和转载之用，需有适当的高程、岸线长度和纵深，并有仓库、货场、铁路、公路、装卸设备和各种必要的附属设施。

（1）水域。港口水域可分为港外水域和港内水域。港外水域包括进港航道和港外锚地。港内水域包括港内航道、转头水域、港内锚地和码头前水域或港池。此外，还有防波堤和航标等。锚地是供船舶抛锚候潮、等候泊位、避风、办理进出口手续、接受船舶检查或过驳装卸等停泊的水域。有防波堤掩护的海港，把口门以外的锚地称为港外锚地，口门以内的锚地称为港内锚地。航道是船舶进出港的航行通道。有防波堤掩护的海港，分港外航道和港内航道。航标是为保证进出港船舶的航行安全，在每个港口、航线附近的海岸设置的各种助航设施。航标的主要功能是为航行船舶提供定位信息，以及碍航物及其他航行警告信息；根据交通规则指示航行；指示特殊区域，如锚地、测量作业区、禁区等，即定位、警告、交通指示和指示特殊区域四方面功能。转头水域又称回旋水域，是指船舶在靠离码头、进出港口需要转头或改换航向时而专设的水域。港池是供船舶靠泊、系缆和进行装卸作业使用的直接与码头相连的水域。防波堤是为防御波浪入侵，形成一个掩蔽水域所需要的水工构筑物，位于港口水域的外围，兼防漂沙和冰凌的入侵，以保证港内具有足够的水深和平稳的水面以满足船舶在港内停泊、进行装卸作业和出入航行的要求。有的防波堤内侧也兼作码头或安装一定的锚系设备供船舶靠泊。

（2）陆域指港界线以内的陆域面积。一般包括装箱作业地带和辅助作业地带两部分，并包括一定的预留发展地。装卸作业地带主要布置仓库、货场、铁路、道路、站场、通道等设施；辅助作业地带主要布置车库、工具房、变（配）电站、机具修理厂、作业区办公室、消防站等设施。港口陆域纵深主要受地形、地物的限制，在确定时一般应考虑吞吐量、货种、装卸工艺要求、港口平面布置、铁路分区车场形式、港口的可能发展余地等多种因素。

码头是停靠船舶、上下旅客和装卸货物的场所。港口水域和陆域的交接线称为码头前沿线或码头岸线，它是港口的生产岸线和生产活动的中心。一艘船停靠在码头上，它所占用的码头岸线长度称为泊位。泊位的长度主要取决于船舶长度和安全系缆的要求，而码头岸线的长度则取决于所要求的泊位数和每个泊位的长度。港口的码头岸线长度是港口规模的重要标志之一，表明了它能同时容纳并进行装卸作业的船舶数量。

仓库和货场是指为保证货物换装作业的正常进行，防止进出口货物灭失、损坏而提供的对货物进行临时或短期存放保管的建筑物。其主要作用是便于货物贮存、集运，有利于车、船的紧密衔接，保证货运质量，提高港口通过能力。

港口铁路是连接航运与陆路运输的重要运输系统。我国海港集中在东部沿海，腹地纵深大，航运货物主要靠铁路运输汇集与分散。完整的港口铁路应包括港口车站、分区车场、码头和库场的装卸线，以及连接各部分的港口铁路区间正线、联络线和连接线等。港口车站负责港口列车到发、交接、车辆编解集结；分区车场负责管辖范围内码头、库场的车组到发、编组及取送；港口铁路区间正线用于连接铁路接轨站与港口车站；装卸线承担货物的装卸作业；联络线连接分区车场与港口车站；连接线连接分车场与装卸线。港口道路是港内通行各种流动机械、运输车辆和人行的道路。港区道路联系码头、仓库、货场、前后方之间和港内与港外之间的交通，为减少行车干扰，便利消防，港区道路一般布置成环行系统。

装卸及运输机械是指用来完成船舶与车辆的装卸、库场货物的堆码、拆垛以及舱内、车内、库内装卸作业的各种起重运输机械。港口装卸和运输机械的种类很多，可分为港口起重机械、港口连续输送机械、装卸搬运机械和港口专用机械四大类。除各类装卸与运输机械外，港口中还要设置各种生产辅助设备与设施，如给水排水、消防、供电、通信、燃料供应等设施与设备。

港口的主要技术特征为：港口水深、码头泊位数、码头线长度、港口陆域高程。港口水深决定港口进出大型运输船的能力；码头泊位数决定港口装卸、堆放、转运货物的能力；码头线长度决定安全停泊船的能力与数量；港口陆域高程决定港口在风暴潮等极端条件下安全运行的能力。在港口规划与建设中，应在科学合理的宏观规划与布局下，充分论证确定港口的主要技术特征。

港口是重要基础设施。在"一带一路"倡议及国际大循环背景下，港口工程建设对国民经济的可持续发展有重要意义。随着信息技术、智能技术的快速发展，智慧物流成为交通运输业发展的新的增长极，智慧港口建设将是港口工程建设与发展的新方向。

图 2-84 为青岛全自动化集装箱码头。青岛全自动化集装箱码头共规划建设 6 个泊位,岸线长 2088m,码头前沿水深 20m,可停靠装载量为 24 000 标箱的集装箱船,设计年吞吐能力 520 万标箱。该码头从规划设计到建成运营,全部由山东港口青岛港通过自主开发完成,开创了"低成本、短周期、高效率、全智能、更安全、零排放"的高质量发展"青岛模式",在全球自动化码头领域制高点上树起了"中国方案""中国效率"的旗帜。上海洋山港是全球最大的智能集装箱码头之一(图 2-85),2021 年集装箱吞吐量突破 2200 万标箱,2022 年 3 月 14 日,全球最大的 LNG 动力、马耳他籍"达飞希米"号与"海港未来"号 LNG 运输加注船在洋山港成功"牵手",意味着洋山港成为全球少数拥有"船到船同步加注保税 LNG"服务能力的港口。

图 2-84 青岛全自动化集装箱码头

图 2-85 上海洋山港照片

2.8 海洋工程

海洋工程是指以开发、利用、保护、恢复海洋资源为目的,且工程主体位于海岸线向海一侧的新建、改建、扩建工程。具体包括:围填海、海上堤坝工程,人工岛、海上和海底物资储藏设施、跨海桥梁、海底隧道工程,海底管道、海底电(光)缆工程,海洋矿产资源勘探开发及其附属工程,海上潮汐电站、波浪电站、温差电站等海洋能源开发利用工程,大型海水养殖场、人工鱼礁工程、盐田、海水淡化等海水综合利用工程,海上娱乐及运动、景观开发工程,以及国家海洋主管部门会同国务院环境保护主管部门规定的其他海洋工程。

按海洋开发利用的海域,海洋工程可分为海岸工程、近海工程和深海工程三类:一是海岸工程,主要包括海岸防护工程、围海工程、海港工程、河口治理工程、海上疏浚工程、沿海渔业设施工程、环境保护设施工程等;二是近海工程,主要指在大陆架较浅水域的海上平台、人工岛等的建设工程，以及在大陆架较深水域的建设工程，如浮船式平台、移动半潜平台、自升式平台、石油和天然气勘探开采平台、浮式贮油库、浮式炼油厂、浮式飞机场等建设工程；三是深海工程，深海工程包括无人深潜的潜水器和遥控的海底采矿设施等建设工程。

海洋工程始于为海岸带开发服务的海岸工程。海岸工程的历史悠久，地中海沿岸国家早在公元前 1000 年就开始航海和筑港，我国东汉时期（公元 25 ~ 220 年）时就开始在东南沿海兴建海岸防护工程；荷兰在中世纪初期也开始建造海堤。海岸工程的主要功能是航运、造田、防灾等，随着社会的发展，海洋对人类的作用越来越凸显，海洋资源的开发利用与保护成为全球关注的焦点，海岸工程已远不能满足海洋资源开发利用与保护的要求，海洋工程应运而生。海洋工程不仅包括传统的海岸工程，也包括近海工程和深海工程。20 世纪 70 年代后，随着开采大陆架海域的石油与天然气，以及海洋资源开发和空间利用规模的不断扩大，近海工程得到了快速发展。进入 21 世纪，深海工程也到了迅猛发展，深海油气开采、深海钻探、深海潜水技术等不断刷新纪录，例如我国的载人潜水器下潜深度已达万米。

与陆地上的工程相比，海洋工程包含的内容更多，也更复杂，属于综合工程技术。海洋工程中与土木工程有关的内容，主要指建造的海洋工程实体部分。海洋工程实体的结构形式很多，常用的有重力式建筑物、透空式建筑物和浮式结构物。重力式建筑物适用于海岸带及近岸浅海水域，如海堤、护岸、码头、防波堤、人工岛等，是以土、石、混凝土等材料筑成斜坡式、直墙式或混合式的结构物；透空式建筑物适用于软土地基的浅海，也可用于水深较大的水域，如高桩码头、岛式码头、浅海海上平台（图 2-86）等。海上平台可以采用钢结构，也可以采用混凝土结构，可以是固定式的，也可以是活动式的。浮式结构物适用于水深较大的大陆架海域，如钻井船、浮船式平台、半潜式平台等，一般用作石油和天然气勘探开采平台、浮式贮油库和炼油厂、浮式电站、浮式飞机场、浮式海水淡化装置等。

海洋环境复杂多变，海洋工程常要承受台风（飓风）、波浪、潮汐、海流、冰凌等的强烈作用；在浅海水域还要受复杂地形，以及岸滩演变、泥沙运移的影响；温度、地震、辐射、电磁、腐蚀、生物附着等海洋环境因素，也对海洋工程有影响。因此，海洋工程的勘探、设计、施工及营运维护要比陆上工程复杂得多。而且，海洋工程建设投资巨大，运营过程中由生产及自然灾害造成的风险高，预防海洋工程事故（图 2-87）、提高复杂环境和极端条件下的安全可靠性和降低灾害风险非常重要。

海洋面积大约占地球表面积的 70%，水量约占地球上总水量的 97%，且蕴藏丰富的各类矿产资源，具有重要开发利用及保护价值。经略海洋，科学地开发利用与保护海洋资源，是 21 世纪人类的战略选择。我国海岸线总长居世界第四、大陆架面积位居世界第五、200 海里水域面积居世界第十，我国又是人口大国，环境与资源压

图 2-86 海洋平台照片

图 2-87 墨西哥湾海洋平台事故照片

力大，开发利用与保护海洋，对绿色和可持续发展以及国防建设都具有极其重要的意义。在经略海洋的战略背景下，海洋工程将发挥基础性的支撑作用，也必将有更大的发展。

2.9 给水排水工程

给水排水工程是用于水供给、废水排放和水质改善的工程。古代的给水排水工程只用于输送城市用水和排泄城市的降水和污水。现代的给水排水工程已成为控制水媒传染病流行和环境水污染的城市基本设施，是工业生产的命脉之一，它制约着城市和工业的发展。

2.9.1 给水工程

给水工程是为满足城乡居民及工业生产等用水需要而建设的工程设施。给水工程的任务是自水源取水，并将其净化处理到标准规定的水质要求，经输配水管网系统输送给用户。给水工程包括城镇给水和建筑给水两大部分。城镇给水解决城镇区域供水问题，建筑给水则解决建筑的给水问题。

2.9.1.1 城镇给水

城镇给水系统是供应城市居民生活用水、工业生产用水、市政（如绿化、街道洒水）和消防用水的设施，是取水、输水、水质处理和配水等设施以一定的方式组合成的总体。城市给水系统一般由取水工程、水处理工程和输配水管网工程组成。城市给水设计的主要准则是：保证供应城市的需要水量；保证供水水质符合国家规定的卫生标准；保证不间断地供水，提供规定的服务水压和满足城市的消防要求。

取水工程设施的作用是从选定的水源（包括地表水和地下水）抽取原水。水质处理工程设施即净水构筑物，其作用是根据原水水质和用户对水质的要求，将原水加以适当处理，以满足用户对水质的要求。水质处理的方法有混凝、沉淀、过滤和消毒等。净水构筑物常集中布置在自来水厂（净水厂）内。输配水管网包括输水管（渠）和配水管网。输水管（渠）包括将原水送至水厂的原水输水管和将净化后的水输送到配水管网的清水输水管。配水管网则是将清水输水管（渠）送来的水送到各个用水区的全部管道。除输配水管网外，输配水工程设施还包括泵站、调节构筑物等。泵站的作用是将所需的水量提升到使用要求的高度（水压）。泵站包括提升原水的一级泵站、输送清水的二级泵站（一般设在自来水厂内）和设置于管网中的加压泵站等。调节构筑物的作用是储存和调节水量，包括清水池、水塔和高地水池等。

每座城市的总体规划、地形、水源状况、供水范围及用户对水质、水量和水压的要求都不同，给水系统的总体布局也就有所不同，概括主要有以下几种方式。

（1）统一给水系统。用统一给水系统供应生活、生产和消防等各种用水，水质达到国家生活饮用水标准。绝大多数城镇采用这种给水系统。

（2）分质给水系统。城镇各类工业用水因生产性质不同，对水质的要求也各不相同，特别是对用水量大、水质要求较城市生活饮用水标准低或特殊的工业用水，可单独设置给水系统，即分质给水系统。分质给水系统，既可以是同一水源，经过不同的处理，以不同的水质供应工业和生活用水；也可以是不同的水源，例如地表水经工业水处理构筑物进行简单沉淀后，供工业生产用水，地下水经加氯消毒供给生活用水等。根据工业用水的水质要求、水的循环利用方式、水的用量等不同情况，可采用直流给水系统、复用给水系统和循环给水系统等形式。循环给水系统和复用给水系统可以使水得到最大限度的利用，不但能节省大量用水，而且也能减轻排水管道的负担和降低环境污染，是工业用水的主要给水方式。

（3）分区给水系统。分区给水系统是将整个给水系统按水压高低分成几个区，每区有单独的水泵和管网。分区给水系统适用于下述几种情况：一是城市各用水户或各工业用水户对水压的要求差别很大；二是城市给水区范围很大；三是城市给水区地形高差显著；四是水源距离给水区较远的远距离输水。

（4）区域给水系统。根据城市地形条件（江河、铁路、主要街道）、用户用水类型（工业、生活等）、现有水厂的供水能力等情况，将给水管网系统分为若干个区域，实现区域供水。这里的"分区"不同于一般概念上的管网并联或串联分区。为保证安全用水，各区域之间用应急管道连通。城市给水管网系统分成两个区，居民区和工业区各自取水就近布置输水管网。

2.9.1.2 建筑给水

建筑给水是为工业与民用建筑内部和社区（包括各类场所）范围内生活设施和生产设备提供符合水质标准及水量、水压和水温要求的生活、生产和消防用水的总称，包括水的输送和净化等给水设施。

建筑给水系统按用途可分为：生活给水系统、生产给水系统和消防给水系统。根据建筑的用途及需水量的不同，三个系统可以合并组成一个系统，也可以独立分设系统，如独立的饮用水给水系统、中水给水系统、消火栓给水系统、自动喷淋系统和循环或重复使用的给水系统等。一般的建筑内部给水系统组成如图2-88所示，由引入管、给水管网、给水附件、给水设备、配水设施和计量仪表等组成。引入管（又

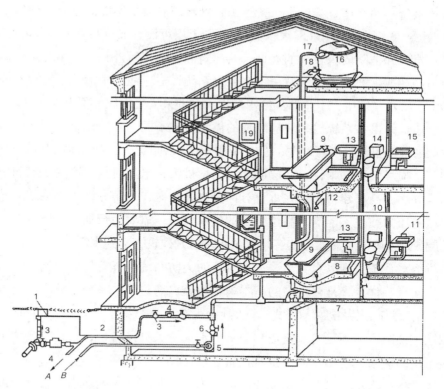

图 2-88 建筑内部给水系统

1—闸门井；2—引入管；3—闸阀；4—水表；5—水泵；6—止回阀；7—干管；8—支管；9—浴盆；10—立管；11—水龙头；12—淋浴器；13—洗脸盆；14—大便器；15—洗涤盆；16—水箱；17—进水管；18—出水管；19—消火栓；*A*—入贮水池；*B*—来自贮水池

称为进户管）是从室外给水管网的接管点引至建筑内的管段，引入管上一般设有水表和阀门等附件。给水管网是由干管、立管、支管和分支管等组成的管道系统，用于输送和分配用水。给水附件包括各种阀门、水垢消除器、过滤器和减压孔板等管路附件，其作用是控制与调节水流。消防给水系统的附件主要有水泵接合器、报警阀组、水流指示器、信号阀门和末端试水装置等。给水设备主要包括升压和储水设备。例如水箱、水泵、储水池、吸水井和气压给水设备等。生活、生产和消防给水系统及其管网的终端为配水设施，即用水设施或用水点。生活给水系统的配水设施主要指卫生器具的给水配件，生产给水系统的配水设施主要指用水设备，消防给水系统的配水设施主要指室内消火栓、消防软管卷盘、自动喷水灭火系统中的各种喷头。计量仪表包括水量、流量、压力、温度和水位的专用仪表。例如水表、流量表、压力计、真空计、温度计和水位计等。

建筑内部给水的方式有：直接给水方式、设水箱的给水方式、设水泵的给水方式、设水泵和水箱的给水方式、分区给水方式、分质给水方式等。确定和选择给水方案时，应本着供水可靠性、安全性和节水节能效果的基本原则，技术上应做到：①尽量利用外部给水管网的水压直接供水。若外部管网水压和流量不能满足整个建筑物用水要求，则建筑物下层应利用外网水压直接供水，上层可设置加压和流量调节装置供水；②除高层建筑和消防要求较高的大型公共建筑和工业建筑外，一般情况下消防给水系统应与生活或生产给水系统共用一个供水系统，但应注意生活给水管道不能被污染；③生活给水系统中，卫生器具给水配件承受的最大工作压力不得大于规定值。

高层建筑的供水系统与一般建筑物的供水方式不同。高层建筑物层多、楼高，为避免低层管道中静水压力过大，造成管道漏水；启闭龙头、阀门时出现水锤现象，引起噪声；损坏管道、附件；低层放水时流量过大，水流喷溅，浪费水量和影响高层供水等弊病，高层建筑必须在垂直方向分成几个区，采用分区供水系统。城市给水网的供水压力往往不能满足高层建筑的供水要求，需要另行加压。所以在高层建筑的底层或地下室要设置水泵房，用水泵将水送到建筑上部的水箱。

消防给水系统是指以水为主要灭火手段的消防系统，具有使用方便、灭火效果好、价格便宜等优点，是建筑中的基本消防设施。消防给水系统主要有消火栓灭火系统和自动喷淋灭火系统两种形式。消火栓灭火系统是把室外给水系统提供的水量，经过加压（外网压力不足时）输送到固定的消火栓灭火设备中，是建筑物中最基本的灭火系统。该系统包括水源、供水设备、增压设备、管网及消火栓灭火设施。消火栓灭火设备由水枪、水带和消火栓组成，通常安装于消火栓箱内。自动喷淋灭火装置是一种能自动喷水灭火，同时发出火警信号的消防给水设备。自动喷淋灭火系统可分为单独的管道系统，也可以和消火栓消防合并为一个系统，但不允许与生活给水系统相连接。自动喷淋灭火系统由淋水喷头、淋火管网、控制信号阀和水源（供水设备）所组成。

建筑内部热水供应系统主要由两部分组成：一是热媒系统（第一循环系统）：由热源、水加热器和热媒管网组成；二是热水供水系统（第二循环系统）：由热水配水管网和回水管网组成。热水供应系统按热水供应范围可分为：局部热水供应系统，集中热水供应系统，区域热水供应系统；按热水管网的循环方式可分为：全循环供应系统，半循环热水供应系统，不循环热水供应系统；按热水管网的运行方式可分为：全日循环热水供应系统，定时循环热水供应系统；按热水管网循环动力可分为：自然循环方式，机械循环方式；按热水供应系统是否敞开可分为：闭式热水供应系统，开式热水供应系统。

2.9.2 排水工程

排水工程是指收集和排出人类生活污水和生产中各种废水、多余地表水和地下水（降低地下水位）的工程。主要设施有各级排水沟道或管道及其附属建筑物，视不同的排水对象和排水要求还可增设水泵或其他提水机械、污水处理建筑物等。主要用于农田、矿井、城镇（包括工厂）和施工场地等。因此，排水工程的基本任务是保护环境免受污染，以促进工农业生产的发展和保障人民的健康与正常生活。其主要内容包括：一是收集城市内各类污水并及时地将其输送至适当地点（污水处理厂等）；二是妥善处理后排放或再重复利用。

2.9.2.1 城镇排水系统体制

城镇生活和生产排出的水通常有生活污水、工业废水和雨水。这些水既可采用一个管渠系统来排除，也可采用两个或两个以上各自独立的管渠系统来排除。污水、废水和雨水不同排除方式所形成的排水系统，称为排水系统体制（简称为排水体制）。排水体制，一般分合流制和分流制两类。

（1）合流制排水体制。合流制排水体制是将生活污水、工业废水和雨水混合在同一个管渠内排除的系统，分为直排式和截流式。直排式合流制排水体制，是将排除的混合污水不经处理直接就近排入水体。采用这种排除形式，污水未经处理就排掉，会使受纳水体遭受严重污染。截流式合流制排水体制是在临河岸边建造一条截流干管，同时在合流干管与截流干管相交前或相交处设置溢流井，并在截流干管下游设置污水处理厂。这种排除形式虽然能减少一定的污染，但仍有部分混合污水未经处理就直接排放而使受纳水体遭受污染。

（2）分流制排水体制。分流制排水体制是将生活污水、工业废水和雨水分别在两个或两个以上各自独立的管道内排除的系统。排除生活污水、工业废水或城市污水的系统称为污水排水系统；排除雨水的系统称为雨水排水系统。由于排除雨水的方式不同，分流制排水系统又分为完全分流制、不完全分流制和半分流制三种。

合理确定和选择排水系统体制，是城镇和工业企业排水系统规划和设计的重要问题。它不仅从根本上影响排水系统的设计、施工、维护管理，而且对城镇和工业企业的规划和环境保护影响深远，同时也影响排水系统工程的总投资、初期投资费用以及维护管理费用。通常，排水系统体制的选择应根据城镇的总体规划，结合当地地形特点、水文条件、水体状况、气候特征、污水处理程度及处理后的再生利用等综合考虑后确定。

2.9.2.2 城镇排水系统组成

城镇排水系统的组成主要有：室内排水管道系统及设备、室外排水管道系统、排水泵站及压力管道、污水处理厂、出水口。室内排水管道系统及设备的作用是收集生活污水，并将其送至室外居住小区排水管道中。

在住宅及公共建筑内，各种卫生设备既是人们用水的容器，也是承受污水的容器，还是生活污水排水系统的起端设备。生活污水从这里经水封管、支管、竖管和出户管等室内管道系统流入室外街坊或居住小区内的排水管道系统。室外排水管道系统是分布在地面下，依靠重力流输送污水至泵站、污水处理厂或水体的管道系统，分为街坊或居住小区排水管道系统及街道排水管道系统。污水一般以重力流排除，但往往由于受地形等条件的限制而难以排除，这时就需要设泵站。污水处理厂由处理和利用污水、污泥的一系列构筑物及附属设施组成。城镇污水处理厂一般设置在城市河流的下游地段，并与居民点和公共建筑保持一定的卫生防护距离。污水排入水体的渠道和出口称为出水口，它是整个城镇污水排水系统的终点设备。

工业废水排水系统的组成主要有：车间内部管道系统及设备（用于收集各生产设备排出的工业废水，并将其送至车间外部的厂区管道系统中）；厂区管道系统（敷设在工厂内，用以收集并输送各车间排出的工业废水的管道系统。厂区工业废水的管道系统可根据具体情况设置若干个独立的管道系统）；污水泵站及压力管道；废水处理站（是厂区内回收和处理废水与污泥的场所）。

雨水排水系统的组成主要有：建筑物的雨水管道系统和设备（主要是收集工业、公共或大型建筑的屋面雨水，并将其排入室外的雨水管渠系统中）；居住小区或工厂雨水管渠系统；街道雨水管渠系统；排洪沟；出水口。

2.9.2.3 建筑内部排水系统

按系统接纳的污水、废水类型不同，建筑内部排水系统可分为三类：生活排水系统、工业废水排水系统和屋面雨水排除系统。建筑内部排水体制也分为分流制和合流制两种，分别称为建筑分流排水和建筑合流排水。

建筑内部排水系统的基本组成包括：卫生器具和生产设备的受水器、存水弯、排水管道系统、通气系统和清通设备。在有些排水系统中，根据需要还设有污废水的提升设备和局部处理构筑物。建筑内部排水系统应满足 3 个基本要求：①系统能迅速畅通地将污、废水排到室外；②排水管道系统气压稳定，有毒有害气体不进入室内，保持室内环境卫生；③管线布置合理，简短顺直，工程造价低。

屋面排水系统的主要作用是排除屋面的雨水和冰、雪融化水。按管道敷设的不同情况，可分为外排水系统和内排水系统两类。外排水系统的管道敷设在外，故室内无雨水管产生的漏、冒等隐患，且系统简单、施工方便、造价低，在设置条件具备时应优先采用。内排水是指屋面设雨水斗，建筑物内部设有雨水管道的雨水排水系统。对于跨度大、特别长的多跨工业厂房，在屋面设天沟有困难的锯齿形或壳形屋面厂房及屋面有天窗的厂房应考虑采用内排水形式。对于建筑立面要求高的高层建筑，大屋面建筑及寒冷地区的建筑，在墙外设置雨水排水立管有困难时，也可考虑采用内排水形式。

水资源是人类赖以生存和发展的基础，做好水资源的保护与利用，对于当前水资源紧缺的发展环境意义重大。目前给水排水工程面临的主要问题和挑战是：①城市供水规模日益增大，水质标准的要求不断提高；②埋地给水管网老化，漏损严重且管径相对偏小；③传统的净水处理工艺受到微污染水源水质的挑战；④水务市场化进程进入加速期；⑤水污染处理的迫切性与排水设施不健全的矛盾日益突出；⑥农村排水设施建设问题日益紧迫。面对这些问题与挑战，技术上要研究更加低耗高效环保的水处理工艺，进一步加强给水排水工程建设，且要不断提升给水排水工程全生命周期质量及运营能力；在理念与管理上，要继续深入推进全民节水意识，继续加强水源地立法保护力度，加强生态环保意识，贯彻绿色和可持续发展理念。

2.10 环境工程

环境工程是环境科学的一个分支，主要研究如何保护和合理利用自然资源，利用科学的手段解决日益严重的环境问题、改善环境质量、促进环境保护与社会发展。

是研究和从事防治环境污染和提高环境质量的科学技术。环境工程同生物学中的生态学、医学中的环境卫生学和环境医学，以及环境物理学和环境化学有关。由于环境工程处在初创阶段，学科的领域还在发展，但其核心是环境污染源的治理。

美国土木工程师学会环境工程分会对环境工程的定义是：通过健全的工程理论与实践来解决环境卫生问题，主要包括提供安全、可口和充足的公共给水；适当处理与循环使用废水和固体废物；建立城市和农村符合卫生要求的排水系统；控制水、土壤和空气污染，并消除这些问题对社会和环境所造成的影响。

环境工程与土木工程密切相关，互相影响与作用。环境工程在土木工程的基础上逐步发展、完善，内容不断丰富，不断解决人类生存与发展遇到的各种问题。很多环境工程与设施本身就是土木工程。随着社会的快速发展，城市化进程的不断加快，社会财富的不断积累，人类活动范围的不断扩大，人类对自然生态影响的不断增加，土木工程应更加重视解决环境问题，最大限度地降低对环境的破坏。

2.10.1 环境工程学的发展简介

1854年，对发生在英国伦敦宽街的霍乱疫情进行周密调查后发现，疫情爆发与传播是水井受到患者粪便污染所致（当时细菌学和传染病学还未建立，霍乱弧菌在1884年才发现）。此后推行了饮用水的过滤和消毒方法和措施，对降低霍乱、伤寒等水媒病的发生率取得了显著效果。于是卫生工程和公共卫生工程就从土木工程中逐步发展为新的学科，它包括给水和排水工程、垃圾处理、环境卫生、水分析等内容。

环境工程学是在人类同环境污染作斗争、保护和改善生存环境的过程中形成的。从开发和保护水源来说，中国早在公元前2300年前后就创造了凿井技术，促进了村落和集市的形成。后来为了保护水源，又建立了"持刀守卫水井"制度。从给水排水工程来说，中国在公元前2000多年以前就用陶土管修建了地下排水道。古代罗马大约在公元前6世纪就开始修建地下排水道。中国在明朝以前就开始采用明矾净水。英国在19世纪初开始用砂滤法净化自来水，在19世纪末采用漂白粉消毒。在污水处理方面，英国在19世纪中叶开始建立污水处理厂，20世纪初开始采用活性污泥法处理污水。20世纪中叶以来，随着全球一系列环境污染公害事件的相继发生并夺去成千上万人的生命，环境污染控制问题成为全球高度关注的问题，推动了环境工程学科的形成。此外，自产业革命以来，全球环境污染问题由水体污染逐步向大气污染、固体废弃物污染及城市噪声污染等多方向发展，环境工程所涉及的领域不断扩大，如今已成为涉及土木工程技术、生物生态技术、化工技术、机械工程技术、系统工程技术的综合交叉学科。

2.10.2 环境工程的主要研究内容

环境工程学是研究环境污染防治技术的原理和方法的学科，主要是研究对废气、废水、固体废物、噪声，以及对造成污染的放射性物质、热、电磁波等的防治技术。除包括环境污染防治技术外，环境工程学还包括环境系统工程、环境影响评价、环境工程经济和环境监测技术等。从环境工程学发展的现状来看，其基本内容主要有大气污染防治工程、水污染防治工程、固体废物的处理和利用、环境污染综合防治、环境系统工程等几个方面。

（1）环境污染防治工程。环境污染防治工程主要研究环境污染防治工程技术措施，并将其应用于环境污染治理。在防治对象上，包括水污染防治工程、大气污染防治工程、固体废弃物污染防治工程、噪声与振动控制工程等内容；在防治范围上，既包括利用单元操作和单元过程进行局部污染防治，也包括区域污染的综合防治。

水污染防治工程的主要任务是城镇和工业废水处理及治理水体污染。通过科学的系统规划、水体自净规律及其利用研究、城镇和工业废水治理技术措施和水污染综合防治，改善和保护水环境质量、合理利用水资源。大气污染防治工程的主要任务是研究人类排放的有害气态污染物的迁移转化规律，应用技术措施削减和去除大气污染物等，包括大气质量管理、烟尘治理技术、气体污染物治理技术及大气污染综合防治等。固体废弃物污染防治工程的主要任务是对工业废渣和城镇垃圾等进行减量化、资源化处理。噪声与振动控制工程的主要任务是进行声源与振动控制，对噪声进行隔音消声控制与处理。

（2）环境系统工程。环境系统工程以环境科学理论和环境工程的技术方法，综合运用系统论、控制论和信息论的理论以及现代管理的数学方法和计算机技术，对环境问题进行系统的分析、规划和管理，以谋求从整体上解决环境问题，优化环境与经济发展的关系。它主要包括环境系统的模式化和优化两个内容。如土地资源的合理利用和规划问题、城市生态工程的规划问题等，都是环境系统工程研究的重要内容和对象。

（3）环境质量评价。为控制环境污染、制定环境规划、促进国土整治和资源开发利用等提供科学依据，对环境质量现状进行定量判定和预测某项人类活动对环境质量的影响，称环境质量评价。通过区域或工程建设项目环境质量评价，应较全面地揭示评价区域的环境质量现状及其变化趋势；确定污染治理重点对象；预测和评价工程建设项目对周围环境可能产生的影响；为制定环境综合防治方案和城市总体规划及环境规划提供依据。城镇区域环境质量评价，应包括对污染源、环境质量和环境效应三方面的内容。

（4）环境工程的其他内容。环境与可持续发展是当今全球普遍关注的重大战略问题，不仅关系经济社会发展，而且关系人类的生存与健康。随着经济的高速发展，能源与其他自然资源消耗的不断增加，人类活动对自然环境影响的加大，环境成本也在持续增大。据统计，绿色 GDP 大约只占总 GDP 的 75%。绿色 GDP 等于总 GDP减去环境资源成本和环境资源保护服务费用后剩余的部分。发展低碳经济、提高绿色 GDP 的比重，既需要发展环境工程技术，也需要研究和应用新材料、清洁能源，更需要理念创新和管理创新。

2.11 土力学与地基基础工程

任何土木工程都不能建成空中楼阁，都必须建在大地上，即使海洋工程，也需要将其结构植根于海底。因此工程地质、岩土工程、基础工程的有关理论是土木工程专业知识体系的重要组成部分。学习和掌握这方面的知识，对从事土木工程专业十分重要。尽管土木工程中不同专业领域的工程其上部结构都有各自的特点，但无论是建筑工程、桥梁工程、道路工程，还是水利、港口工程都要遇到工程地质与岩土工程问题，都要进行基础工程的设计与施工。

土木工程建在大地上，支撑上部结构且一般有一定埋深的结构称为基础，与基础接触部分的岩土称为地基。从传力路径来说，上部结构的荷载要传递给基础，基础再将荷载传递给地基。基础和地基就是工程的"根基"。因此基础设计非常重要，可靠的地基基础，是任何工程安全的前提。

工程建设必然遇到两个问题，一是对地表土层进行开挖，即开挖基坑或基槽，或进行场地的挖、填、平整等；二是要对地基进行处理并设计基础。前者属于岩土工程问题，后者属于地基基础工程的问题。岩土工程所涉及的面更广，地基基础工程所涉及的面稍窄。解决岩土工程和地基基础问题，不仅要认识和掌握工程地质的知识和理论，还要掌握土力学知识及理论。在岩土工程、基础工程中，工程地质是基础，其涉及的内容十分宽广，如水文地质、土质学、区域工程地质、工程地质勘察等。

2.11.1 工程地质

人类所进行的工程建设活动都是在地壳表层进行的。这一表层主要由岩石和土组成。岩石和土的形成、构造、分层、组成、性质及其水文情况不同，其物理力学性质也不同，而且十分复杂，具有显著的多变性和区域性特点。在工程建设中，首先要了解工程地质条件和工程地质环境，然后才能进行基础工程设计和施工。

工程地质主要研究地形地貌的形成及其特点，地质年代与岩土的性质，矿物、岩石及土的种类及形成，地震地质、岩土工程性质、地下水、地质灾害、环境地质等。工程建设中，岩土工程及基础工程的主要任务是了解工程地质的形成、岩土工程性质、不良地质条件、地下水及其对岩土工程性质的影响等，在此基础上进行工程设计与施工。

地球表面的地形、地貌及岩土的成分、分布、厚度及工程特性，取决于地质作用。地质作用有两种主要类型：

（1）内力地质作用。由地球自转旋转能产生，表现为岩浆活动、地壳运动和变质作用。

（2）外力地质作用。由太阳辐射能和地球重力势能引起，如季节和昼夜温度变化、雨雪、山洪、河流、冰川、风及生物对母岩产生的风化、剥蚀、搬运与沉积作用等。

错综复杂的地质作用，形成了各种成因的地形，称为地貌。地表形态按其不同的成因，划分为相应的地貌单元。

除地质作用外，土与岩石的工程性质还与地质年代有关，生成年代越早，其工程性质越好。根据地层对比和古生物学方法，把地质相对年代划分为五大代，下分纪、世、期，相应的地层单元为界、系、统、层。

工程地质中所指的岩石，按成因可分为岩浆岩（火成岩）、沉积岩（水成岩）和变质岩；岩石按坚固性分为硬质岩石和软质岩石两类；按风化程度分为未风化、微风化、中等风化和强风化四类。

工程地质中所指的土，是地表岩石经物理力学风化，剥蚀成岩屑、黏土矿物及化学溶解物质，再经搬运、沉积而形成的沉积物。年代不长、未经压密硬结成岩石之前，呈松散状态，称为第四纪沉积层，即"土"。它分为残积层、坡积层、洪积层、冲积层、海相沉积层和湖沼沉积层。

一些不良的地质条件，如断层、岩层节理发育的场地、滑坡等常常导致工程事故，工程中要特别注意这些不良地质条件的勘察，工程建设中应尽量避开这些不利的场地，或要采取可靠的工程技术措施，消除不良地质条件对工程可能造成的威胁。

地下水不仅对岩土的工程性质有较大影响，而且对岩土的开挖、基础的埋深、施工排水、地下室防水、地下室上浮等都有重要影响。工程建设中必须对地下水对工程的影响予以足够的重视。地下水水位变化有可能会引起地上建筑的不均匀沉降、地表的沉陷等；地下水中的侵蚀性介质还会对基础或地下结构造成损害。

要了解和掌握工程建设场地的工程地质情况，必须对场地的地质情况进行勘探。工程地质勘探的目的是根据工程建设的要求，查明、分析、评价场地的地质、环境特征和岩土工程条件。在工程建设的前期，做好工程勘察、编制勘察文件，是工程建设的重要技术工作之一，对工程项目进行可行性分析，确定设计与施工应采取的技术方案与主要技术措施等，都具有重要意义。

2.11.2 土力学

顾名思义，土力学就是有关土的力学。主要研究土的物理性质与工程分类、土的压缩性、土的抗剪强度、土压力等。任何土木工程都坐落于地基之上，如何分析判断其稳定性，如何保证其稳定性，如何分析设计基础，都必须借助土力学的有关理论。

从古代社会人类建设居舍开始，就不断积累有关土力学与基础工程方面的经验与知识。古今中外留下了很多建筑遗产，历经几百年，有的甚至逾千年，至今仍巍然屹立，且变形和沉降都非常微小，说明基础工程技术与建筑材料生产技术及结构建造技术并行发展。但直到18世纪工业革命后，随着城市建设、水利工程和道路桥梁的大量建设，才真正推动了土力学的发展，使其成为一门完整的科学，为基础工程的设计与施工奠定了理论基础。

分析设计基础，一要了解和掌握土的种类、组成及工程性质；二要掌握土的压缩性及其沉降计算方法。基础稳定基于稳定而微小的沉降变形，土的压缩性及沉降计算方法，为基础的沉降计算提供了理论依据与计算方法；三要掌握地基承载能力计算方法。基础将荷载传递给地基，地基能否承受？基础需要多大？要用地基的承载能力理论来分析解决。地基承载能力理论的基础是土的剪切强度理论。与混凝土、钢材等结构材料相比，由于土的性质及荷载作用于地基的方式不同，决定地基承载能力的主要因素是土的剪切强度；四要掌握土压力理论，在工程建设中一般都要遇到基坑开挖、边坡工程等方面的问题，要设计各类挡土墙、支护桩，分析计算边坡的稳定性，这些问题都要应用土压力理论来解决。用水桶盛水，我们会计算水对桶壁的压力，那么把桶中装满砂子或黏土，这时土压力如何分析计算？简单地说，土力学就是解决这方面问题的学科。

2.11.3 基础工程

地基是指承受基础传来的建筑物全部荷载的那一部分土层。各类建筑物是通过基础将荷载传递到地基土层中去，所以地基的好坏不仅关系到地基是否需要处理的问题，而且对建筑物的设计、建设费用、工期等都会产生很大的影响。

地基在保持稳定的条件下，单位面积所能承受的最大压力称为地基的承载力，为了保证建筑物的稳定和安全，必须控制建筑物基础底面的平均压应力不超过地基承载力特征值。直接承受基础底面以上荷载的土层叫做地基持力层，持力层以下的土层称为下卧层。

　　将上部结构荷载传递到地基上，连接上部结构与结构物最下部的构件或部分结构称为基础（图2-89）。基础一般应埋入地下一定的深度，进入较好的地层。根据基础埋置深度的不同可分为浅基础和深基础。通常把埋置深度不大（3～5m），只需经过挖槽、排水等普通施工程序就可以建造起来的基础称为浅基础；反之，若浅层土质不良，须把基础埋置于深处的良好地层时，就需要建造各种类型的深基础（如桩基、墩基、沉井和地下连续墙等）。

　　基础工程的内容包括基础设计、基础处理等。基础设计中，首先应根据工程勘探报告提供的工程地质情况、土层承载能力及基础设计建议，确定基础类型。工程中常用的基础类型很多，主要有天然地基上的浅基础、桩基础与深基础。天然地基上的浅基础主要有无筋扩展基础（图2-90）、钢筋混凝土柱下独立基础（图2-91）、十字交叉基础（图2-92）、筏板基础（图2-93）和箱形基础（图2-94）等。桩基础的类型很多，根据受力形式可分为：端承桩、摩擦桩、端承摩擦桩（图2-95）；根据材料可分为：混凝土桩、钢板桩、木桩等；根据施工方法可分为：预制桩、灌注桩、人工挖孔桩等。桩基础是工程中最常用的基础形式。在高层建筑结构中，由

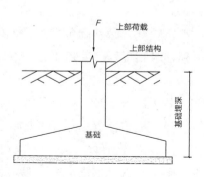

图 2-89 基础传力示意

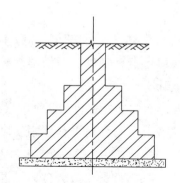

图 2-90 无筋扩展基础

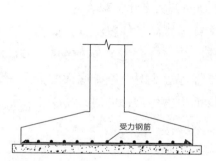

图 2-91 钢筋混凝土柱下独立基础

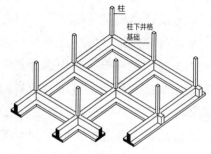

图 2-92 十字交叉基础

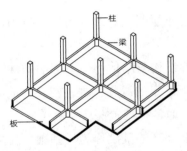

图 2-93 钢筋混凝土筏板基础

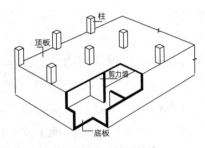

图 2-94 钢筋混凝土箱形基础

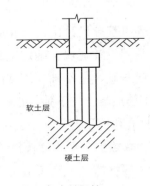

（a）端承桩

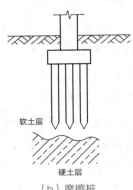

（b）摩擦桩

图 2-95 桩基

于上部结构荷载较大，桩基础的技术性和经济性都比较好。深基础包括沉井基础、地下连续墙、群桩基础、箱桩基础等，在桥梁工程、水利工程、港口工程中经常会遇到深基础。

基础形式的选择主要与两个因素有关，一是建（构）筑物上部结构的形式、规模、用途、荷载大小与性质、整体刚度以及对不均匀沉降的敏感性等；二是场地的工程地质条件、岩土工程性质、地下水位及性质等。基础选型应做到科学合理、安全可靠、因地制宜。基础材料一般为砌体、混凝土、钢筋混凝土或钢。钢筋混凝土是最常用的基础材料，在多层建筑、小型的桥涵中也用砌体，桩基中可用钢板、型钢或钢管桩。基础选型后才能进行具体的基础设计，确定基础的截面尺寸、配筋率等。

室外设计地面至基础底面之间的垂直距离称为基础的埋置深度，简称基础的埋深。基础按埋置深度大小分为浅基础和深基础。从经济和施工角度考虑，基础的埋深愈小，施工愈简单，工程造价愈低，但基础埋深过小时，基础底面的土层受到压力后会把基础四周的土挤出，使基础产生滑移而失去稳定；同时，易受自然因素的侵袭和影响，使基础破坏，所以基础埋深不宜过小。

基础的埋置深度应符合下列要求：一般天然地基，不宜小于建筑物高度（室外地面至主体结构顶板上皮）的 1/5，且不小于 3m；岩石地基，可不考虑埋置深度的要求，但应验算倾覆，当不满足时应采取可靠的锚固措施；桩基不宜小于建筑物高度的 1/18（桩长不计在内，埋置深度算至承台底面）；天然地基中的基础埋置深度，不宜大于邻近的原有房屋基础，否则应有足够的间距（可根据土质情况取高差的1.5 ~ 2.0 倍）或采取可靠措施，确保在施工期间及投入使用后相邻建筑物的安全和正常使用。

工程场地的岩土工程性质差别很大，经常会遇到软弱地基、不良地基、液化地基等问题。为提高地基的承载力及稳定性、减小地基沉降变形和不均匀变形、防止地震时的地基液化，常常需要对地基进行处理。地基处理的目的是采用各种地基处理方法以改善地基条件，这些措施包括以下 5 个方面的内容。

（1）改善压缩特性。地基的高压缩性表现在建筑物的沉降和差异沉降大，因此需要采取措施提高地基土的压缩模量。

（2）改善剪切特性。地基的剪切破坏表现在建筑物的地基承载力不够；使结构失稳或土方开挖时边坡失稳；使邻近地基产生隆起或基坑开挖时坑底隆起。因此，为了防止剪切破坏，就需要采取提高地基土的抗剪强度的措施。

（3）改善透水特性。地基的透水性表现在堤坝、房屋等基础产生的地基渗漏；基坑开挖过程中产生流砂和管涌。因此需要研究和采取使地基土不透水或减少其水压力的措施。

（4）改善动力特性。地基的动力特性表现在地震时粉、砂土将会产生液化；由于动荷载或打桩等原因，使邻近地基产生振动下沉。因此需要研究和采取使地基土防止液化，并改善振动特性以提高地基抗震性能的措施。

（5）改善特殊土的不良地基的特性。改善特殊土的不良特性，包括软土、湿陷性黄土、膨胀土、红黏土和冻土等地基。例如消除或减少黄土的湿陷性和膨胀土的胀缩性等地基处理的措施。

地基处理的方法很多，实际工程中应根据岩土的工程性质、工程特点及要求，选择合理的方案。软弱土地基的处理方法，通常有换填法、排水固结法、深层搅拌法、高压喷射注浆法、强夯法、挤密法、加筋土法、化学灌浆法等。

（1）换填法。当建筑物基础下的持力层比较软弱、不能满足上部结构荷载对地基的要求时，常采用换土垫层来处理软弱地基。即将基础下一定范围内的土层挖除，然后回填以强度较大的砂、碎石或灰土等，同时用人工或机械方法进行表层压、夯、振动等处理至密实，满足工程要求，这种处理方法称为换填法。

（2）排水固结法。排水固结法亦称预压法，是一种有效的软土地基处理方法。该方法的实质是在建筑物或构筑物建造前，先在拟建场地上施加或分级施加与其相当的荷载，使土体中孔隙水排出，孔隙体积变小，土体密实，提高地基承载力和稳定性。

（3）深层搅拌法。深层搅拌法是利用深层搅拌机将水泥或石灰和地基土原位搅拌形成圆柱格栅状或连续墙水泥土增强体，形成复合地基以提高地基承载力，减小沉降，也常用它形成防渗帷幕。适用于处理正常固结的淤泥与淤泥质土、粉土、饱和黄土、素填土、黏性土以及无流动水的饱和松散砂土等地基。

（4）高压喷射注浆法。高压喷射注浆法又称旋喷法，是20世纪70年代发展起来的一种先进的土体深层加固方法。它是利用钻机把带有喷嘴的注浆管钻至土层的预定位置后，以高压设备使浆液或水成为20MPa左右的高压流从喷嘴中喷射出来，冲击破坏土体。当能量大、速度快和呈脉动状的喷射流的动压超过土体结构强度时，土粒便从土体剥落下来，一部分细小的土粒随着浆液冒出水面，其余土粒在喷射流的冲击力、离心力和重力等作用下，与浆液搅拌混合，并按一定的浆土比例和质量大小有规律地重新排列。浆液凝固后，便在土中形成一个固结体。

（5）强夯法。强夯法是法国梅纳（L.Menard, 1969）首创的一种地基处理方法。用几吨至几十吨重锤，从几米至几十米高处落下，反复多次夯击地面，对地基土进行强力夯击。与重锤夯实不同，它是通过强大的夯击力在地基中产生动应力与振动，从地面夯击点发出的纵波和横波传到土层深处，使地基浅层和深层产生不同程度的加固。经强夯处理后的地基承载力可提高2～5倍，影响深度可达10m以上，且可显著提高地基土的压缩模量。对低饱和度的细粒土采用强夯密实法处理后，压缩模量可达13～18MPa，最大可达20MPa。

（6）挤密法。土桩或灰土桩挤密法是处理地下水位以上的湿陷性黄土、新近堆积黄土、素填土和杂填土的一种地基加固方法。它是利用打入钢套管（或振动沉管、炸药爆破）在地基中成孔，通过"挤"压作用，使地基土中的孔隙得到密实，然后在孔中分层填入素土（或灰土、粉煤灰加石灰、水泥土等）后，夯实而成土桩（或灰土桩）的。处理后土桩或灰土挤密桩与桩间土共同组成复合地基，以承受基底以上荷载。

（7）加筋土法。加筋土是一种在土中加入加筋材料而形成的复合土。现代加筋土技术是由法国工程师 Hemi Vidal 于20世纪60年代首先提出的，20世纪80年代初引入我国，现已在水利、铁路、公路、港口和建筑中得到大量应用，解决了许多土木工程中的技术难题，取得了良好的社会效益和经济效益。在土中加入加筋材料可以提高土体的强度，增强土体的稳定性。目前在工程中应用较多的是加筋土挡墙、加筋土边坡、加筋土地基（软基处理）。加筋土是柔性结构物，能够适应地基轻微的变形，填土引起的地基变形对加筋土挡土墙的稳定性影响比对其他结构物小，它是一种很好的抗震结构物；加筋土地基的处理也较简便，造价比较低，具有良好的经济效益。

（8）化学灌浆法。化学灌浆法是将有流动性和胶凝性的化学浆液，按照一定的浓度，通过特设的灌浆孔，压送到岩土中去，浆液进入岩土裂隙或孔隙中，经扩散、充填其空隙后，硬化、胶结成整体，以增加地层强度、降低地层渗透性、防止地层变形和进行混凝土建筑物裂缝修补的一项加固基础、防水堵漏和混凝土缺陷补强技术。根据灌浆压力和浆液浓度的不同，可分为压密灌浆、劈裂灌浆和渗透灌浆。

2.11.4 边坡工程

　　土木工程中还会经常遇到边坡工程问题。边坡分两类，一是自然边坡，二是人工边坡。所谓自然边坡，就是地壳隆起和下陷形成的边坡；人工边坡就是人类工程活动形成的边坡，如开挖基坑、修筑道路等形成的开方边坡或构筑边坡（图2-96、图2-97）。

图 2-96 公路边坡

图 2-97 建筑基坑边坡

　　边坡在重力作用、雨水冲刷或上部荷载的作用下，很容易失去稳定，产生滑坡。大面积的滑坡不仅会影响周围建筑及其他工程的安全、影响交通和人类的活动，而且还可能带来大量人员伤亡，形成地质灾害。在公路、铁路、水利、建筑等工程建设中，都要解决因开挖山体、基坑等形成的边坡工程问题。因此在工程建设中，边坡的稳定分析与防治技术、边坡监测及灾害预防等都十分重要，是土木工程专业工程技术人员应了解和掌握的重要专业知识。

2.12 建设工程项目规划、设计、施工与运营概述

　　以上各节主要讲述了土木工程各领域及其相关领域的对象及其内容。在建筑工程部分还简单地介绍了项目建设的一些基本程序。为了帮助读者更好地了解土木工程建设的主要内容及程序，本节简要介绍土木工程项目规划、设计、施工及运营的基本知识，以便读者能结合具体工程领域的工程对象，系统而整体地了解和掌握土木工程规划、设计、施工及运营所涉及的技术、管理、经济、法律方面的内容。

2.12.1 建设工程项目立项与建设基本程序

建设工程项目立项，就是向建设项目所在地发改委呈报项目建议书或项目可行性研究报告，取得发改委同意立项行政审批文件的过程。立项是项目前期工作的一部分，又称项目可行性研究报告批复。

项目前期工作一般包括项目建议书、可行性研究等，完成可行性研究，标志着前期工作正式完成，并进入施工准备阶段。由于投资主体、投资的行业、投资规模、项目性质（盈利与非盈利等）的差异，政府有着不同的项目报批规定。

建设基本程序是指建设项目从设想、选择、评估、决策、设计、施工到竣工验收、投入使用整个建设过程中，各项工作必须遵循的先后次序的法则。它反映基本建设工作的内在联系，是从事基本建设工作的部门和人员都必须遵守的行动准则。按照建设项目发展的内在联系和发展过程，建设程序分成若干阶段，这些发展阶段有严格的先后次序，既不能任意颠倒、更不能违反它的发展规律。几十年的基本建设正反两方面的经验和教训告诉我们，违反建设程序，工程就会出乱子，甚至会带来无法挽回的重大损失。国内一般建设工程项目的程序如图2-98所示。

按现行国家和地方的有关规定，从建设前期工作到建设、投产，基本建设项目一般要经历投资决策阶段、勘察设计阶段、建设准备阶段、建设实施阶段、竣工验收和交付使用阶段5个阶段。

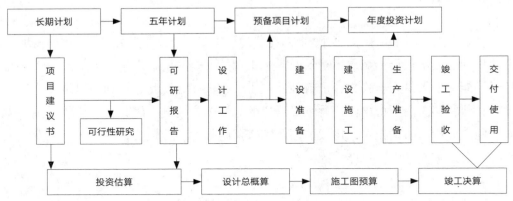

图 2-98 建设程序简图

2.12.1.1 投资决策阶段

投资决策阶段主要工作包括完成项目建议书、可行性研究等内容。

1. 项目建议书

项目建议书是由项目法人单位编制的建设某一项目的建议性文件，主要说明拟建项目建设的必要性、条件的可行性、获利的可能性，并以分析必要性为主，对拟建项目提出一个轮廓设想。

项目建议书经批准后，只是表明项目可以进行详细的可行性研究工作，它不是项目的最终决策，并不说明项目非上不可。为了进一步做好项目的前期工作，从编制"八五"计划开始，在项目建议书前又增加了探讨项目阶段，凡是重要的大中型项目都要进行项目探讨，经探讨研究初步可行后，再按项目隶属关系编制项目建议书。

项目建议书的内容，视项目的不同情况而有繁有简。一般应包括以下几个方面：

（1）建设项目提出的必要性和依据；

（2）产品方案、拟建规模和建设地点的初步设想；

（3）资源情况、建设条件、协作关系等的初步分析；

（4）投资估算和资金筹措设想；

（5）经济效益和社会效益的估计。

项目建议书按要求编制完成后，按照建设总规模和限额的划分审批权限，报批项目建议书。

2. 可行性研究

可行性研究是在项目建议书批准后着手进行的，是对项目在技术上是否可行和经济上是否合理进行科学的分析和论证。可行性研究主要有3个方面内容：一是市场研究，主要任务是解决项目的"必要性"问题；二是技术研究，主要解决项目在技术上"可行性"问题；三是效益研究，主要解决经济上的"合理性"问题。市场研究、技术研究和效益研究是构成项目可行性研究的三大支柱。通过对建设项目在技术和经济上的合理性进行全面分析论证和多种方案比较，提出评价意见，写出可行性研究报告。可行性研究报告经批准后，不得随意修改和变更。经过批准的可行性研究报告是初步设计的依据。凡是可行性研究未通过的项目，不得进行下一步工作。

各类建设项目可行性的内容不尽相同，一般工业建设项目的可行性研究应包括以下几个方面的内容：

（1）项目提出的背景、项目概况、问题与建议等；

（2）产出品与投入品的市场预测（容量、价格、竞争力和市场风险等）；

（3）资源条件评价（资源开发项目才包含此项，内容有资源可利用量、品质、赋存条件）；

（4）建设规模、产品方案的技术经济评价；

（5）建厂条件和厂址方案；

（6）技术方案、设备方案和工程方案；

（7）主要原材料、燃料供应；

（8）总图布置、场内外运输与公用辅助工程；

（9）能源和资源节约措施；

（10）环境影响评价；

（11）劳动安全卫生与消防；

（12）组织机构与人力资源配置；

（13）建设工期和项目实施进度；

（14）投资估算及融资方案；

（15）经济评价（财务评价和国民经济评价）；

（16）社会评价和风险分析等。

3. 可行性研究报告的审批

编制可行性研究报告是在项目可行性研究分析的基础上，选择经济效益最好的方案进行编制，它是确定建设项目、编制设计文件的重要依据。

（1）可行性研究报告的编制程序。建设单位根据国家经济发展的长远规划、经济建设的方针任务和技术经济政策，结合资源情况、建设布局等条件，在广泛调查研究、收集资料、踏勘建设地点、初步分析投资效果的基础上，提出需要进行可行性研究的项目建议书和初步可行性研究报告。当项目批准立项后，建设单位就可以委托有资格的工程咨询单位（或设计单位）进行可行性研究。

（2）可行性研究报告的审批。根据《国务院关于投资体制改革的决定》（国发〔2004〕20号），政府对于建设项目的管理分为审批、核准和备案三种方式。对于政府直接投资或资本金注入方式的，继续审批项目建议书、可行性研究报告。对于不使用政府性资金投资的建设项目，区别不同情况实行核准制和备案制。对于外商投资项目和境外投资项目，除中央管理企业限额以下投资项目实行备案管理以外，其他均需政府核准。

2.12.1.2 勘察设计阶段

工程勘察范围包括工程项目岩土工程、水文地质勘察和工程测量等。通常所说的设计勘察工作是在严格遵守技术标准、法规的基础上，对工程地质条件做出及时、准确的评价，为设计乃至施工提供可供遵循的依据，最终成果是工程地质勘察报告。

设计是对拟建工程项目的实施在技术上和经济上所进行的全面而详细的部署，是项目建设计划的具体化，是组织施工的依据。对一般不太复杂的中小型项目采用两阶段设计，即扩大初步设计（或方案设计）和施工图设计；对重要的、复杂的、大型的项目，经主管部门指定，可采用三阶段设计，即初步设计（或方案设计）、技术设计（或初步设计）和施工图设计。

（1）初步设计。初步设计是根据可行性研究报告的要求所做的具体实施方案，即编制拟建项目的方案图、说明书和总概算。它实质上是一项有规划性质的"轮廓"设计。目的是阐明在指定的时间、地点和投资控制限额内，拟建项目在技术上的可靠性和经济上的合理性。

（2）技术设计。技术设计是在初步设计的基础上，进一步确定建筑、结构、设备、防火、抗震等的技术要求，工业项目需要解决工艺流程、设备选型及数量确定等重大技术问题。在技术设计阶段，各专业相互提供资料、提出要求，并共同研究和协调编制拟建工程各专业图纸和说明书，为各专业编制施工图打下基础。对于不太复杂的工程，技术设计阶段可以省略，把这个阶段的一部分工作纳入初步设计阶段，称为"扩大初步设计"；另一部分工作在施工图设计中进行。

（3）施工图设计。施工图设计是在技术设计的基础上对设计项目的进一步形象化、具体化、明确化。施工图设计的主要任务是为工程项目施工提供技术文件，即在初步设计或技术设计的基础上，掌握材料供应、施工技术、设备等条件，综合建筑、结构、设备各专业内容，相互交底、核实核对，把项目建设标准、工程施工技术与质量要求反映在图纸中，做到整套图纸齐全统一，明确无误。施工图文件主要包括建筑施工图及说明、结构施工图及说明、设备（水暖电）施工图及说明。

我国实行施工图审查制度。施工图未经审查合格的，不得使用。建筑工程设计等级分级标准中的各类新建、改建、扩建的建筑工程项目均属审查范围。审查的内容包括：①建筑物的稳定性、安全性审查，包括地基基础和主体结构体系是否安全、可靠；②是否符合消防、节能、环保、抗震、卫生、人防等有关强制性标准、规范；③施工图是否达到规定的深度要求；④是否损害公众利益。施工图报审时应提供：全套施工图、批准的立项文件或初步设计批准文件、主要的初步设计文件、工程勘察成果报告、结构计算书及计算软件名称。

2.12.1.3 建设准备阶段

任何工程项目在开工建设之前都要做好各项准备工作，主要包括：征地、拆迁和场地平整；完成施工用给水、排水、电力、通信、道路等接通工作；准备必要的施工图纸，获得施工图设计文件审查报告和批准书；组织招标确定工程监理单位、施工单位及设备、材料供应商，公布中标通知书，签订施工与监理合同；建设单位、施工单位和监理单位确定工程项目的负责人和机构组成；办理工程质量监督和施工许可手续等。在准备和完善这些工作和相应手续的同时，施工单位根据审批的施工组织设计，清除施工现场的障碍物，对施工现场进行测量定位和放线、修建临时道路、围挡、施工临时用房等。

2.12.1.4 建设实施阶段

工程项目开工许可审批之后即进入项目建设施工阶段。建设实施阶段包括施工单位的建筑安装工程的实施和建设单位为生产所做的准备工作。这一阶段周期长，占用和耗费财力、物力和人力最多，是基本建设程序中的一个重要环节。要做到计划、设计、施工三个环节互相衔接，投资、工程内容、施工图纸、设备材料、施工力量五个方面落实，以保证建设计划的全面完成。

国家基本建设计划使用的投资额指标，是以货币形式表现的基本建设工作，是反映一定时期内基本建设规模的综合性指标。年度基本建设投资额是建设项目当年实际完成的工作量，包括用当年资金完成的工作量和动用库存的材料、设备等内部资源完成的工作量；而财务拨款是当年基本建设项目实际货币支出。投资额是以构成工程实体为准，财务拨款是以资金拨付为准。

在工程项目施工中，施工企业应当遵守有关环境保护和安全生产的法律、法规规定，做好建筑工程安全生产管理和文明施工。建筑工程安全生产管理必须坚持安全第一、预防为主的方针，建立健全安全生产的责任制度和群防群治制度。施工企业应对施工现场实行封闭管理，并采取维护安全、防范危险、预防火灾等措施；施工现场对毗邻的建筑物、构筑物和特殊作业环境可能造成损害的，应当采取安全防护措施；应采取控制和处理施工现场对环境造成污染和危害的各种粉尘、废气、废水、固体废物以及噪声、振动的措施。建筑施工企业在编制施工组织设计时，应当根据建筑工程的特点制定相应的安全技术措施；对专业性较强的工程项目，如高大支模和基坑支护工程，应当编制专项安全施工组织设计，并采取安全技术措施。

施工前应明确工程质量、工期、成本、安全、环保等目标，认真做好图纸会审工作，编制施工组织设计和施工预算，统筹资源计划。施工中要严格按照施工图施工，如需要变动应取得设计单位同意，要坚持合理的施工程序和顺序，要严格执行施工验收规范，按照质量检验评定标准进行工程质量验收，确保工程质量。对质量不合格的工程要及时采取处理措施，不留隐患。不合格的工程不得交工。施工单位必须按合同规定的内容全面完成施工任务。

2.12.1.5 竣工验收阶段

竣工验收是为了检查竣工项目是否符合设计要求而进行的一项工作，是全面考核建设成本、检验设计和施工质量的重要步骤，也是项目由建设转入生产或使用的重要标志。通过竣工验收可以检查项目实际形成的生产能力或效益。

2.12.2 土木工程施工

土木工程施工一般包括施工技术与施工项目组织管理两大部分。施工技术是以各工种工程，包括土石方工程、基础工程、砌筑工程、混凝土工程、防水工程、装饰装修工程等施工技术为研究对象。施工项目组织管理是以科学编制一个工程的施工组织设计为研究对象，编制出指导施工的施工组织设计，合理地使用人力、物力、空间和时间，着眼于各工种施工中关键工序的安排，使之有组织、有秩序地施工。

土木工程施工组织设计是用以规划部署施工生产活动，制定先进合理的施工方法和技术组织措施，以及用以指导施工的技术、经济和管理的综合性文件。它根据建筑产品及其生产的特点，按照产品生产规律，运用先进合理的施工技术和流水施工基本理论与方法，使建筑工程的施工得以实现有组织、有计划地连续均衡生产，从而达到工期短、质量好、成本低的目的。

土木工程是庞大的建筑物与构筑物，与工业产品相比具有迥然不同的特殊性。土木工程产品单一、固定与庞大的特性，决定了土木工程施工的复杂性，没有统一的模式与章法。施工技术必须兼顾天时、地利、人和，因地制宜，充分认识主客观条件，选用最合适的方法，经过科学组织来实现施工。所谓的施工也就是施工技术加施工管理，其中施工技术一般就是指完成一个主要工序或分项工程的单项技术，施工管理则是优化组合单项技术，科学地实施物化劳动与活劳动的结合，最终形成土木工程产品。技术是生产力，管理也是生产力，二者是同样重要的。因为没有科学的组织管理，技术效果不能发挥，而没有先进技术，管理也就没有了基础，两者是相辅相成的。

施工组织设计编制后，必须依照有关规定，按程序进行审批，以保证编制质量。审批后，各项施工活动必须符合组织设计要求，施工各管理部门都要按照施工组织设计规定内容安排工作，共同为施工组织设计的顺利实施，分工协作，尽力尽责。

根据工程的特点、规模大小及施工条件的差异、编制深度和广度的不同而形成的不同种类的施工组织设计，包括施工组织规划设计、施工组织总设计、单位工程施工组织设计、分部（分项）工程施工组织设计。

（1）施工组织规划设计。施工组织规划设计是在初步设计阶段编制的。其主要目的是根据施工工程的具体设计条件、资源条件、技术条件和经济条件，做出一个基本轮廓的施工规划，借以确定拟建工程在指定地点和规定期限内进行建设的经济合理性和技术可能性，为国家审批设计文件时提供参考和依据，并使建设单位能据此进行初步的准备工作，也是施工组织总设计的编制依据。

（2）施工组织总设计。施工组织总设计是以一个建设项目或建筑群为编制对象，用以指导其施工全过程各项活动的技术、经济的综合性文件。它是整个建设项目施工的战略部署文件，其范围广，内容比较概括。它是在初步设计或扩大初步设计批准后，由总承包单位牵头，会同建设、设计和其他分包单位共同编制的。它是施工组织规划设计的进一步具体化的设计文件，也是单位工程施工组织设计的编制依据。

（3）单位工程施工组织设计。单位工程施工组织设计是以单位工程（一个建筑物、构筑物或一个交竣工系统）为编制对象，用以指导其施工全过程各项活动的技术、经济的综合性文件。它是施工组织设计的具体化设计文件，其内容更详细。它是在施工图完成后，由工程项目部负责组织编制的。它是施工单位编制季度、月份和分部（项）工程作业设计的依据。

（4）分部（分项）工程施工组织设计。分部（分项）工程施工组织设计是以施工难度较大或技术较复杂的分部、分项工程（如复杂的基础工程、特大构件的吊装工程、大量土石方的平整场地工程等）为编制对象，用来指导其施工活动的技术、经济文件。它结合施工单位的月、旬作业计划，把单位工程施工组织设计进一步具体化，是专业工程的具体施工设计文件。一般在单位工程施工组织确定了施工方案后，由项目部技术负责人编制。

施工组织设计应根据地区环境的特点，解决施工过程中可能遇到的各种难题。对于不同类型的土木工程项目，其施工的重点和难点也各不相同，施工组织设计应针对这些重点和难点进行重点阐述。施工组织设计一般包括以下基本内容：工程概况、施工方案选择、施工进度计划、施工平面图、主要技术经济指标、主要施工管理计划等。

2.12.3 工程项目管理

工程项目是指在一定约束条件下（主要是限定资源、限定时间、限定质量），具有完整的组织机构和特定的明确目标的有组织的一次性工程建设工作或任务。工程项目尤其是建设工程项目是最为常见、最为典型的项目类型，它属于投资项目中最重要的一类，是一种投资行为和建设行为相结合的投资项目。工程项目具有以下特点：

（1）具有特定的对象。任何项目都应有具体的对象，工程项目的对象通常是具有预定要求的工程技术系统，而"预定要求"通常可以用一定的功能要求、实物工程量、质量等指标表达。

工程项目的对象在项目的生命周期中经历了由构想到实施、由总体到具体的过程。通常是在项目前期策划和决策阶段确定，在项目的设计和计划阶段被逐渐地分解、计划和具体化，并通过项目的实施过程一步步得到实现。工程项目的对象通常由可行性研究报告、项目任务书、设计图纸、规范、实物模型等定义和说明。

（2）一次性特点。任何工程项目作为整体来说是一次性的，不重复的。它经历了前期策划、批准、设计和计划、实施、运行的全过程，最后结束。即使在形式上极为相似的工程项目，例如两栋建筑造型和结构完全相同的房屋，也必然存在着差异和区别，比如实施时间不同、环境不同、项目组织不同、风险不同。所以它们无法等同，无法替代。

工程项目管理不同于一般的企业管理。通常的企业管理，特别是企业职能工作，虽然有阶段性，但它却是循环的、无终了的。而工程项目的一次性就决定了工程项目管理的一次性。工程项目的这个特点对工程项目的组织行为的影响尤为显著。

（3）有时间限制。人们对工程项目的需求有一定的时间限制，希望尽快地实现项目的目标，发挥项目的效用。在市场经济条件下，工程项目的作用、功能、价值只能在一定的时间范围内体现出来。没有时间限制的工程项目是不存在的，项目的实施必须在一定的时间范围内进行。

（4）有资金限制和经济性要求。任何项目都不可能没有财力上的限制，必然存在着与任务（目标）相关的（或匹配）预算（投资、费用或成本）。如果没有财力的限制，人们就能够实现当代科学技术允许的任何目标，完成任何项目。现代工程项目资金来源渠道多，投资呈多元化，对项目的资金限制越来越严格，经济性要求也越来越高。这就要求尽可能做到全面的经济分析、精确的预算和严格的投资控制。

（5）复杂性和系统性。现代工程项目规模大，范围广，投资大；具有新颖性，有新知识、新工艺的要求，技术复杂；由许多专业组成，有几十个、上百个甚至几千个单位共同协作，由成千上万个在时间和空间上相互影响、制约的活动构成；实施时间上经历构思、决策、设计、计划、采购供应、施工、验收到运行的全过程，项目使用期长，对全局影响大；受多目标限制，如资金限制、时间限制、资源限制、环境限制等，条件越来越苛刻。

2.12.3.1 工程项目管理的基本概念

工程项目管理是指从事工程项目管理的企业受业主委托，按照合同约定，代表业主对工程项目的组织实施进行全过程或若干阶段的管理和服务。工程项目管理企业不直接与该工程项目的总承包企业或勘察、设计、供货和施工等企业签订合同，但可以合同约定，协助业主与工程项目的总承包企业或勘察、设计、供货、施工等企业签订合同，并受业主委托监督合同的履行。

以工程建设作为基本任务的项目管理的核心内容可概括为"三控制、二管理、一协调"，即进度控制、质量控制、费用控制，合同管理、信息管理和组织协调。在有限的资源条件下，运用系统工程的观点、理论和方法，对项目的全过程进行管理。所以项目管理的基本目标有3个最主要的方面：专业目标（功能、质量、生产能力等），工期目标和费用（成本、投资）目标，它们共同构成项目管理的目标体系。

2.12.3.2 工程项目管理的特点

工程项目管理具有以下特点：

（1）工程项目管理有着明确的目标。工程项目管理的最重要的特点就是紧紧抓住工程项目的功能目标（结果），确保过程目标的实现。工程项目管理的过程目标就是在限定的时间内，在限定的资金、劳动力、材料等资源条件下，以尽可能快的进度、尽可能低的费用圆满完成项目任务，过程目标归结起来主要有3个，即工程进度、工程质量、工程费用。这3个目标的关系是独立的，且有对立统一、相互影响的辩证关系。并且对项目的每个组成部分，在项目的每一个阶段，项目的管理者均会有一定的具体目标。有了目标，也就有了努力的方向和行动的指导。

（2）工程项目管理是系统的管理。工程项目管理把其管理对象作为一个系统进行管理。既把建设项目作为一个整体管理，又分成单项工程、单位工程、分部工程、分项工程进行分别管理，然后以小的管理保大的管理，以局部成功保整体成功。所以，一个成功的项目必须有全面完整的项目管理结构系统，将项目的各职能工作、各参加单位、各项活动、各个阶段融合成一个完整有序的整体。

（3）工程项目管理遵循一定的规律。工程项目管理是一个复杂的系统工程，其每个过程和工序的管理和运行都是有规律的。工程项目管理作为一门科学，有其理论、原理、方法、内容、规则和规律，并形成了一系列的规范和标准，被广泛应用于项目管理实践，使工程项目管理成为专业性的、规律性的、标准化的管理，以此产生工程项目管理的高效率和高成功率。

（4）工程项目管理实施动态管理。工程产品具有单件性，且具有漫长的生产周期。各种计划均是工程管理人员、技术人员运用以往的知识和经验，对工程的实施预先设计的一套运作程序和实施方法，但由于人们知识经验的差异以及客观条件的变化，计划在实际执行中，难免会遇到不适用的部分，这就需要针对新情况进行修改或补充。这是一个动态的管理过程。

2.12.3.3 工程项目管理分类

工程项目管理按不同的原则，有不同的分类。若按项目管理者在建设过程中的工作性质和组织特征，工程项目管理主要分为建设项目管理、设计项目管理、施工项目管理及工程咨询项目管理等。

（1）建设项目管理。建设单位（业主）进行的项目管理，是指站在投资主体的角度对建设项目进行的全过程、全方位的管理。即建设单位在建设项目的生命周期内，用系统工程的理论、观点和方法，通过一定的组织形式和各种措施，对建设项目的建设过程进行计划、协调、监督、控制以达到保证建设项目质量、缩短建设工期、提高投资效益的目的。

建设项目管理的目标包括项目的投资目标、进度目标和质量目标。其中投资目标指的是项目的总投资目标。进度目标指的是项目投入使用的时间目标，如工厂建成可以投入生产、道路建成可以通车、商场可以开始营业的时间目标等。项目的质量目标不仅涉及施工的质量，还包括设计质量、设备质量和影响项目运行或运营的环境质量等。

（2）设计项目管理。设计项目管理是指设计单位受业主委托承担工程项目的设计任务后，根据设计合同所界定的工作目标及责任义务，对工程项目设计阶段的工作所进行的自我管理。设计方作为项目建设的一个参与方，其项目管理主要服务于项目的整体利益和设计方本身的利益。其项目管理的目标包括设计的成本目标、设计的进度目标和设计的质量目标，以及项目的投资目标。项目的投资目标能否实现与设计工作密切相关。

（3）施工项目管理。建筑业企业通过投标获得工程施工承包合同，并以施工承包合同所界定的工程范围组织项目管理，就叫施工项目管理。施工项目管理的目标包括工程施工质量（Quality）、成本（Cost）、交期（Delivery）、安全和现场标准化（Safety），简称 QCDS 目标体系。显然，这一目标体系既和整个工程项目目标相联系，又带有很强的施工企业项目管理的自主性特征。

施工方作为项目建设的一个参与方，其项目管理主要服务于项目的整体利益和施工方本身的利益。

（4）工程咨询项目管理。咨询单位是中介组织，所谓咨询服务就是当事人一方利用自己的知识、技术、经验和信息为另一方提供可行性论证、分析报告或解答问题、专题调查和进行项目委托管理等，它是政府、市场和企业之间的纽带。在市场经济活动中，咨询单位可以接受业主的委托，进行工程项目管理，其管理的范围不尽相同，有的是工程项目的全过程，有的是工程项目的一个阶段。

在国内，建设监理单位是一种特殊的工程咨询机构，它的工作本质就是咨询。建设监理单位受业主单位的委托，对设计和施工单位在承包活动中的行为和责权利进行必要的协调约束，对建设项目进行投资控制、进度控制、质量控制、信息管理和组织协调。这时，监理单位进行的施工阶段管理仍属建设项目管理，不能算作施工项目管理。

2.12.3.4 工程项目管理的职能

工程项目管理有众多职能。这些职能既是独立的，又是相互密切相关的，不能孤立地去对待它们。各种职能的协调共同作用，才能体现工程项目管理的高效力。这些职能主要有：

（1）策划职能。工程项目策划是把建设意图转换成定义明确、系统清晰、目标具体、活动科学、过程有效、富有战略性和策略性思路、高智能的系统活动，是工程项目概念阶段的主要工作。策划的结果是其他各阶段活动的总纲。

（2）决策职能。决策是工程项目管理者在工程项目策划的基础上，通过进行调查研究、比较分析、论证评估等活动，得出结论性意见，付诸实施的过程。一个工程项目，只有在做出正确决策之后的启动才有可能取得成功，否则就是盲目的、指导思想不明确的，就可能失败。

（3）计划职能。决策只解决启动的决心问题，根据决策做出实施安排、设计出控制目标和实现目标的措施的活动就是计划。计划职能决定项目的实施步骤、搭接关系、起止时间、持续时间、中间目标、最终目标及措施。它是目标控制的依据和方向。

（4）组织职能。组织职能是组织者和管理者个人把资源合理利用起来，把各种作业（管理）活动协调起来，使作业（管理）需要和资源应用结合起来的机能和行为，是管理者按计划进行目标控制的一种依托和手段。工程项目管理需要组织机构的成功建立和有效运行，从而起到组织职能的作用。

（5）控制职能。控制职能的作用在于按计划运行，随时收集信息并与计划进行比较，找出偏差并及时纠正，从而保证计划和其确定的目标的实现。控制职能是管理活动最活跃的职能，所以工程项目管理学中把目标控制作为最主要的内容，并对控制的理论、方法、措施、信息等作出了大量的研究，在理论和实践上均有丰富的建树，成为项目管理学中的精髓。

（6）协调职能。协调职能就是在控制的过程中疏通关系，解决矛盾，排除障碍，使控制职能充分发挥作用。所以它是控制的动力和保证。控制是动态的，协调可以使动态控制平衡、有力、有效。

（7）指挥职能。指挥是管理的重要职能。计划、组织、控制、协调等都需要强有力的指挥。工程项目管理依靠团队，团队要有负责人（项目经理），负责人就是指挥。他把分散的信息集中起来，变成指挥意图；他用集中的意图统一管理者的步调，指导管理者的行动，集合管理力量，形成合力。所以，指挥职能是管理的动力和灵魂，是其他职能无法代替的。

（8）监督职能。监督是督促、帮助，也是管理职能。工程项目与管理需要监督职能，以保证法规、制度、标准和宏观调控措施的实施。监督的方式有：自我监督、相互监督、领导监督、权力部门监督、业主监督、司法监督、公众监督等。

2.12.3.5 土木工程项目管理

土木工程项目是最常见、最典型的工程项目类型，土木工程项目管理是项目管理在土木工程项目中的具体应用。土木工程项目管理是指在一定的约束条件下，以土木工程项目为对象，以最优实现土木工程项目目标为目的，以土木工程项目负责制为基础，以土木工程承包合同为纽带，对土木工程项目进行高效率的计划、组织、协调、控制、监督的系统管理活动。

土木工程项目涉及建设单位、承包商、咨询单位、供应商、用户、政府、金融机构、公用设施（服务）和社会公众等众多利益相关方。土木工程项目最直接的相关方包括建设单位、承包商、咨询单位、供应商和政府，这些相关方都需要对其相关的部分进行管理。建设单位需要对建设项目进行管理，简称为建设项目管理（OPM）；设计单位需要对设计项目进行管理，简称为设计项目管理（DPM）；施工单位需要对施工项目进行管理，简称为施工项目管理（CPM）；供应商需要对供应项目进行管理，简称为供应项目管理（SPM）；咨询单位需要对咨询项目进行管理，简称为咨询项目管理；政府需要对工程项目实施监督管理，简称为政府监督管理。所以，可以认为土木工程项目管理是一个多主体的项目管理。

2.12.3.6 工程竣工验收

工程竣工验收指建设工程项目竣工后开发建设单位会同设计、施工、设备供应单位及工程质量监督部门，对该项目是否符合规划设计要求以及建筑施工和设备安装质量进行全面检验，取得竣工合格资料、数据和凭证的过程。

竣工验收，是全面考核建设工作，检查是否符合设计要求和工程质量的重要环节，对促进建设项目（工程）及时投产，发挥投资效果，总结建设经验有重要作用。

（1）竣工验收分类。竣工验收分单位工程（或专业工程）竣工验收、单项工程验收和全部工程验收。

单位工程验收指以单位工程或某专业工程内容为对象，独立签订建设工程施工合同，达到竣工条件后，承包人可单独进行交工，发包人根据竣工验收的依据和标准，按施工合同约定的工程内容组织竣工验收，比较灵活地适应了工程承包的普遍性。

按照现行建设工程项目划分标准，单位工程是单项工程的组成部分，有独立的施工图纸，承包人施工完毕，征得发包人同意，或原施工合同已有约定的，可进行分阶段验收。这种验收方式，在一些较大型的、群体式的、技术较复杂的建设工程中比较普遍地存在。中国加入世贸组织后，建设工程领域利用外资或合作进行建设的机会越来越多，采用国际惯例的做法也会日益增多。分段验收或中间验收的做法也符合国际惯例，它可以有效控制分项、分部和单位工程的质量，保证建设工程项目系统目标的实现。

单项工程验收指在一个总体建设项目中，一个单项工程或一个车间，已按设计图纸规定的工程内容完成，能满足生产要求或具备使用条件，承包人向监理人提交"工程竣工报告"和"工程竣工报验单"经签认后，向发包人发出"交付竣工验收通知书"，说明工程完工情况，竣工验收准备情况，设备无负荷单机试车情况，具体约定交付竣工验收的有关事宜。

对于投标竞争承包的单项工程施工项目，则根据施工合同的约定，仍由承包人向发包人发出交工通知书予以组织验收。竣工验收前，承包人要按照国家规定，整理好全部竣工资料并完成现场竣工验收的准备工作，明确提出交工要求，发包人应按约定的程序及时组织正式验收。对于工业设备安装工程的竣工验收，则要根据设备技术规范说明书和单机试车方案，逐级进行设备的试运行。验收合格后应签署设备安装工程的竣工验收报告。

全部工程验收指整个建设项目已按设计要求全部建设完成，并已符合竣工验收标准，应由发包人组织设计、施工、监理等单位和档案部门进行全部工程的竣工验收。全部工程的竣工验收，一般是在单位工程、单项工程竣工验收的基础上进行。对已经交付竣工验收的单位工程（中间交工）或单项工程并已办理了移交手续的，原则上不再重复办理验收手续，但应将单位工程或单项工程竣工验收报告作为全部工程竣工验收的附件加以说明。

对一个建设项目的全部工程竣工验收而言，大量的竣工验收基础工作已在单位工程和单项工程竣工验收中进行。实际上，全部工程竣工验收的组织工作，大多由发包人负责，承包人主要是为竣工验收创造必要的条件。

全部工程竣工验收的主要任务是：负责审查建设工程的各个环节验收情况；听取各有关单位（设计、施工、监理等）的工作报告；审阅工程竣工档案资料的情况；实地查验工程并对设计、施工、监理等方面工作和工程质量、试车情况等做综合全面评价。承包人作为建设工程的承包（施工）主体，应全过程参加有关的工程竣工验收。

（2）工程验收内容。工程验收内容主要包括：检查工程是否按批准的设计文件建成，配套、辅助工程是否与主体工程同步建成；检查工程质量是否符合国家和有关部门颁布的相关设计规范及工程施工质量验收标准；检查工程设备配套及设备安装、调试情况，国外引进设备合同完成情况（有相关内容时）；检查概算执行情况及财务竣工决算编制情况；检查联调联试、动态检测、运行试验情况；检查环保、水保、劳动、安全、卫生、消防、防灾安全监控系统、安全防护、应急疏散通道、办公生产生活房屋等设施是否按批准的设计文件建成、是否合格，精测网复测是否完成（根据项目需要）、复测成果和相关资料是否移交设备管理单位，工机具、常备材料是否按设计配备到位，地质灾害整治及建筑抗震设防是否符合规定；检查工程竣工文件编制完成情况，竣工文件是否齐全、准确；检查建设用地权属来源是否合法，面积是否准确，界址是否清楚，手续是否齐备等。

（3）竣工验收依据和条件。工程验收依据包括：上级主管部门对该项目批准的各种文件；可行性研究报告、初步设计文件及批复文件；施工图设计文件及设计变更洽商记录；国家颁布的各种标准和现行的施工质量验收规范；工程承包合同文件；技术设备说明书；关于工程竣工验收的其他规定；从国外引进的新技术和成套设备的项目以及中外合资建设项目，要按照签订的合同和进口国提供的设计文件等进行验收；利用世界银行等国际金融机构贷款的建设项目，应按世界银行规定，按时编制《项目完成报告》。

建设单位在收到施工单位提交的工程竣工报告，并具备以下条件后，方可组织勘察、设计、施工、监理等单位有关人员进行竣工验收：完成了工程设计和合同约定的各项内容；施工单位对竣工工程质量进行了检查，确认工程质量符合有关法律、法规和工程建设强制性标准，符合设计文件及合同要求，并提出工程竣工报告。该报告应经总监理工程师（针对委托监理的项目）、项目经理和施工单位有关负责人审核签字；有完整的技术档案和施工管理资料；建设行政主管部门及委托的工程质量监督机构等有关部门责令整改的问题全部整改完毕；对于委托监理的工程项目，具有完整的监理资料，监理单位提出工程质量评估报告，该报告应经总监理工程师和监理单位有关负责人审核签字。未委托监理的工程项目，工程质量评估报告由建设单位完成；勘察、设计单位对勘察、设计文件及施工过程中由设计单位签署的设计变更通知书进行检查，并提出质量检查报告。该报告应经该项目勘察、设计负责人和各自单位有关负责人审核签字；有规划、消防、环保等部门出具的验收认可文件；有建设单位与施工单位签署的工程质量保修书。

（4）竣工验收程序。工程竣工验收应遵循如下程序：工程完工后，施工单位向建设单位提交工程竣工报告，申请工程竣工验收。实行监理的工程，工程竣工报告必须经总监理工程师签署意见（施工单位在工程竣工前，通知质量监督部门对工程实体进行到位质量监督检查）；建设单位收到工程竣工报告后，对符合竣工验收要求的工程，组织勘察、设计、施工、监理等单位和其他有关方面的专家组成验收组，制定验收方案；建设单位应当在工程竣工验收 7 个工作日前将验收的时间、地点及验收组成员名单通知负责监督该工程的工程监督机构。

2.12.4 建设工程使用及其管理

2.12.4.1 建设工程质量保修制度

建设工程质量保修制度是指建设工程竣工经验收后，在规定的保修期限内，因勘察、设计、施工、材料等原因造成的质量缺陷，应当由施工承包单位负责维修、返工或更换，由责任单位负责赔偿损失的法律制度。建设工程质量保修制度对于促进建设各方加强质量管理，保护用户及消费者的合法权益可起到重要的保障作用。

1. 房屋建筑工程质量保修期限

建设单位和施工单位应当在工程质量保修书中约定保修范围、保修期限和保修责任等，双方约定的保修范围、保修期限必须符合国家有关规定。

在正常使用下，房屋建筑工程的最低保修期限为：

（1）地基基础和主体结构工程，为设计文件规定的该工程的合理使用年限；

（2）屋面防水工程、有防水要求的卫生间、房间和外墙面的防渗漏，为5年；

（3）供热与供冷系统，为2个采暖期、供冷期；

（4）电气系统、给水排水管道、设备安装为2年；

（5）装修工程为2年。

其他项目的保修期限由建设单位和施工单位约定。房屋建筑工程保修期从工程竣工验收合格之日起计算。

2. 房屋建筑工程质量保修责任

（1）房屋建筑工程在保修期限内出现质量缺陷，建设单位或者房屋建筑所有人应当向施工单位发出保修通知。施工单位接到保修通知后，应当到现场核查情况，在保修书约定的时间内予以保修。发生涉及结构安全或者严重影响使用功能的紧急抢修事故，施工单位接到保修通知后，应当立即到达现场抢修。

（2）发生涉及结构安全的质量缺陷，建设单位或者房屋建筑所有人应当立即向当地建设行政主管部门报告，采取安全防范措施；由原设计单位或者具有相应资质等级的设计单位提出保修方案，施工单位实施保修，原工程质量监督机构负责监督。

（3）保修完毕后，由建设单位或者房屋建筑所有人组织验收。涉及结构安全的，应当报当地建设行政主管部门备案。

（4）施工单位不按工程质量保修书约定保修的，建设单位可以另行委托其他单位保修，由原施工单位承担相应责任。

（5）保修费用由质量缺陷的责任方承担。

（6）在保修期内，因房屋建筑工程质量缺陷造成房屋所有人、使用人或者第三方人身、财产损害的，房屋所有人、使用人或者第三方可以向建设单位提出赔偿要求。

建设单位向造成房屋建筑工程质量缺陷的责任方追偿。因保修不及时造成新的人身、财产损害，由造成拖延的责任方承担赔偿责任。

3. 建设工程超过合理使用年限后需要继续使用的规定

《建设工程质量管理条例》规定，建设工程若超过合理使用年限后需要继续使用的，产权所有人应当委托具有相应资质等级的勘察、设计单位鉴定，并根据鉴定结果采取加固、维修等措施，重新界定使用期。

各类工程根据其重要程度、结构类型、质量要求和使用性能等所确定的使用年限是不同的。确定建设工程的合理使用年限，并不意味着超过合理使用年限后，建设工程就一定要报废、拆除。该建设工程经过具有相应资质等级的勘察、设计单位鉴定，提出技术加固措施，在设计文件中重新界定使用期，并经有相应资质等级的施工单位进行加固、维修和补强，达到能继续使用条件的可以继续使用。否则，如果违法继续使用的，所产生的后果由产权所有人负责。

2.12.4.2 工程回访制度

工程回访一般由施工单位领导组织生产、技术、质量、水电等有关部门人员参加。通过实地察看、召开座谈会等形式，听取建设单位、用户的意见、建议，了解建筑物使用情况和设备的运转情况等。每次回访结束后，执行单位都要认真做好回访记录。全部回访结束，要编写《回访服务报告》。施工单位应与建设单位和用户经常联系和沟通，对回访中发现的问题认真对待，及时处理和解决。主管部门应依据回访记录对回访服务的实施效果进行验证。工程回访的主要方式有：例行性回访、季节性回访、技术性回访和特殊工程专访。

（1）例行性回访。一般以电话询问、开座谈会等形式进行，每半年或一年一次，了解日常使用情况和用户意见；保修期满之前回访，对该项目进行保修总结，向用户交代维护和使用事项。

（2）季节性回访。雨季回访屋面及排水工程、制冷工程、通风工程；冬季回访锅炉房及采暖工程，及时解决发生的质量缺陷。

（3）技术性回访。主要了解在施工过程中采用了新材料、新设备、新工艺、新技术的工程，回访其使用效果和技术性能、状态，以便及时解决存在问题，同时还要总结经验，提出改进、完善和推广的依据和措施。

2.12.4.3 建设项目后评价

项目后评价是工程项目竣工投产、生产运营一段时间后，再对项目的立项决策、设计施工、竣工投产、生产运营等全过程进行系统评价的一种技术经济活动，是固定资产投资管理的一项重要内容，也是固定资产投资管理的最后一个环节。通过建设项目后评价，可以达到肯定成绩、总结经验、研究问题、吸取教训、提出建议、改进工作、不断提高项目决策水平和投资效果的目的。

项目后评价的内容包括立项决策评价、设计施工评价、生产运营评价和建设效益评价。在实际工作中，可以根据建设项目的特点和工作需要而有所侧重。

项目后评价的基本方法是对比法。就是将工程项目建成投产后所取得的实际效果、经济效益和社会效益、环境保护等情况与前期决策阶段的预测情况相对比，与项目建设前的情况相对比，从中发现问题，总结经验和教训。在实际工作中，往往从以下3个方面对建设项目进行后评价。

（1）影响评价。通过项目竣工投产（营运、使用）后对社会的经济、政治、技术和环境等方面所产生的影响来评价项目决策的正确性。如果项目建成后达到了原来预期的效果，对国民经济发展、产业结构调整、生产力布局、人民生活水平的提高、环境保护等方面都带来有益的影响，说明项目决策是正确的；如果背离了既定的决策目标，就应具体分析，找出原因，引以为戒。

（2）经济效益评价。通过项目竣工投产后所产生的实际经济效益与可行性研究时所预测的经济效益相比较，对项目进行评价。对生产性建设项目要运用投产运营后的实际资料计算财务内部收益率、财务净现值、财务净现值率、投资利润率、投资利税率、贷款偿还期、国民经济内部收益率、经济净现值、经济净现值率等一系列后评价指标，然后与可行性研究阶段所预测的相应指标进行对比，从经济上分析项目投产运营后是否达到了预期效果。没有达到预期效果的，应分析原因，采取措施，提高经济效益。

（3）过程评价。对工程项目的立项决策、设计施工、竣工投产、生产运营等全过程进行系统分析，找出项目后评价与原预期效益之间的差异及其产生的原因，使后评价结论有根有据，同时，针对问题提出解决办法。

以上3个方面的评价有着密切的联系，必须全面理解和运用，才能对后评价项目做出客观、公正、科学的结论。建设项目后评价对于提高项目决策科学化水平，促进投资活动规范化，弥补拟建项目从决策到实施完成整个过程中出现的缺陷，改进项目管理和提高投资效益等方面，发挥着极其重要的作用。

（1）建设项目后评价有助于项目本身的完善、提高和改进，并对今后项目评价和实施起指导作用。通过建设项目后评价，可以及时反映建设项目从立项到实施运营中的实际情况，发现问题，尽可能地采取适当的补救措施，改进执行方法，增强项目的后续能力。此外，项目后评价将在指导新建项目的选项、立项、评价、实施环节中发挥重要作用。

（2）建设项目后评价有助于国家更好地决策，使政策有更强的指导作用。通过建设项目后评价，可以发现国家在宏观经济管理中存在的问题，及时做出调整。此外，国家还要根据后评价提供的数据，修正某些不正确或过时的国民经济参数。

（3）建设项目后评价有利于提高管理水平。建设项目后评价首先要选择和确定评价组织结构。应根据项目后评价的概念、特点和职能，确定评价组织机构。评价组织机构应符合以下两方面的基本要求：一是满足客观性、公正性要求。只有项目后评价组织机构具有客观性、公正性，才能保证项目后评价的客观性、公正性。这就要求后评价组织机构要排除人为干扰，独立地对项目实施及其结果做出评估；二是具有反馈检查功能。项目后评价的作用主要是通过项目全过程的再评价并反馈信息，为投资决策科学化服务。因此要求后评价组织机构具有反馈检查功能，也就是要求后评价组织机构与计划决策部门具有通畅的反馈回路，以使后评价相关信息迅速地反馈到决策部门。因此，项目后评价的组织机构不能由项目原可行性研究单位、前评价单位及项目实施过程中的项目管理机构来担任。而应由一个独立的后评价组织机构来担任。

原则上，对所有竣工投产的投资项目都要进行后评价，项目后评价应纳入项目管理程序之中。但由于客观条件所限，不可能对所有投资项目都及时地进行后评价。现阶段，进行项目后评价的主要内容有：项目投产后本身经济效益明显不好的项目；国家急需发展的产业部门的投资项目，其中主要是国家重点投资项目，如能源、通信、交通运输、农业等项目；国家限制发展的产业部门的投资项目，如某些家用电器投资项目等；投资额巨大、对国计民生有重大影响的项目，如三峡工程等项目；一些特殊项目，如国家重点投资的新技术开发项目、技术引进项目等。

项目后评价是以大量的资料和数据为依据的，这些资料和数据的来源要可靠，一般应由后评价者亲自调查整理。在可靠的资料及数据的基础上，对所有资料和数据进行汇总、加工和分析，对需要调整的数据和资料要做科学和实事求是的调整。此时往往需要进一步补充测算相关的资料，以满足验证的需要。在数据整理分析和补正的基础上，编制各种评价报表及计算评价指标，并与前评价进行对比分析，找出差异及其原因，最终编制形成评价报告，并上报评价报告。

2.12.5 物业管理

物业是指已建成并投入使用的各类房屋及与之相配套的设备、设施和场地。各类房屋可以是住宅区，也可以是单体的其他建筑，还包括综合商住楼、工业厂房、仓库等。与之相配套的设备、设施和场地，是指房屋室内外各类设备、公共市政设施及相邻的场地、庭院、干道等。

根据使用功能的不同，物业可分为居住物业（如住宅小区、公寓、别墅、度假村等）、商业物业（如写字楼、商业大厦、商业广场、宾馆、酒店等）、工业物业（如工业厂房、仓库等）及其他物业（如车站、码头、医院、学校、体育场馆等）。物业类型与使用功能不同，物业管理的内容、要求和特点也不同。

物业管理的含义有广义和狭义之分。广义的物业管理概念是由物业引申出来的，它泛指一切为了物业的正常使用、经营而对物业本身及其业主和用户所进行的管理和提供的服务。一般来说，居住和使用的房屋建筑都存在需要广义物业管理服务的行为。现在我们通常使用的物业管理概念，主要是狭义的物业管理概念。它是指业主通过选聘物业服务企业，由业主和物业服务企业按照物业服务合同约定，对房屋及配套的设施设备和相关场地进行维修、养护、管理，维护物业管理区域内的环境卫生和相关秩序的活动。

物业管理的对象是物业，服务对象是人，是集管理、经营、服务为一体的有偿劳动，实行社会化、专业化、企业化经营之路，其最终目的是实现社会、经济、环境效益的同步增长。从物业管理的概念可以得出，物业管理具有服务性、社会性、专业性、经营性和综合性。

物业管理的根本宗旨是为全体业主和物业使用人提供并保持良好的生活、工作环境，尽可能满足他们的合理要求。尽管物业类型各有不同，但物业管理的基本内容是一样的，其基本内容按服务的性质和提供的服务方式可分为：常规性的公共服务、针对性的专项服务和委托性的特约服务三大类。

（1）常规性的公共服务是指物业管理中的基本管理工作，是物业管理企业面向所有住用人提供的最基本的管理与服务。主要包括房屋建筑主体的管理，房屋设备、设施的管理，环境卫生的管理，绿化管理，保安管理，消防管理，车辆道路管理，公众代办性质的服务。

（2）针对性的专项服务是指物业管理企业为改善和提高住用人的工作、生活条件，面向广大住用人，为满足其中一些住户、群体和单位的一定需要而提供的各项服务工作。专项服务的内容主要有日常生活类，商业服务类，文化、教育、卫生、体育类，金融服务类，经纪代理中介服务。

（3）委托性的特约服务是为满足物业产权人、使用人的个别需求受其委托而提供的服务，通常指在物业管理委托合同中未要求，物业管理企业在专项服务中也未设立，而物业产权人、使用人又提出该方面的需求，此时，物业管理企业应在可能的情况下尽量满足其需求，提供特约服务。如小区内老年病人的护理、接送子女上学、照顾残疾人上下楼梯、为住用人代购生活物品等。

阅读与思考

2.1 土木工程专业有哪些专业方向？与土木工程专业相关的专业有哪些？

2.2 土木工程专业主要解决什么问题？建筑设计与结构设计有什么区别和联系？

2.3 简要说明结构分析的概念及一般程序。

2.4 简要解释结构、结构体系及结构功能的概念。

2.5 简要说明桥梁的类型及其结构特点。

2.6 简要说明工程地质、土力学及地基基础的主要内容。

2.7 简要解释工程项目管理的概念及内涵。

2.8 简要论述我国交通及桥梁工程建设情况。

第 3 章

工程结构及其功能

本章知识点

本章主要介绍土木工程安全性、适用性与耐久性三个基本功能以及以概率为基础的极限状态设计理论的基本概念；工程结构所受的荷载、作用及其在结构中产生的内力与变形效应；灾害对工程结构的破坏及工程抗灾减灾的基本概念。同时，结合工程结构的耐久性与长期使用性的概念与要求，介绍工程维修加固及性能提升的概念及其发展。

人们根据生产与生活的需要建造各类土木工程，任何工程都应具有明确的用途，即有作为空间、通道、场所或固定设施等方面的使用功能。除满足使用功能要求外，一般工程还会根据其用途而被赋予相应的文化、审美等精神意蕴。使用功能取决于用途，但要满足不同用途的使用功能要求，土木工程应具有共性的结构功能要求，即结构的安全性、适用性与耐久性。这就是结构的功能要求，即抵御诸如地球引力、风力、温度、地震、振动、爆炸及有害介质侵蚀等自然或人为作用而能保持安全、稳定及良好的长期性能。安全性、适用性与耐久性的结构功能要求，是工程实现使用功能要求的前提和保障。现代设计理论中，采用结构可靠度理论分析结构达到结构功能要求的概率或可靠指标，发展了基于可靠度的概率极限状态设计方法。

结构分析与设计理论是土木工程专业知识体系的核心内容，涉及结构组成及其特点、结构材料及性能、结构受力及其效应、结构的耐久性与长期性能、结构抗灾、结构再设计等广泛内容。本章将对此做简要介绍，帮助读者建立初步的结构与结构分析设计概念。

3.1 土木工程与工程结构

土木工程是复杂的、综合的系统工程。在工程建设与运营管理的全生命周期中，需要多个土木类专业或专业方向技术人员协同配合，以完成相应的技术与管理工作。土木工程专业所涉及的专业技术与管理工作，主要是针对建筑工程、道路与桥隧工程、岩土与地下工程等工程建设，解决其结构设计、工程施工与维护等问题。

结构是被广泛使用的概念，是指整体各部分的搭配与安排。从微观到宏观，任何物质或物体都有结构，如原子结构、分子结构、人体结构、天体结构等。不仅自然物质有结构，社会与经济也有结构，如家庭结构、公司结构等。因此，我们会经常用结构来描述一些事物的组织和构成，如分子结构、原子结构、社会组织结构、经济结构，等等。

图 3-1 为物质的微观化学结构示意，图 3-2 为宇宙天体结构示意。这些结构之所以存在，是因为无论微观还是宏观，物质内部和物体与物体之间都存在力，力是

保持结构形态的内在根源。图 3-3 ~ 图 3-6 呈现的人体骨骼、蜘蛛网、树木树根或树叶中的筋茎等，属于动植物的结构或生物构建的结构。延伸到社会科学领域，各种组织结构、经济结构等组成了复杂的社会系统，并有内在的机制与动力维持其运行。可以说，任何学科的基本问题都是探究其基本组成、结构形式及其内在规律。

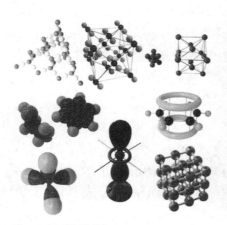

图 3-1 物质化学结构

图 3-2 宇宙天体结构

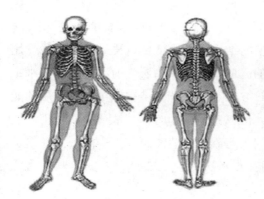

图 3-3 人体骨骼结构

图 3-4 蜘蛛网结构

图 3-5 树根结构

图 3-6 树叶结构

土木工程的结构，是指建（构）筑物和工程设施的承重骨架及其构造。对于房屋建筑来说，在承重骨架（结构）上，采用围护墙体、填充或分隔墙体、门窗等非承重构件，对空间进行分隔和围护，最后再使用装饰、装修材料对建筑外观及内部空间进行美化和功能化处理（如防水、防火、保温等），就形成了具有使用功能的建筑。因此，在已建成投入使用的建筑物中，往往看不到建筑的结构。而对于构筑物而言，如冷却塔、输电塔、烟囱等，其本身就是结构，除了必要的防腐、美观等处理外，其上基本没有非结构构件，如图3-7、图3-8所示。

图3-9为一典型的现代民用建筑，其结构形式为框架结构。从外观并不能直接看到其结构情况。但在设计阶段，却要把结构拿出来做分析计算，在施工阶段也是先建造结构部分，再施工非承重的围护结构及填充、分隔墙体，最后再进行装饰装修施工。因此，在设计和施工中，结构都是独立于其他专业或独立于其他工序而进行的。

古建筑设计与施工也如此。图3-10为我国一典型抬梁式木结构建筑的结构和构造。其中，木柱、木梁是主要承重构件。这些构件组成的木结构形成了建筑的骨架，以抵抗自重、风、雪、地震等的作用。在承重结构上，辅以屋面、墙体、门窗或其他装饰构件等，形成了完整的建筑，能够遮风避雨，营造了与外界不同的环境。因此，建筑结构具有承载能力，保持建筑的稳定与安全；在稳定与安全的结构支撑下，施以非结构的功能材料和构件，使建筑具有能够满足人们生产、生活需要的环境与功能。

对于建筑物和塔类的构筑物来说，承重的结构除了要抵抗自重等竖向荷载作用外，还要抵抗风、地震等水平作用，结构的高度越高（如高层建筑），对抵抗水平作用的能力要求也越高。结构向高层、高耸方向发展，解决结构抵抗水平作用的能力是主要矛盾。而当结构在水平方向延伸，形成大跨结构时，其抵抗竖向作用的能力则是结构的关键。从小开间的民用建筑到大跨度的工业建筑与大空间公共建筑，平面的或空间的水平结构则是结构设计与施工要解决的主要问题。

图3-7 输电塔

图3-8 电厂冷却塔

简单地说，结构无论向高处发展，还是向水平方向延伸，都要找到其合理的形式。根据实践和理论分析，很多结构形式已十分成熟。结构设计的主要任务是，根据工程的特点与要求，确定合理的结构形式，并进行设计计算。例如，对于小溪流、小沟壑，用简单的独木桥和石板桥就可以跨越，而对于大的河流、大的山谷则需要更复杂的桥才能跨越。因此，随着跨度的增加及功能要求的提高，中等跨度的梁桥、拱桥，以及大跨度桁架桥、斜拉桥、悬索桥等就出现和发展了。图 3-11~ 图 3-14 是我国不同时期的著名桥梁结构。

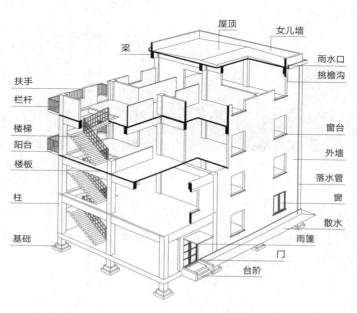

图 3-9 建筑与结构示意

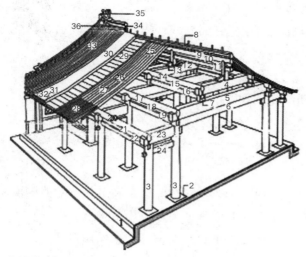

1—台基；2—柱础；3—木柱；4—三架梁；5—五架梁；6—随梁枋；7—瓜柱；8—扶脊木；9—脊檩；10—脊垫板；11—脊枋；12—脊瓜柱；13—角背；14—上金檩；15—上金垫板；16—上金枋；17—老檐檩；18—老檐垫板；19—老檐枋；20—檐檩；21—檐垫板；22—檐枋；23—抱头梁；24—穿插枋；25—脑椽；26—花架椽；27—檐椽；28—飞椽；29—望板；30—苦背；31—连檐；32—瓦口；33—筒板瓦；34—正脊；35—吻兽；36—垂脊

图 3-10 典型清代古建筑结构

图 3-11 泉州洛阳桥（石板桥）

图 3-12 开远市南盘江桥（拱桥）

图 3-13 南京长胜关大桥（桁架拱桥）

图 3-14 矮寨大桥（悬索桥）

任何具体的土木工程，都要有一个承重和受力的结构。结构是保证工程安全稳定的骨架。结构有多种形式，其形式与跨度和高度有关。对于大跨度结构，提高承受竖向荷载与作用的能力是关键；而对于高层、高耸结构，抵抗水平荷载与作用则是主要问题。除了跨度和高度因素外，结构形式还与所使用的结构材料有关。结构设计的主要任务是，根据工程的特点及其功能要求，选定合理的结构形式，并进行分析设计，绘制施工图。结构设计包含三方面的内容，一是概念设计，二是设计计算，三是构造设计。概念设计就是确定结构形式、结构布置及构件尺寸；设计计算主要是进行结构受力分析、承载能力计算和正常使用性能校核；构造设计是确定改善结构受力与变形性能的技术措施。

3.2 工程结构的功能

工程结构的基本功能要求是安全、适用与耐久。同时要求在满足基本功能的前提下，尽量做到经济美观、科学合理。工程在其服役期内不仅要直接承受由于自重和生产、生活产生的重力荷载的作用，还要承受地震、台风等偶然作用以及温度、环境介质产生的间接作用，任何工程要达到在各种工况下都能正常运转，必须满足安全和适用的功能要求。同时，土木工程又有投资大、建设和使用周期长的特点，应具有良好的耐久性能。

（1）安全性。结构能承受正常施工和正常使用时可能出现的各种荷载、外加变形（如超静定结构的支座不均匀沉降）、约束变形等的作用；在偶然事件（强烈地震、爆炸）发生时和发生后，结构仍能保持必要的整体稳定性，不应发生连续倒塌破坏而造成生命财产的严重损失。

（2）适用性。结构在正常使用荷载作用下具有良好的工作性能，如不发生影响正常使用的过大变形（挠度、侧移）、振动，或不产生让使用者感到不安的过大裂缝宽度等。

（3）耐久性。结构在正常使用和正常维护条件下，不经大修保持其功能的能力，如钢筋不锈蚀、混凝土不发生化学腐蚀或冻融破坏等。

整个结构或结构的一部分超过某一特定状态不能满足某种功能要求，此特定状态称为该功能的极限状态，如构件即将开裂、倾覆、滑移、压屈、失稳等。极限状态实质是区分结构可靠与失效的界限。

对应结构的 3 个功能要求，有 3 种极限状态，即承载能力极限状态、正常使用极限状态和耐久性极限状态。

（1）承载能力极限状态。承载能力极限状态对应于结构或构件达到最大承载能力或达到不适于继续承载的变形状态。当结构或构件出现如下状态之一时，即认为超过了极限状态：结构构件或连接因应力超过材料强度而破坏，或因过度变形而不适于继续承载；整体结构或其中一部分作为刚体失去平衡；结构或结构构件丧失稳定；结构转变为机动体系；结构因局部破坏而发生连续倒塌；地基丧失承载力而破坏；结构或结构构件的疲劳破坏。

（2）正常使用极限状态。正常使用极限状态对应于结构或结构构件达到正常使用的某种规定限值的状态。达到正常使用极限状态的标志是：出现了影响正常使用或外观的变形；影响正常使用的局部变形；影响正常使用的振动；影响正常使用的其他特定状态。

（3）耐久性极限状态。耐久性极限状态对应于结构或构件在环境影响下出现的劣化达到耐久性能的某项规定限值或标志的状态。达到耐久性极限状态的标志是：出现了影响承载能力和正常使用的材料性能劣化；影响耐久性能的裂缝、变形、缺口、外观材料削弱等；影响耐久性能的其他状态。

目前结构工程中采用的设计理论是以概率论为基础的极限状态设计理论。极限状态设计理论中，把结构构件抵抗外力作用的能力定义为抗力 R，把结构构件中由于外力作用产生的内力和变形称为效应 S，把结构的功能函数定义为 Z（$Z=R-S$），根据结构极限状态的定义可得：

当 $Z>0$ 时，结构处于可靠状态

当 $Z=0$ 时，结构处于极限状态　　　　　　　　　　　（3-1）

当 $Z<0$ 时，结构处于失效状态

影响结构构件抗力的主要因素有：材料性能（强度、变形模量等）、构件几何特征（尺寸等）、计算模式的精确性（抗力计算所采用的假设和计算公式的精确性）。这些因素都是随机变量，因此由这些因素综合而成的结构抗力也是随机变量。

影响结构效应的主要因素有：外力作用的方式、大小、方向、分布、持续时间，以及结构构件的连接与约束情况等。由于这些因素也是随机变量，因此结构效应也是随机变量。

抗力和效应都是随机变量，式（3-1）所表达的结构功能函数必然也是随机变量。因此，结构极限状态也具有不确定性和随机性。受抗力和效应随机性的影响，理论上无法准确回答结构处于什么状态，只能用概率来描述工程所处状态的概率。当结构处于可靠状态的概率足够大，或处于失效状态的概率足够小，我们就可以认为结构是安全可靠的。这就是以概率为基础的极限状态设计理论的基本思路。

作用效应 S 和结构抗力 R 都可用随机变量来表达，因此结构的失效概率为：

$$P_f=P\,(S>R)　　　　　　　　　　　　（3-2）$$

因为失效概率和可靠概率是互补的，失效概率越小，结构越可靠，可以用失效概率定量表示结构可靠性（结构在规定时间内、规定条件下，完成预定功能的能力）的大小。结构可靠性的概率度量称为结构可靠度，即结构在规定时间内、规定条件下完成预定功能的概率。当失效概率 P_f 小于某个限值 $[P_f]$ 时，结构失效的可能性就很小，结构可靠度就高，结构就是可靠的。

3.3 工程结构承受的作用及效应

工程结构承受的作用是指使结构产生效应（内力与变形）的各种原因的总称。内力包括轴向力 N、弯矩 M、剪力 V、扭矩 T；变形包括位移、挠度、裂缝等。

结构上的作用，按随时间的变化分类，可分为永久作用、可变作用、偶然作用；按空间的变化分类，可分为固定作用和自由作用；按结构的反应特点分类，可分为静态作用和动态作用；按有无限值分类，可分为有界作用和无界作用。根据作用方式，结构作用一般也可分为直接作用和间接作用两种方式。直接作用是指施加在结构上的集中力或分布力，如结构自重、土压力、人员设备重力、风荷载、雪荷载等。直接作用一般也称荷载。间接作用是指引起结构外加变形（包括裂缝）或约束变形的原因，如基础沉降、地震作用、温度变化、材料收缩等。直接作用的大小与结构自身特性无关，间接作用则与自身特性有关。在结构受力分析及结构效应组合中，一般按永久作用、可变作用、偶然作用与地震作用，进行受力分析和效应组合。

3.3.1 永久荷载

永久荷载指在使用期间永久施加在结构上，其特征（大小、方向及作用点位置）不随时间变化的荷载，也称为恒载（Dead Load）。结构构件自重，围护结构、填充墙、建筑做法（墙面、楼面、屋面、桥面等）的重力以及固定装置的重力就是恒载。此外，埋设在地下的、挡土和隧道等工程设施所承受的土压力和围岩压力也是恒载。恒载大小按结构构件、非结构构件或建筑做法的体积乘以质量密度计算。在建筑物中，结构构件所受恒载约占总荷载的50%~70%。

3.3.2 可变荷载

可变荷载指施加在结构上的、在使用期间其特征随时间变化的荷载，也称活载（Live Load）。活载有使用活载、车辆荷载、风载、雪载、施工荷载等多种类型。

（1）使用活载。使用活载主要包括楼面活载（人群、家具、可移动设备、操作时使用的工件等）和屋面活载（屋面上人时的人群和设施、屋面积灰、屋面直升机停机坪等）。

（2）车辆活载。车辆活载主要指铁路列车或公路车辆荷载，它们表现为一系列集中荷载和均布荷载组成的移动荷载。此外，工业厂房中起重吊车上的小车可以在吊车桥架上移动，吊车桥架可以在吊车梁轨道上移动，其荷载是吊车活荷载。

（3）风载。风是由大气压力不等引起的空气运动。由风的运动而施加在建（构）筑物上的压力或吸力称为风荷载。风荷载的大小与方向等会随时间变化，因此也属于活荷载。风荷载不仅随时间变化，而且其大小与区域及地形地貌、建（构）筑物高度有关。根据统计结果，荷载规范规定了不同区域的风荷载标准值。

（4）雪载。雪载指由积雪引起的荷载。雪载的大小与区域有关。根据统计结果，荷载规范规定了不同区域的雪荷载标准值。

3.3.3 偶然荷载

偶然荷载（Accidental Load）指在使用期间不一定出现，一旦出现，其值很大且持续时间很短的荷载，如撞击力、爆炸等。

3.3.4 地震作用

地震作用（Earthquake Action）指由地震动引起的结构动态作用，包括水平地震作用、竖向地震作用、扭转地震作用及耦合地震作用。在地震作用下，分析结构的反应称为结构地震反应分析。

3.3.5 直接作用与间接作用

如前所述，直接作用的大小只与作用本身的大小有关，与结构的特性无关；间接作用的大小不仅与间接因素有关，还与结构的特性有关。因此，在分析确定恒、活荷载大小时，一般不需考虑结构的刚度等特性，而在分析确定地震作用大小时，不仅要考虑地震加速度等地震动参数，还需要考虑结构的刚度等特性。

（1）地震作用。地震引起的地面运动会使工程结构在水平和竖向产生加速度反应，从而形成惯性力。惯性力的大小除与地面运动的强烈程度（即地震烈度）及频谱特性有关外，还与结构的动力特性有关。而结构的动力特性与结构的质量及其分布、结构的刚度及其分布有关。因此，地震对结构的作用以及引起的地震反应与地震大小、场地条件、结构的动力特性等有关；同一地震，不同结构或处于不同场地上的结构，其反应、损伤及其破坏会有明显的不同。

（2）温度作用。结构构件受到温度作用如不能自由胀缩，也会产生内力与变形。温度作用的大小及其反应除与温度变化有关外，还与构件的尺寸、材料特性及约束情况有关，也属于间接作用。在高耸结构和大跨度结构中，无论是在施工过程，还是在使用过程中，温度作用引起的结构内力与变形往往很大，结构设计中应予以充分的考虑。

（3）外加变形作用。外加变形作用以地基的沉降作用为典型。土木工程的结构是构筑在土层上的，土层受力后总会产生沉降或不均匀沉降，不良地基或偶然因素引起的过大不均匀沉降往往也会使结构产生较大的内力与变形，严重的甚至导致结构开裂或倒塌。

3.3.6 结构的效应

结构效应即结构受到直接或间接作用产生的内力和变形。结构分析的主要目的和任务是根据结构所承受的各种作用，计算结构构件的内力和变形。在内力和变形分析的基础上，考虑各种作用产生的最不利组合，利用结构构件截面设计原理，计算结构构件的承载能力，校核结构构件的正常使用性能，保证结构构件的抗力能够抵抗其作用效应。

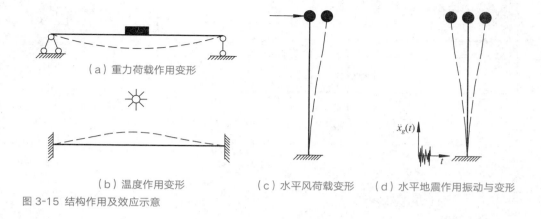

图 3-15　结构作用及效应示意

（a）重力荷载作用变形

（b）温度作用变形　　　　（c）水平风荷载变形　　（d）水平地震作用振动与变形

图 3-15 给出了几种典型的结构受力与变形的示意图。从示意图可以看出，无论是水平放置的构件，还是竖向放置的构件，在重力荷载（图 3-15a）、温度作用（图 3-15b）、水平风荷载（图 3-15c）或水平地震作用下（图 3-15d）都会受力，并产生挠曲或侧移等变形。

3.4 结构组成基本概念

3.4.1 结构与构件

结构是由不同的构件通过连接组成的。对于建筑而言，所谓的结构构件，主要指基础、柱、墙、梁、板等（图 3-16）。梁、板一般水平放置，称为水平受力构件，墙、柱一般竖向放置，称为竖向受力构件。水平梁板构件直接承受竖向荷载，竖向柱墙构件除承受自重竖向荷载外，还承受梁板传递来的竖向荷载。水平结构构件和竖向结构构件组成的整体结构，除承受不变和可变的竖向荷载外，还要承受水平作用的风荷载和地震作用。

整体结构无论是受到竖向荷载还是水平荷载作用，都要将所受的作用通过一定的方式传递给结构构件，使结构构件受力。结构构件受力就产生了作用效应。任何结构都应有明确的传力路径。从结构的传力路径来说，板上的重力荷载一般垂直于板面，它可以通过板受力而传递给梁或墙，梁受力再传递给柱或墙，柱或墙受力再传递给基础，基础受力再传递给地基（图 3-16b）。板、梁、柱、墙等结构构件之所以具有受力和传力的能力，是因为结构构件具有刚度和承载能力。所谓刚度就是抵抗变形的能力，所谓承载能力就是承受荷载的能力。

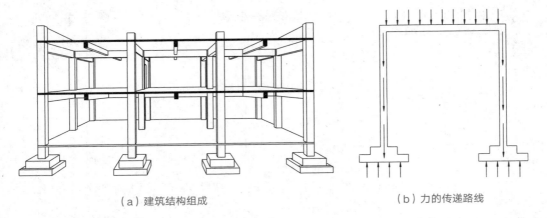

(a) 建筑结构组成	(b) 力的传递路线

图 3-16 建筑结构组成及传力示意图

　　无论是水平荷载还是竖向荷载作用于结构构件，结构构件都会产生内力和变形。结构构件的内力有五种基本形式，它们分别是压力、拉力、弯矩、剪力和扭矩。这些内力既可以单独存在于构件截面上，也可能以某几种组合的形式同时存在于构件截面上。图 3-17 为几种典型受力形式及其组合。截面上单位面积的内力称应力。沿应力方向单位长度的变形称为应变。构件的内力是应力累积的结果，变形是应变累积的结果。

　　实际结构中，大多数情况下，结构构件中都会存在两种及两种以上的内力。结构构件中内力种类及分布，既与构件的支承和约束方式有关，也与荷载的作用方式

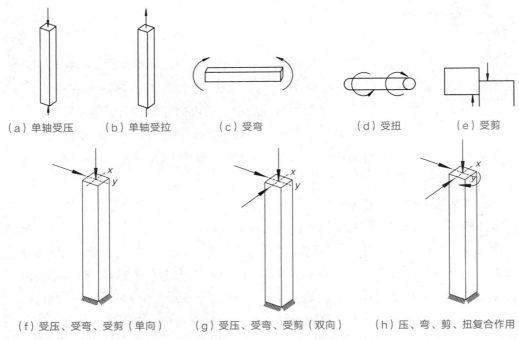

(a) 单轴受压	(b) 单轴受拉	(c) 受弯	(d) 受扭	(e) 受剪

(f) 受压、受弯、受剪（单向）	(g) 受压、受弯、受剪（双向）	(h) 压、弯、剪、扭复合作用

图 3-17 结构构件几种典型受力形式及其组合

及作用点位置有关。直接作用的静力荷载的大小是不变的，与结构构件的自身特性无关。间接作用的动态作用则不同，其大小不仅与其振幅、频率与持续作用时间有关，还与结构构件的动力特性有关。例如图 3-18 所示的简支梁，梁上承受重力荷载 mg 为静力荷载，在这个荷载作用下，梁中的内力（弯矩和剪力），只与 mg 的大小和梁的跨度有关，与梁是用什么材料做的无关；而同样质量的重物在梁上高度 h 处向下做自由落体运动而冲击梁时，此时梁中的弯矩和剪力则不仅与 mg、梁跨和降落高度 h 有关，还与梁是什么材料做的，以及冲击物体的材料性质有关。冲击质量和梁的刚度越大，则冲击力越大，最终梁中的内力也越大。而梁的刚度大小又与材料及约束条件密切相关。因此，结构受动力荷载作用，其内力分析要比受静力荷载作用复杂得多。结构构件的刚度是重要的影响因素。结构构件的刚度既与构件的几何尺寸有关，也与支承约束条件和材料的弹性模量有关。比如钢材的弹性模量比混凝土大，同样截面尺寸钢材的截面刚度大于混凝土的。

（a）简支梁受静力荷载　　　　　　　　　　（b）简支梁受冲击荷载

图 3-18　简支梁受静力荷载和冲击荷载作用示意图

结构构件受力除了与荷载的种类、作用方式、构件材料及几何尺寸等因素有关外，还与支承、连接与约束情况有关。简单的结构构件，如简支梁，其内力仅通过平衡条件就可以求出，这类结构构件统称为静定结构。实际结构构件其支承与约束条件比较复杂，仅通过平衡条件无法求出其内力，这类结构统称为超静定结构。实际结构一般都为超静定结构。如图 3-19 所示的简支梁为静定结构，而图 3-20 所示的两跨连续梁则为超静定结构。图 3-19 两个支座的反力和任意截面的弯矩与剪力靠平衡条件就可以求出，而图 3-20 所示的两跨连续梁，尽管只是多了一个支座，但无法仅通过平衡条件求出三个支座的反力及任意截面的弯矩和剪力。而实际的结构远比图 3-20 所示的两跨连续梁复杂。因此，超静定结构的内力分析比静定结构复杂得多。没有力学理论做基础，就无法分析计算结构的内力。结构构建与分析的基础是力学。理论力学、材料力学、结构力学、弹性力学等力学课程，都是土木工程专业的重要学科基础课程。

由上所述，结构的构建和分析是从简单到复杂逐渐发展的。最简单的水平构件是简支梁，最简单的竖向构件是独立的柱和墙。土木工程中的结构，如建筑及桥梁结构，都是简单的梁、柱、墙等构件组合而成的。以桥梁结构和建筑结构为例，简单阐述之。

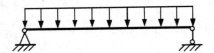
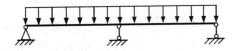

图 3-19 简支梁   图 3-20 连续梁

　　桥梁又称水梁，是跨越山（峡）谷、道路、江河湖海或其他障碍而建造的结构。最简单的桥梁就是独木桥或独石桥，结构分析中称为简支梁，是静定结构，通过平衡条件就可以求出构件任意截面的弯矩和剪力。由于材料力学性能的限制，随着跨度的增加，简支梁桥形式则不适用，拱桥就应运而生。拱桥的受力与简支梁桥不同，可以使拱桥横截面全截面受压，这样就可以用砖石等抗拉强度较低的脆性材料建造跨度比较大的桥梁。石拱桥、砖拱券的发展与应用就是基于这一原理的。拱桥、拱券虽然比简支梁能跨越更大跨度或空间，但其适宜跨度仍不能很大。对于更大跨度的桥，则应采用桁架桥、悬索桥、斜拉桥等形式。图 3-21 给出了各种桥梁形式的示意。由图可见，当跨度很小时，用简单的桥板就可以；跨度增大后，就需要采用多跨桥、桁架桥、斜拉桥、悬索桥等形式。桁架、拱、悬索、斜拉等是桥梁的一些基本形式，科学合理地应用这些基本形式，就可以建设大跨度桥梁，也可以创新桥梁形式。

　　大跨度公共建筑的屋盖要采用网架、网壳、桁架等大跨结构，如图 3-22 所示。与桥梁工程中的大跨结构不同，建筑工程中的大跨结构，一般称为大跨空间结构。因为建筑工程中的大跨结构在平面的两个方向都要形成大跨，而桥梁工程中只在一个方向上形成大跨。但两者的基本组成形式及原理都相同。

　　对于多高层建筑而言，每层梁的跨度一般不易很大，因为随着跨度的增大，梁高也随之增大，这样就会占有较大的层高。因此，在多高层建筑结构设计中，一般跨度较小，通常采用简单的水平梁板结构，如肋梁结构体系等。在大型公共建筑中，跨度较大，一般要采用更为复杂的空间结构体系。多高层建筑结构中，要根据结构的高度，确定合理的竖向结构体系。随着建筑高度的增加，结构的侧向刚度及其考虑水平作用组合的受力分析成为结构设计的关键。

　　简言之，在结构选型及其概念设计、确定水平结构体系时，应主要考虑其跨度及其受到的竖向荷载作用；确定竖向结构体系时，应主要考虑其高度及其受到的水平荷载作用。随着结构跨度或高度的增加，结构的复杂性随之增加。越是跨度大或高度高的结构，越要进行充分的分析论证，选择合理的结构形式。但是，任何复杂的结构形式，都是简单结构形式的组合和拓展，即在最简单的结构形式的基础上，按照科学合理的组成和受力原理，进行组合、连接，发展成新的结构单元，进而形成新的结构。

　　结构组成有一些基本形式，遵循一些基本原理，简单结构是结构的基本形式，复杂结构是基本形式的组合。最简单的结构构件是拉压杆，在轴向受压或受拉；最简单

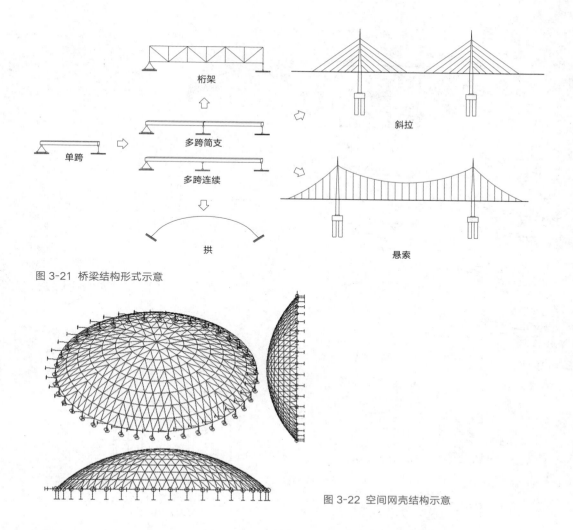

图 3-21 桥梁结构形式示意

桁架

斜拉

单跨

多跨简支

多跨连续

拱

悬索

图 3-22 空间网壳结构示意

的受弯构件是简支梁，它承受垂直于轴线的荷载；最简单的竖向构件是独立的柱或墙体，它是简单的受压或压弯竖向构件。任何复杂的结构都是从这些简单的构件发展起来的。图 3-23 呈现了水平结构构件从简单到复杂的演变，而图 3-24 为竖向结构构件从简单到复杂的演变。理解这两个演变的逻辑，可以帮助我们进行科学的结构创新。

3.4.2 构件连接与构造

由前所述，基本构件组合而成基本的结构单元（或体系），基本的结构单元（或体系）组合形成整体结构。那么这些基本构件（梁、板、柱、墙等）或基本结构单元（如桁架单元）是如何组合在一起的呢？在结构工程中，构件或结构单元组合在一起的方式称连接。连接的方式及其牢固性，对保证结构的功能十分重要。连接的方式很多，具体连接方式主要取决于材料的性质及特点。土木工程中的主要结构材料有砖石、

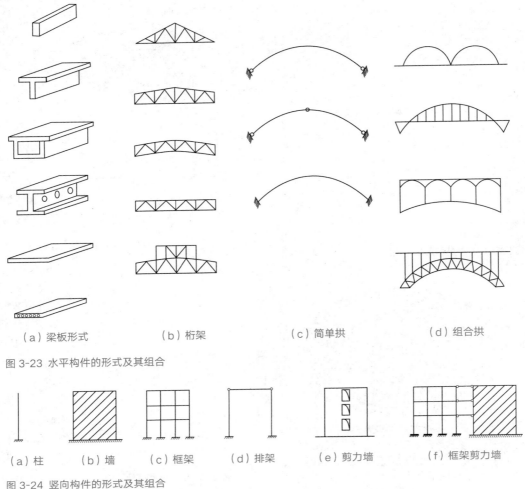

（a）梁板形式　　　　　（b）桁架　　　　　　（c）简单拱　　　　　（d）组合拱

图 3-23 水平构件的形式及其组合

（a）柱　　　（b）墙　　　（c）框架　　　（d）排架　　　（e）剪力墙　　　（f）框架剪力墙

图 3-24 竖向构件的形式及其组合

木材、钢材和混凝土。这 4 种主要建筑材料性质及特点有很大不同，相应的结构构件的连接方式也很不同。

　　钢结构的连接形式主要有焊接、螺栓连接和铆接。混凝土结构构件通过钢筋连接，然后各构件整体浇筑在一起。传统的木结构主要通过榫连接，现代木结构则主要通过钢夹板螺栓连接。砌体结构墙与墙之间通过咬合砌筑实现连接，除此之外还采用连接钢筋等方式加强连接。连接在结构中起重要作用，没有构件与构件之间有效、可靠的连接，结构就不能完成其安全、适用、耐久的功能。图 3-25 是各种结构构件的连接示意图。

　　构件连接方式不同，其受力和传力方式就不同。尽管随材料不同，连接可采用多种方式，但从受力和传力上讲，连接方式可以简化为如下几个简单的基本形式：固接、铰接（固定铰接和滑动铰接）、弹性连接、定向支承，如图 3-26 所示。所谓

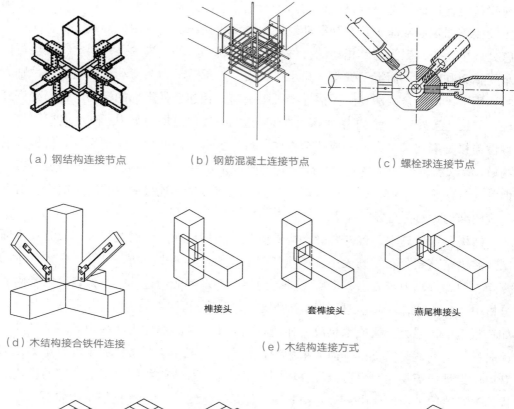

（a）钢结构连接节点　　　　（b）钢筋混凝土连接节点　　　　（c）螺栓球连接节点

（d）木结构接合铁件连接　　　　　　（e）木结构连接方式

榫接头　　　　套榫接头　　　　燕尾榫接头

错缝式砌法　　　　荷兰式砌法　　　　法式砌法（一顺一丁）

（f）黏土砖砌体砌筑方式

图 3-25 各种材料及结构的连接构造示意

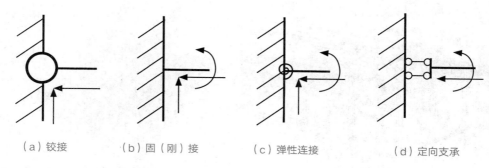

（a）铰接　　　（b）固（刚）接　　　（c）弹性连接　　　（d）定向支承

图 3-26 构件连接的基本简化形式

铰接就是杆件的端部可以自由转动，不产生弯矩。铰接可以分为两种形式，一是固定铰接（固定铰支座），二是滑动铰接（滑动铰支座）。这两种形式，都不能在支座处产生弯矩，因为与其相连的杆件可以自由转动，所不同的是，固定铰支座可以承受轴力和剪力，而滑动铰支座只承受剪力、不承受轴力。滑动铰支座在杆件轴力的作用下，可以自由滑动。固接连接既限制与其相连杆件端部的转动，也不允许杆件在固接连接处有任何方向的位移，为完全固定端，端部既有剪力、轴力，也有弯矩；弹性连接是端部某个方向（或几个方向）可以变形，但变形会受到端部其他构件的约束，所以也会有剪力、轴力和弯矩；定向支承是指沿一个方向可以自由移动或变形，但其他方向则被约束，因此有弯矩和轴力。了解构件和连接的一些基本概念，有助于理解结构的简化与分析计算。

　　结构分析计算中，首先要确定构件或基本结构单元之间的连接方式及其计算简图，并确定荷载分布及其大小，在此基础上才能进行内力分析，计算结构构件中的弯矩、剪力、轴力等内力，最后再进行构件截面承载能力计算。在计算简图及内力分析中，连接方式必须与实际结构相吻合，以保证分析计算的内力与实际受力相符。如一根钢梁、混凝土梁或木梁放置在砖石墙体上，砖石墙体无法约束其端部转动，此时计算简图就是简支梁。而如果用钢柱支承钢梁或用混凝土柱支承混凝土梁，则既可以设计成简支梁，也可以设计成固支梁。梁和柱为铰接时，形成典型的排架结构体系。单层工业厂房中，常用排架结构体系，见图3-27。在排架结构体系中，水平横梁通常采用桁架梁。梁和柱为固接时，则形成典型的刚架体系，见图3-28。由于刚架体系的抗侧移刚度更大，整体性更好，在多层建筑中多采用此体系。刚架体系在建筑结构设计中又称框架结构体系。

　　为保证结构构件以及基本结构单元（体系）之间可靠的连接和受力，每种连接方式都有一些基本的规定和要求。这种基本的规定与要求，通常称为构造措施和要求。结构设计中，这方面的设计内容又称为构造设计。

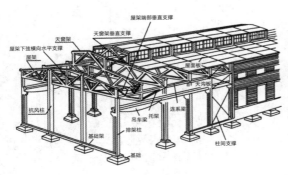

图 3-27 排架结构厂房

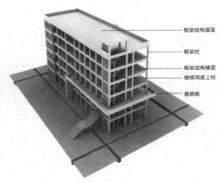

图 3-28 框架结构示意

3.4.3 结构与材料

不同材料具有不同的物理力学性能。在工程结构设计中，应根据结构的特点及材料的物理力学性能合理地选用结构材料。例如，钢材的抗拉、抗压强度都很高，而混凝土材料的抗压强度高、抗拉强度则比较低，这两种材料的应用方式就有很大不同。钢材既可以做拉杆，也可以做压杆，而混凝土则不应直接做拉杆。混凝土材料的抗拉强度低，做拉杆时，即使很大的截面尺寸承载能力也很低。因此，混凝土中一般都要布置钢筋，形成钢筋混凝土，才能在工程中应用。混凝土中设置钢筋的目的就是发挥钢筋抗拉强度高的特点，以抵抗结构构件中产生的拉应力。钢筋混凝土结构充分发挥了钢材与混凝土的特点，钢筋有效地弥补了混凝土抗拉强度低的弊端。钢材的抗拉、抗压强度都很高，但也有缺点。钢材抗压强度高，从截面承载能力分析，往往不需要太大的截面尺寸，但当截面面积较小时，如不采用合理的截面形式，受压时又很容易失稳，发挥不了强度高的特点。为克服抗压强度高、截面面积小的结构构件容易失稳的问题，充分利用其强度，钢结构一般选用非实心的、截面惯性矩较大的截面形式，如圆钢管、方钢管、H型钢、工字型钢以及由这些空腹截面组合形成的格构式截面。只有在普通钢筋混凝土结构中使用的钢筋才采用实心的形式，因为混凝土中的钢筋周围有混凝土不易失稳。

截面尺寸小的材料如钢丝，受拉的时候，会越拉越紧，直到拉断，其承担拉力的大小与长度无关，只与截面面积和强度有关；而受压时，细而长的杆件则容易弯曲失稳，在材料没有破坏的时候就丧失承载能力（图3-29），其承载能力与长度及两端的约束情况有很大关系。易失稳的构件，应尽量采用惯性矩较大的截面形式，型钢的应用就是例证。

了解和掌握各种材料的特性，才能更好地利用材料。如上所述，钢筋一般只应用于混凝土结构中，因为钢筋周围有混凝土的填充和支撑，即使处于受压也不容易失去稳定。而如果单独应用钢材这样强度高的材料，除受拉外，一般都做成其他各

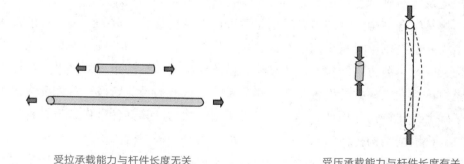

受拉承载能力与杆件长度无关　　　　　　　受压承载能力与杆件长度有关

图 3-29 不同的受力现象与特点

种形式的截面，在保持截面面积不变的情况下，尽量使截面具有较大的惯性矩和截面抵抗矩。生活中，我们都有这样的经验，一片纸不能直立，但若把它叠成瓦楞形或圆形就能直立（图3-30），材料在结构中的应用也必须采用合理的截面形式。因此，除混凝土结构中的钢筋、结构中的拉索、小型桁架中的拉杆外，钢结构中所使用的钢材都做成各种形式的型材，见图3-31。

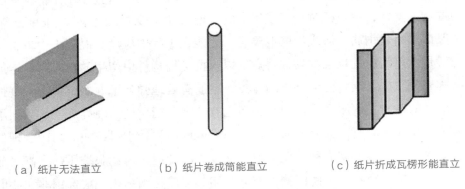

（a）纸片无法直立　　　　　　（b）纸片卷成筒能直立　　　　　　（c）纸片折成瓦楞形能直立

图 3-30 相同的纸片组成不同截面形式能改变其受力性能

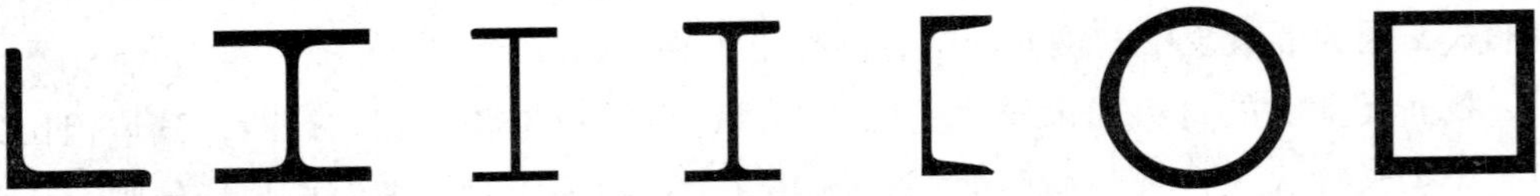

图 3-31 钢结构型材的几种典型形式

　　如前所述，结构设计有三大部分内容，一是概念设计，二是结构分析与承载能力计算，三是构造设计。所谓概念设计就是确定结构方案，包括结构体系选择、构件形式及其布置等内容；结构分析与承载能力计算包括结构内力分析、内力组合及构件截面承载能力计算三方面内容；构造设计就是在承载能力计算的基础上，确定连接构造及其措施。按使用的材料分，结构形式分砌体结构、木结构、钢结构、混凝土结构及组合结构。所谓组合结构指两种以上结构材料组成的结构，目前常用的组合结构主要是钢–混凝土组合结构。按结构体系分，结构形式分框架结构、剪力墙结构、框架–剪力墙结构、筒体结构、框筒结构等。结构布置指水平受力体系及竖向受力体系在结构中的设置。在结构分析与承载能力计算阶段，首先要在概念设计的基础上构建结构分析计算模型及设计参数，然后计算在各种作用下结构构件中的内力，再根据结构构件的内力确定结构的最不利内力组合，最终进行截面承载能力设计及正常使用性验算。好的结构设计基于好的结构方案、精细的结构分析及合理的结构构造措施。

3.4.4 材料的力学性能

材料具有弹性和塑性、线性和非线性等力学性能。材料受力后会产生变形，当卸载至初始状态，材料的变形会完全恢复，没有残余变形，此时材料处于弹性状态，见图 3-32。如果卸载至初始状态，其变形不能完全恢复，留有残余变形，称材料处于弹塑性状态，不能恢复的变形也称塑性变形，见图 3-33。有些材料（如混凝土）没有明显的弹塑性分界点，在不大的应力下，即可进入弹塑性阶段，其总的变形中既有弹性变形，也有塑性变形，见图 3-33。有些材料（如低合金钢）有比较明显的弹塑性分界点，当应力低于屈服点时，材料处于弹性状态，超过屈服点则完全进入塑性状态，因此低合金钢可称为理想的弹塑性材料，见图 3-34。

所谓线性力学性能是指材料的力与变形或应力与应变关系符合线性规律，而非线性性能则指不满足线性规律。弹性材料有两类，一类是线弹性材料，即卸载后没有残余变形，且其应力应变关系满足线性规律；另一类是非线性弹性材料，卸载后虽然没有残余变形，但其应力应变关系不满足线性规律。弹塑性材料都属于非线性材料。

线弹性材料的力学性能可以用弹簧模拟，如图 3-35 所示，其力与变形或应力与应变的关系可以用虎克定律来描述，即力 F 等于弹性系数 K 与变形量 X 的乘积，应力 σ 等于弹性模量 E 与应变 ε 的乘积。一般结构材料在受到较小外力作用时，都表现出线弹性性能，而当受到较大外力作用时，一般都会表现出一定的非弹性变形。

描述材料应力与应变关系的模型称为材料本构关系。线弹性本构关系是最简单的本构关系，其他类型的本构关系则较为复杂。但任何复杂的本构关系都是在

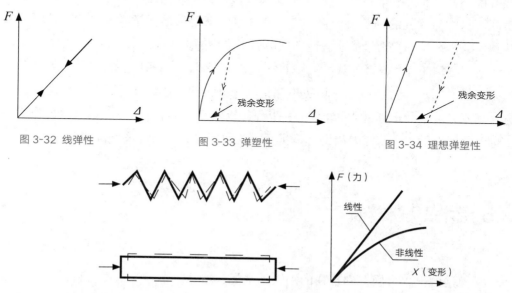

图 3-32 线弹性　　　　图 3-33 弹塑性　　　　图 3-34 理想弹塑性

图 3-35 线性与非线性性能

线弹性本构关系的基础上发展形成的。结构分析中，材料的本构关系十分重要。没有本构关系就无法对结构构件的受力进行分析。结构分析中有三组方程，一是平衡方程，二是本构方程，三是变形协调方程。平衡方程中的未知量是力，变形协调方程中的未知量是变形，本构方程反映力与变形的关系，是力与变形之间的桥梁。因此，熟悉和掌握结构材料的本构关系及其应用，对土木工程专业的学生而言非常重要。

材料非线性主要指内力与变形不成线性关系。结构中还有一类现象称之为几何非线性。几何非线性主要体现在结构的荷载与位移不成线性关系，通常发生在结构出现大变形和大位移的情况下，此时变形体的几何形态的改变将明显改变物体的荷载-位移关系（刚度特性）。可以用钓鱼竿来解释和理解几何非线性问题。钓鱼竿钓到鱼时，端部的变形非常大，但材料仍然处于弹性阶段。

除材料非线性和几何非线性外，在工程中还会遇到大量的力学非线性问题，即演化过程的非线性。非线性广泛存在于力学和物理学中。非线性力学的发展与应用，是解决工程结构问题的重要工具。动力学问题的本质就是非线性振动问题。1940年美国全长1.6km的塔科马海峡大桥，在大风下激烈振荡、坍塌。其原因就是设计师不了解风和大桥的非线性相互作用，而只按静载设计造成的。

工程结构在各种作用下，其结构性能和力学反应是不断变化的，变化规律也十分复杂。解决这些复杂的、变化的结构分析问题，需应用非线性理论。20世纪50年代，冯·卡门就大声疾呼"工程师应与非线性问题拼搏！"现在从航空、航天到土木与海洋工程，从气象预报、地震预报到污染控制和生态环境保护等众多学科领域，其核心困难往往都是强非线性耦合作用及其引起的突变性问题。非线性力学是理论和实践、科学与工程的一个关键交汇点。我国老一辈的著名力学学家，如周培源、钱伟长、郭永怀等都在力学的非线性领域做出了杰出的贡献。

解决结构的弹塑性及非线性问题非常复杂，一般没有解析解，而需要借助数值解。有限元法、边界元法、有限体积法等都是结构分析的常用数值分析方法。数值分析方法离不开大量的运算，因此计算机及工程分析软件在土木工程中具有重要的作用。目前几乎所有的工程都需要借助计算机及一些通用的商业软件来分析计算。

3.5 土木工程材料

从原始的土木材料，到现在的钢铁、水泥、玻璃、塑料等土木材料，土木工程的发展与进步，离不开材料的发展与创新。现代土木工程建设中，尽管传统的土、石等材料仍在基础工程中广泛应用，砖瓦、木材等传统材料在工程的某些方面应用也很普遍，但是，这些传统的材料在土木工程中的主导地位已逐渐被新型材料所取代。目前，混凝土和钢材是不可替代的结构材料；新型合金、陶瓷、玻璃、有机材料及其他人工合成材料、各种复合材料等在土木工程中已占有越来越重要的位置。纵观土木工程材料的发展历程，其大致经历了3个发展阶段：

（1）天然材料阶段。土、石、木是人类直接取材于自然，经过简单加工制作而用于建造的土木工程材料。在现代自然科学出现前，土木工程材料主要是天然材料。

（2）人工材料阶段。砖、瓦、陶瓷、玻璃、水泥、金属、高分子材料等属于人工材料。其中砖瓦、陶瓷的应用历史较长，传统加工制作工艺主要基于经验，属于没有现代自然科学理论指导的材料生产。水泥、钢材、高分子材料是工业革命后出现的土木工程材料，其生产原理及工艺基于现代自然科学理论。人工材料的生产与应用，极大地推动了土木工程的发展。

（3）复合材料阶段。为了满足土木工程结构与功能的要求，节约材料、节约资源，最大限度地发挥各种材料的优势，将不同组成与结构的材料复合形成各种复合材料，是现代土木工程材料的主要应用方式之一。钢筋混凝土就属于典型的复合材料，利用钢筋与混凝土的黏结性能，将钢筋放置在混凝土中形成钢筋混凝土，充分利用钢筋抗拉强度高、混凝土抗压强度高的特点，使混凝土结构构件广泛应用于土木工程中。

作为土木工程的物质基础，建筑材料的作用举足轻重。第一，从工程造价看，50%以上来自建筑材料，并且随着建设标准的提高，材料所占比例也随之提高；第二，正确使用建筑材料是保证工程质量和使用寿命的关键。多数工程病害和工程质量事故都与建筑材料质量与使用有关，建筑材料选择不当、质量不符合要求，结构的功能就会受到损害；第三，建筑材料的种类及性能不仅制约建筑设计和结构设计，而且还影响施工技术的发展。例如，没有混凝土外加剂的发明与应用，就没有混凝土泵送施工，就没有现代工程的快速施工。

建筑材料工业是我国重要的原材料工业，是我国国民经济支柱产业之一。近年来，在我国大规模建设的拉动下，主要建筑材料产量快速增长。2020年我国水泥产量达到23.77亿t，粗钢10.53亿t，平板玻璃9.5亿重量箱。水泥和粗钢产量占世界总产量的50%以上，平板玻璃的产量占世界总产量的40%以上。可以说我国不仅是建筑强国，也是建筑材料大国。但是，我国建材工业目前仍存在装备与技术相对落后、生产能耗高、发展不平衡等方面的问题。面对绿色、可持续发展及"双碳"目标，我国建筑材料行业发展的出路在于：节约能源，提高能源利用率；节约资源，提高资源利用率；减排降污，保护环境；提高产品质量，延长使用寿命；促进科技进步，发展循环产业。

3.5.1 土木工程材料分类

土木工程材料的种类繁多、用途多样。根据其来源分，可分为天然材料与人工材料。砂石、木材等属于天然材料，水泥、钢材、玻璃、塑料等属于人工材料。根据其物质组成及化学属性，可分为有机材料、无机材料和复合材料三大类别。各大类别又可以进一步细分，如表3-1所示。

土木工程材料分类（按物质属性） 表3-1

材料大类	材料子类	举例
无机材料	金属材料	钢材、铝合金等
	非金属材料	天然材料：石材、砂、土等
		烧土制品：砖瓦、玻璃、陶瓷
		胶凝材料：石灰、石膏、水泥等
		混凝土及硅酸盐制品：混凝土、砂浆、石膏板、砌块等
有机材料	植物材料	木材、竹材等
	高分子材料	塑料、涂料、胶粘剂、合成橡胶、混凝土外加剂等
	沥青材料	石油沥青、煤沥青、沥青制品等
复合材料	无机非金属材料与有机材料复合	玻璃纤维增强塑料、聚合物混凝土、沥青混合料等
	金属材料与无机非金属材料复合	钢筋混凝土、钢纤维增强混凝土等
	金属材料与有机材料复合	铝塑材料、钢塑材料等

根据其用途与功能分，土木工程材料可主要分为结构材料、墙体材料和建筑功能材料3种，见表3-2。结构材料指能承受荷载作用的材料，应具有较好的物理力学性能，能满足结构功能要求。土木工程中常用的结构材料有混凝土、钢材、木材、承重的砌体材料等。墙体材料是指在建筑工程中用于墙体的材料。传统的墙体材料一般指黏土砖。黏土砖砌筑的墙体，兼具承重、围护和分隔功能于一体。现代建筑中，墙体一般只作为分隔或围护作用，墙体材料一般使用非承重的砌块材料砌筑或采用轻质墙板。建筑功能材料是指具有隔热、隔声、防水、装饰等功能的材料。结构材料是土木工程专业研究的主要对象。用不同材料构成的结构及其力学性能差别很大，其设计、施工方法也有较大差别。根据所使用的结构材料划分，建筑结构有砌体结构、混凝土结构、钢结构、木结构及组合结构等几种主要的结构形式。

建筑材料分类（按用途与功能） 表3-2

用途与功能	种类	举例
结构材料	砌体结构	石材、砖、砌块、钢筋、砂浆、混凝土、木材等
	混凝土结构	混凝土、钢筋
	钢结构	建筑钢材
	钢木结构	建筑钢材、木材等

用途与功能	种类	举例
墙体材料	砖、石、砌块	普通砖、多孔砖、硅酸盐砖、灰砂砖、砌块、石材、石膏板等
建筑功能材料	防水材料	沥青及其制品、树脂基防水材料等
	隔热材料	石棉、矿棉、玻璃棉、膨胀珍珠棉、膨胀蛭石、加气混凝土等
	吸声材料	木丝板、毛毡、泡沫塑料等
	采光材料	各种玻璃
	装饰材料	涂料、塑料、铝材、石材、陶瓷、玻璃、木材等

一般而言，建筑物的安全可靠性取决于承重的结构材料，而建筑物的使用功能及外观质量与效果则主要取决于建筑功能材料。随着国民经济的发展和人民生活水平的提高，人们将更加重视建筑物的使用功能及外观质量与效果。因此，建筑功能材料的研发与应用是土木工程材料发展的重要方向。

3.5.2 土木工程对材料性能的基本要求

现代社会中，人们对建筑物的要求不再局限于安全性、使用性和耐久性等基本的结构功能，还要求具有防御性、私密性、舒适性、健康性、便利性、美观性和经济性等综合性能。表 3-3 所示为建筑物应满足的各种性能要求。

建筑的性能要求 表 3-3

性能要求	说明
结构功能	安全性：具有承重，抵抗风、地震、火灾、偶然爆炸、撞击等作用的能力
	适用性：在正常使用状态下，其变形、裂缝、振动等不超过允许限值
	耐久性：具有抵抗环境作用的能力
建筑功能	防御性：具有挡风避雨、防寒暑、防火、防盗的功能
	私密性：具有隔声、挡光等功能
	舒适性：温湿度、采光、通风等适宜
	健康性：营造适宜居住及身心健康的生活、办公环境
	便利性：布局合理、使用方便
	美观性：造型、色彩等令人愉悦

为了使建筑物满足上述性能要求，除了合理规划、设计与施工外，必须选用性能符合要求的建筑材料。例如，要保证安全性，材料应具有足够的强度；为保证在地震、爆炸等偶然作用下的安全性、防止连续倒塌，材料不仅应具有较高的强度，而且需有良好的变形性能和韧性；为防止和减少火灾引起的人员伤亡，建筑材料，特别是装饰、装修材料应具有不燃性或难燃性，以及燃烧时不发烟、不产生有毒气体等性能；要满足耐久性要求，建筑材料应具有抵抗酸、碱、盐类物质侵蚀的能力，

以及在大气环境作用下的抗老化和抗虫蛀等能力；建筑物的美观性要求装饰材料应具有高雅的质感、适宜的色彩、优良的施工质量等；建筑的健康性要求装饰、装修材料应不含有毒、有害物质等。根据表 3-3 所示的建筑功能及结构功能，建筑材料的性能要求可以归纳如下：

（1）力学性能：包括强度、硬度、弹性模量、收缩、徐变、韧性、耐疲劳性等；

（2）物理性能：包括密度、变形、热、声、光及水分的渗透等；

（3）耐久性能：包括氧化、变质、劣化、风化、冻害、虫害、腐朽等，以及对酸、碱等侵蚀性介质的抵抗能力等；

（4）健康性能：包括是否散发有毒气体，对人体是否有害，特殊的建筑物还要求有杀菌性能等；

（5）防火与耐火性能：包括燃点与燃烧性、熔融性、发烟性及有毒气体、高温作用力学性能退化等；

（6）外观性能：包括色彩、亮度、质感、花纹、触感、耐污染性、尺寸精度与表面平整性等；

（7）生产、施工与可循环利用性能：原材料资源是否丰富，生产、运输及施工过程是否消耗过多的资源和能源、是否污染环境，可加工性、施工性及循环再利用性等。

由此可见，建筑材料涉及的学科范围广泛，涵盖化学、物理学、力学、美学、经济学等多学科。实际工程中，应根据其用途及功能要求，选择满足要求的建筑材料。例如对于结构材料，应重点考虑其力学性能、耐久性能以及生产性能；对于装饰装修材料，应重点考虑其外观性能、健康性能、防火耐火性能、物理性能等；对于隔断和围护材料，则应重点考虑其耐水性、保温隔热性能、隔声性能等。

3.5.3 钢材与混凝土

钢材与混凝土是目前土木工程中应用最为广泛的两种结构材料，是土木工程的基础性材料。在土木工程的各个领域，都要与钢材和混凝土两种材料打交道，因此，了解和认识这两种材料的基本概念，对掌握和应用这两种材料十分重要。

3.5.3.1 钢材

土木工程用的钢材是指用于钢结构的各种热轧型材和钢板，以及冷弯成型的薄壁型钢和压型钢板，如圆钢管、方钢管、C 型钢、槽钢、角钢、工字钢、H 型钢等；用于钢筋混凝土中的各种钢筋；以及用于预应力混凝土中的高强度钢丝、钢绞线等。

土木工程所使用的钢材大多为低碳钢和低合金结构钢。碳素钢的主要元素是铁，还含有少量的碳、硅、锰、硫、磷等元素。碳含量少于0.25%的为低碳钢，0.25%~0.6%的为中碳钢；0.6%~1.4%为高碳钢。普通低合金结构钢一般是在普通碳素钢的基础上，少量添加硅、锰、钒、铅、铬等元素，以提高和改善钢材的强度和塑性。

钢材是在严格的技术控制条件下生产的，品质均匀致密，抗拉、抗压、抗剪切强度都很高。常温下能承受较大的冲击和振动荷载，有较好的塑性和韧性。钢材具有良好的加工性能，可以铸造、锻压、焊接、铆接和切割，便于装配。

钢结构是在专业化的钢结构制造厂中用热轧钢材或冷弯型钢加工成构件或构件单元，然后运输到现场吊装完成的结构。混凝土结构中采用热轧钢筋，纵向钢筋与箍筋绑扎成钢筋骨架放置在混凝土中。在一些重要的钢筋混凝土结构构件中，除配有钢筋骨架外，还可以放置型钢，形成钢骨混凝土。预应力混凝土结构中除配置热轧钢筋外，还要配置高强钢丝、钢绞线等，在施工阶段给结构构件施加预压力。

3.5.3.2 混凝土

混凝土是由胶凝材料（水泥）、粗骨料（碎石或卵石）、细骨料（砂）、水、矿物掺合料（矿渣粉、粉煤灰等）、外加剂按一定比例配制，经搅拌、振捣成型、养护硬化而成的人造石材。混凝土组成材料来源丰富、价格低廉、生产工艺简单；混凝土抗压强度高、耐久性好、可模性好、可浇筑成各种形式的结构构件，能广泛应用于建筑工程、桥梁工程、道路工程、隧道工程、地下与基础工程等各个领域。

混凝土的种类很多。按抗压强度标准值和性能分类，可分为普通混凝土、高强混凝土、高性能混凝土、抗渗混凝土、抗冻混凝土等；按质量密度分，可分为普通混凝土、轻骨料混凝土和重骨料混凝土等；按用途和功能分，可分为结构混凝土、道路混凝土、水工混凝土、耐热混凝土、耐腐蚀混凝土及防辐射混凝土等；按施工工艺分，可分为泵送混凝土、喷射混凝土、自密实混凝土等；按施工性分，可分为干硬性混凝土、塑性混凝土、流动性混凝土、大流动性混凝土等；按材料组成分，可分为普通混凝土、纤维增强混凝土、再生骨料混凝土、聚合物混凝土等。

混凝土的主要性能指标有：力学性能、耐久性、体积稳定性和可施工性。力学性能主要指抗压强度、抗拉强度、弹性模量及应力–应变本构关系。结构构件的承载能力与正常使用性能主要与力学性能有关。耐久性主要指抵抗环境作用的能力，结构的使用寿命主要与耐久性能指标有关。混凝土在硬化过程中，一般既会由于体积收缩而产生裂缝，也会由于温差作用而产生裂缝，这种现象称为体积不稳定性。尽管这种体积变化很小，但因为可能产生裂缝，从而给结构性能造成损害，所以混凝土结构施工中应采取有效措施保证其体积稳定性、降低开裂风险、减少裂缝。改善和提高混凝土硬化过程的体积稳定性，是改善和提高混凝土结构质量及其耐久性的重要途径。可施工性主要指混凝土拌合物的和易性、抗离析性、保坍性及可泵送性。现代现浇混凝土结构主要采用集中搅拌、长距离运输、泵送施工的方式，良好的施工性能是这种高效施工方式的前提。

由于混凝土具有抗拉强度低的特点，钢筋混凝土结构要完全消除裂缝，理论上是不现实的。为防止混凝土结构构件开裂或降低裂缝宽度，可采用预应力混凝土结构。预应力混凝土结构就是在结构构件受荷前预先对使用阶段产生拉应力的区域施加预压力的结构。通过施加预压力，部分或全部抵消使用阶段产生的拉应力，达到延缓或防止出现裂缝、降低裂缝宽度的目的。大跨钢筋混凝土结构，一般要采用预应力混凝土结构。现代混凝土桥梁一般都是预应力混凝土结构。

混凝土中的胶凝材料主要是水泥。水泥是水硬性胶凝材料，即加水拌合成塑性浆体，能在空气中和水中凝结硬化成坚硬的类似石材的材料。水泥按其用途及性能分为三类：通用水泥、专用水泥和特性水泥。

（1）通用水泥。通用水泥即硅酸盐水泥，主要品种有：硅酸盐水泥、普通硅酸盐水泥、矿渣硅酸盐水泥、火山灰质硅酸盐水泥、粉煤灰硅酸盐水泥和复合硅酸盐水泥。

（2）专用水泥。专用水泥指具有某种专门用途的水泥，如油井水泥、砌筑水泥等。

（3）特性水泥。特性水泥指具有某种突出性能的水泥，如快硬硅酸盐水泥、抗硫酸盐水泥、中热硅酸盐水泥、膨胀铝酸盐水泥、磷酸盐水泥等。

随着现代材料科学的发展和生产加工技术的进步，钢材、混凝土、玻璃等大宗建筑材料的质量和性能不断提升；装饰装修材料及功能材料的种类越来越多、性能越来越优良；高性能有机材料及复合材料不断创新，越来越多的新材料广泛地应用于土木工程的各个领域。未来土木工程材料将在高性能化、多功能化、工业规模化、生态化等方向上继续创新发展。

3.6 工程结构设计使用年限与耐久性

3.6.1 设计使用年限

工程结构设计使用年限是设计规定的一个时期。在这一规定的时期内，工程只需要进行正常的维护而不需进行大修就能按预期目的使用，完成预定的功能，即工程在正常设计、正常施工、正常使用和维护下所应达到的使用年限。根据《建筑结构可靠性设计统一标准》GB 50068—2018 的规定，临时性工程的设计使用年限为 5 年；易于替换的结构构件的设计使用年限为 25 年；普通建（构）筑物的设计使用年限为 50 年；纪念性建筑和特别重要工程的设计使用年限为 100 年。对特别重要的工程，也可以经过论证，对其设计使用年限提出更高的要求，如港珠澳大桥的设计使用年限为 120 年；超大型水利工程的设计使用年限应不小于 150 年。

工程结构设计中，可根据工程的设计使用寿命和结构构件的重要性程度、可维修性及可更换性，分别确定工程中不同结构构件的设计使用寿命。ISO 15686 规定，设计使用寿命为 150 年或 100 年的工程，其中难以维修结构构件的寿命应不低于工程的设计使用寿命；难以更换结构构件的设计使用寿命不低于 100 年；可更换结构构件的设计使用寿命不低于 40 年，建筑设备的设计使用寿命不低于 25 年。

我国建筑法规定，建筑物在其合理使用寿命内，必须确保地基基础工程和主体结构的质量。设计使用年限是建（构）筑物的地基基础工程和主体结构工程"合理使用年限"的具体化，是建（构）筑物建成后所有性能均能满足原定要求的实际使用年限。当结构的使用年限超过设计使用年限后，并不是就不能使用了，而是结构失效概率可能较设计预期值增大。

3.6.2 耐久性

工程结构的使用寿命主要与耐久性有关。从科学原理上定义，工程结构耐久性指工程结构抵抗环境作用的能力。从设计技术上定义，结构的耐久性指结构及其构件在可能引起材料性能劣化的各种作用下能够维持其原有性能的能力。可能的各种作用主要指环境作用；原有性能包括原有的形状、质量、使用性能和安全性能等。任何结构都存在耐久性问题，如钢结构容易腐蚀，木结构容易虫蛀、腐朽等。但混凝土结构耐久性问题是土木工程领域最为关注的问题。这是因为，①混凝土材料及其结构在房屋建筑及基础设施工程建设中应用最为广泛，特别是在一些比较恶劣的环境下普遍使用混凝土结构，如跨海大桥等；②混凝土结构的耐久性机理较其他结构更为复杂；③混凝土结构耐久性的防护与修复更为困难。因此，在土木工程中讨论耐久性，往往指混凝土结构的耐久性。混凝土结构的耐久性与混凝土材料本身的性能、施工质量控制、养护与硬化过程、环境条件等有关。

与结构上其他作用引起的反应不同，环境作用对混凝土结构造成的损伤或破坏与时间有关，时间是重要的变量。混凝土结构即使在最为严酷的条件下，由于环境作用引起的破坏也要经历一定的时间。其他作用引起的损伤或破坏，无论是静力的还是动力的，尽管也存在累积损伤或破坏的问题，但一般来说与作用力的大小及其作用方式的关系更为直接与紧密。如当静力作用引起截面内力或变形超过材料强度极限时，构件会发生破坏，破坏过程相对比较短暂，有的甚至出现瞬间的脆性破坏。而混凝土结构耐久性损伤与破坏是一个缓慢的过程。因此混凝土结构耐久性与混凝土结构的使用寿命是相统一的。研究混凝土结构的耐久性，要解决两个根本问题：一是要揭示混凝土结构在环境作用下性能退化、损伤和破坏的过程、机理及其对结构适用性和安全性的影响，二是回答结构维持预定功能的时间或使用寿命。

能导致混凝土结构耐久性降低与性能退化的原因很多，如混凝土碳化或中性化、钢筋腐蚀（图3-36）、碱骨料反应、硫酸盐腐蚀、冻融破坏（图3-37）等。但混凝土结构中最引人关注的耐久性问题是混凝土结构中的钢筋腐蚀问题。从理论上讲，随着服役时间的增加以及环境的变化和影响，任何混凝土结构都存在钢筋腐蚀问题，而其他形式的耐久性问题则都局限于某些特定的环境与条件下，只能在一些局部的区域发生。混凝土碳化及多种因素的相互作用，也是混凝土耐久性研究的重要内容，但如果不考虑碳化脱钝、使钢筋具备腐蚀的条件，碳化的危害非常微小。

在混凝土结构钢筋腐蚀问题中，桥梁工程、港口工程等的钢筋腐蚀问题更为严重。因为就工程所处的环境而言，建筑工程的环境相对较好，由此产生的问题相对轻微。因此，对大多数建筑工程而言，与钢筋腐蚀有关的耐久性问题并不是十分突出。有腐蚀性介质侵蚀的工业厂房、处于受盐雾影响的海岸带建筑除外。跨海桥梁工程、隧道工程、港口工程中的混凝土结构构件，其表面直接暴露于与海水接触的环境、海洋大气环境或除冰盐环境，这些环境中的氯离子会在混凝土结构构件表面累积，并向内部迁徙，当氯离子到达钢筋表面，并累积到临界氯离子浓度时，会导致钢筋脱钝，引起钢筋锈蚀，显著降低混凝土结构的耐久性。所以混凝土结构的耐久性问题，对于沿海或近海的桥梁工程、港口工程、隧道工程等尤为重要。目前工程中所发现的比较严重的问题也大多集中在这些工程领域。国内外统计的由耐久性问题引起的经济损失或加固维护投资等也主要集中在这些工程领域。

据统计，在西方一些发达国家，由于混凝土结构耐久性问题引起的工程拆除、重建和维修的投资占GDP的比重高达2%～4%。1990年代，美国混凝土结构的总

图3-36 海岸栈桥混凝土结构钢筋腐蚀

图3-37 混凝土冻融损伤剥落

价值为 6 万亿美元，而每年用于维修防护等方面的费用高达 3000 多亿美元。英国英格兰岛中环线上 11 座高架桥，到 2004 年其修补费用即达建造费用的 6 倍。我国正处在大规模建设时期，高速公路、高速铁路等基础设施规模都处于世界领先水平。随着这些工程服役年限的增加，其耐久性问题会更加突出，特别是沿海经济发达区大量建设的混凝土高桩码头、沿海高速公路桥梁、跨海大桥等，如已经建成的杭州湾大桥、苏通大桥、胶州湾大桥、港珠澳大桥等。这类结构处在氯盐侵蚀的环境，一旦混凝土结构构件中的氯离子达到临界值引起钢筋锈蚀，将造成巨大的维修投资。如养护维修不及时，使钢筋锈蚀持续发展，还会引起混凝土结构构件顺筋开裂、保护层爆裂、钢筋截面面积减少和脆性性质增加、钢筋和混凝土之间的黏结力下降，结构构件的承载能力降低直至结构构件破坏等一系列结构问题，会给结构的安全带来巨大的风险。因此，研究海工混凝土结构的耐久性，提高混凝土结构耐久性设计与寿命预测水平，是当今土木工程领域的重要课题。

改善和提高混凝土结构的耐久性，解决土木工程，特别是重大交通基础工程的全寿命设计关键技术，不仅是土木工程领域所关注的重大科技问题，对国家的可持续发展战略也具有重要的社会和经济意义。我国交通强国战略对交通运输提出更高要求，交通科技面临重大战略需求。交通科技应围绕国家重大交通基础设施建设，突破建设和养护关键技术，提高建设质量，降低全寿命成本。随着港珠澳大桥等重大工程建设关键技术的不断发展与创新，目前我国建设技术和养护技术全面提高，整体达到了国际先进水平。

工程结构的安全性、适用性与耐久性是工程结构的核心技术问题。在工程结构理论和技术的发展过程中，安全性和适用性问题得到了比较长时间的重视和研究。自 20 世纪 80 年代开始，工程结构在各种环境作用下长期使用所暴露出的严重问题不断得到发现和重视，国内外开始对混凝土结构的耐久性开展了系统的研究。2000年以后，国内外有关混凝土结构耐久性设计与评估的标准、规范和指南等相继颁布，对保证和提高混凝土结构的耐久性，特别是重大基础设施工程混凝土结构的耐久性和使用寿命，推广耐久性设计、施工及养护技术、推动结构耐久性理论发展等，都起到了重要作用。

3.7 工程结构的防灾减灾

灾害是指那些由于自然的、社会（人为）的或社会与自然组合的原因，对人类的生存和社会发展造成损害的各种现象。土木工程在建设和使用过程中，会受到各种自然灾害或社会（人为）灾害的影响和破坏，造成人员伤亡和经济损失。因此，应对这些灾害加以了解和预防，以防止和减轻灾害损害和破坏，降低人员伤亡和财产损失。

对土木工程建设与使用产生影响与破坏的灾害包括自然灾害和社会（人为）灾害，其中自然灾害主要指震灾、风灾、水灾、雪灾、地质灾害等；社会灾害主要有火灾、偶然爆炸、恐怖袭击、地陷、工程质量与安全事故等。防灾减灾就是降低、消除、转移或避免这些灾害的不利后果和影响。

土木工程具有防护性、超前性、基础性、普遍性与恒久性的特点。建立和发展用以提高工程结构和工程系统抵御自然灾害和人为灾害的科学理论、设计方法和工程措施，最大限度地减轻未来灾害可能造成的破坏，保证人民生命和财产的安全，保障灾后经济恢复和发展的能力，提高国家重大工程的防灾能力，是土木工程技术的重要任务。表3-4列出了土木工程建设中需要考虑抵御的主要灾害及其减轻灾害的主要途径。本节就火灾、地震灾害、风灾、洪灾、雪灾及地质灾害等主要工程灾害作简要的阐述。

土木工程需抵御的主要灾害及技术途径　　　　　表3-4

灾害种类	致灾原因	抵御或减轻灾害的主要途径
火灾	雷击等自然因素、偶然事故或人为破坏	工程防火设计、消防措施、结构防火设计及防护等
地震	地壳构造活动	工程抗震设计、减震隔震设计、海啸预警等
风灾	热带气旋、台风、飓风	天气预报、工程抗风设计及减振设计与措施等
雪灾	寒潮	天气预报、工程设计中考虑雪荷载作用
洪灾	强降雨或持续降雨	天气预报、拦洪蓄洪、排水排涝、堤坝安全等
地质灾害	降雨或地震引起的滑坡、泥石流、沉陷等	工程选址考虑地质灾害风险，不稳定边坡加固等
偶然灾难	战争、恐怖袭击、偶然爆炸、撞击等	结构防护与抗连续倒塌设计及其技术措施等

3.7.1 火灾

世界多种灾害中发生最频繁、影响面最广的首属火灾。全球每年约发生600万～700万起火灾，每年死于火灾的人数约有6.5万～7.5万，由此造成的生命与财产损失十分可观。我国国土面积大、人口多，城市化和经济建设发展快，火灾问题越来越突出，重特大火灾时有发生。随着城市化发展，建筑火灾及其危害也越来越严重。一些重特大火灾不仅造成了重大人员伤亡和财产损失，而且对工程结构也造成了严重破坏，危及结构安全，如中央电视台新址配楼火灾（2009年2月9日）（图3-38），上海"11·15"火灾（2010年11月16日）（图3-39）等。图3-40为西班牙马德里 Windsor 大厦火灾（2005 年 2 月 12 日）前后对比。

导致火灾的原因很多，归纳起来不外乎电气事故、违反操作规程、用火不慎、自燃及人为纵火等原因，以电气事故及用火不慎居多。

火灾是一个燃烧过程，要经过发生、蔓延和充分燃烧等多个阶段（图 3-41）。火灾发生和发展过程呈现了火灾特性，包括火源燃烧特性、火灾初期特性、火灾盛期特性和建筑火灾特性等。火灾的严重性与火灾特性有关，主要取决于火灾持续时间和盛期温度。

建筑火灾的防治及减灾是系统工程，涉及材料与构件、消防设备、结构耐火性能、烟控与避难、制度与对策等多方面。在城镇规划及建筑设计中都要充分考虑消防防火问题，预防和减轻火灾危害。预防火灾危害的主要措施有：

（1）城镇总体规划体现和满足防火的基本要求；

（2）建筑物内设置合理的防火分区，防止火灾蔓延；

（3）建筑物内布置合理的人员疏散通道和疏散诱导设施；

（4）建筑物内设置火灾探测报警系统，以尽早发现火险；

图 3-38 中央电视台新址配楼火灾

图 3-39 上海"11·15"火灾

图 3-40 建筑火灾前后对比

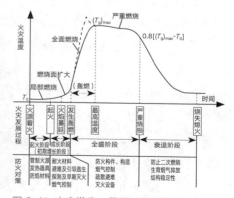

图 3-41 火灾发生、蔓延过程示意图

（5）安装合理的灭火设施，及时将火灾扑灭在初始阶段；

（6）控制烟气的蔓延，减轻或消除火灾烟气的危害；

（7）对于厂房库房等有特殊要求的建筑，根据实际情况制定合理防火方案与措施。

减轻火灾危害的主要措施有：

（1）合理选用结构材料与结构形式，提高结构的耐火性能；

（2）对钢构件进行防火保护，提高构件的耐火时间；

（3）加大混凝土构件的保护层厚度，提高构件的耐火时间；

（4）对木结构进行阻燃处理，延长被引燃时间，减慢燃烧速率；

（5）适当加大构件的截面，降低构件的应力比；

（6）设计合理的细部构造，减小结构的温度内力；

（7）对可燃易燃材料进行阻燃处理，防止其着火或降低其燃烧性能；

（8）开发耐火性能良好的结构材料，提高结构构件耐火时间。

3.7.2 地震灾害

地震俗称地动，是一种具有偶发性的自然现象。地震按其发生的原因，主要有火山地震、陷落地震、人工诱发地震以及构造地震。构造地震破坏作用大，影响范围广，是工程抗震的主要对象。构造地震是由于地壳的缓慢变形，各板块之间发生顶撞、插入等突变形成的地壳震动，或地壳板块内部不均匀应变导致的在地质构造不均匀处或薄弱处发生的地层错动或崩裂而形成的震动。

地球上每天都在发生地震，一年约有 500 万次。大多数地震的震级较小，或震源深度较深，人们感觉不到，也不会对地表或地面建（构）筑物造成破坏。能造成破坏的有感地震全球每年一般有 10 余次，其中能造成严重破坏的大地震平均每年 1 ~ 2 次。世界有史以来记录的最大地震是 1960 年发生于智利瓦尔迪维亚省的里氏 9.5 级地震，这次地震引发的海啸波及夏威夷群岛、日本和菲律宾群岛。

地壳中发生地震的位置称为震源。震源在地面上的垂直投影点称为震中。震中到震源的深度称为震源深度。通常将震源深度小于 60km 的称为浅源地震，深度在 60~300km 的称为中源地震，深度大于 300km 的称为深源地震。破坏性地震一般是浅源地震。如 1976 年 7 月 28 日唐山市发生的 7.8 级地震、2008 年 5 月 12 日四川省汶川县发生的 8.0 级地震、2010 年 4 月 14 日发生在青海省玉树市的 7.1 级地震均属于浅源地震。

震级是衡量地震大小或规模的尺度，它由震源处释放能量的大小确定。烈度是某地区各类建筑物遭受一次地震影响的强弱程度。一次地震只有一个震级，却有多个烈度区。这就像炸弹爆炸后不同距离处具有不同的破坏程度一样。烈度与震级、震源深度、震中距、地质条件、房屋类别有关（图3-42），是工程抗震的重要概念。

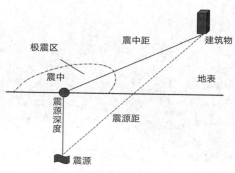

图 3-42 震源、震中、震中距的关系

偶发的大地震（罕遇地震）具有巨大的破坏力，可以在数十秒钟之内使一座城市变为废墟，而且还会引发很多次生灾害。地震灾害可分为直接灾害和次生灾害。

（1）直接灾害。直接灾害包括地表破坏和建（构）筑物破坏。地震断层错动以及地震波引起的强烈地面振动等会引起地面裂缝、错动、塌陷、喷砂冒水、山崩、滑坡等地表破坏，也会造成房屋倒塌、桥梁断落、水坝开裂、铁轨变形等的建（构）筑物破坏（图 3-43 ~ 图 3-46）。

（2）次生灾害。次生灾害是指直接灾害发生后，破坏了自然或社会原有的平衡、稳定状态，从而引发出的灾害。有时次生灾害所造成的伤亡和损失比直接灾害还大。次生灾害主要包括：火灾（地震引起的天然气泄漏、电路短路等造成）、海啸（海底地震引起）、水灾（地震导致水坝决口或山崩形成堰塞湖等引起）、毒气泄漏（地震导致危化品装置破坏等所致）、瘟疫（由地震直接伤亡和震后生存环境严重破坏而引起）等。

2011 年 3 月 11 日发生在日本东海的 9.0 级地震引发了巨大海啸，海啸所产生的海浪高度达 20 多米，所到之处满目疮痍，造成了巨大的破坏。不仅城镇变成废墟，多个炼油厂发生爆炸，而且造成了福岛核电站发生严重的核泄漏，如图 3-47 和图 3-48 所示。至今福岛核电站的废水仍对环境造成巨大威胁，核废水处理问题仍是日本政府面临的十分棘手的问题。

图 3-43 日本"3·11"地震引起的地面变形与地裂

图 3-44 中国台湾集集地震引起的建筑倒塌

（a）隧道破坏　　　　　　　　　　　（b）桥梁倒塌

（c）铁路破坏　　　　　　　　　　　（d）公路破坏

图 3-45 汶川"5·12"地震造成的基础设施破坏

图 3-46 汶川"5·12"地震引起房屋倒塌与山体滑坡　　图 3-47 地震中炼油厂爆炸

图 3-48 震后福岛核电站大量核辐射废水

罕遇地震不仅能造成大量建（构）筑物破坏或倒塌、生命线工程破坏以及重大财产损失和人员伤亡，还会对人们产生重大心理影响，遗留一些社会问题。

土木工程防震、抗震的方针是"预防为主"。预防地震灾害的主要措施包括两大方面：一是加强地震观测与强震预报，二是对土木工程设施进行抗震设防。工程抗震设防的主要内容有：

（1）确定国家级的地震烈度区划图，规定各地区的基本烈度（即可能遭遇超越概率为 10% 的设防烈度），作为工程设计和各项建设工作的依据；

（2）国务院建设行政主管部门颁布工程抗震设防标准，供各建设项目主管部门在建设过程（包括选址、可行性研究、编制计划任务书等）中遵照执行；

（3）国务院建设行政主管部门颁布抗震设计规范；

（4）设计单位在对抗震设防区的土木工程设施进行设计时，严格遵守抗震设计规范，并尽可能地采取隔震、消能等地震减灾措施；

（5）施工单位和质量监督部门严格保证建设项目的抗震施工质量；

（6）位于抗震设防区内的未按抗震要求设计的土木工程项目，要按抗震设防标准的要求补充进行抗震加固。

我国工程抗震设计采用"小震不坏、中震可修、大震不倒"的设防标准和原则。"小震"为多遇地震，50 年众值烈度的超越概率为 63.2%；"中震"相当于 50 年超越概率为 10% 的地震，是基本烈度对应的地震；"大震"即罕遇地震，相当于 50 年超越概率为 2% 的地震。按照"小震不坏、中震可修、大震不倒"的设防标准设计的工程，当遭受低于本地区设防烈度的多遇地震影响时，一般不受损坏或不修理仍可继续使用；当遭受本地区设防烈度的地震影响时，可能破坏，但经一般修理或不需要修理仍可继续使用；当遭受高于本地区设防烈度的罕遇地震影响时，不致倒塌或发生危及生命的严重破坏。

抗震设计的主要内容包括概念设计、计算设计和构造设计三部分。概念设计是抗震设计必须遵循的一些基本原则，包括场址和场地土的判别以及选择的内容、建筑体形与结构布置的基本原则、规则结构与不规则结构的定义及其处理、抗震设计的一般要求等。计算设计主要包括地震作用分析和结构抗震验算。地震作用分析主要采用设计反应谱法。抗震验算包括截面抗震承载能力验算和抗震变形验算两方面内容。在"小震不坏、中震可修、大震不倒"的设计原则下，我国抗震设计规范采用两阶段设计方法，通过"小震"作用下的抗震承载能力计算保证"小震不坏"（第一阶段），通过"大震"作用下的弹塑性变形验算保证"大震不倒"（第二阶段）。因此，结构抗震变形验算包括两部分内容：一是"小震"作用下结构的弹性变形验算，保证结构有足够的弹性刚度；二是"大震"作用下的弹塑性变形验算，将薄弱层的弹塑性变形限制在限值范围内，防止结构倒塌。构造设计是确保结构整体性、延性及防止连续倒塌所采取的技术措施，是抗震设计的重要内容。

3.7.3 风灾、洪灾与雪灾

3.7.3.1 风灾

风是空气相对于地球表面的运动。自然界中常见的风包括热带气旋、台风、飓风、季风和龙卷风。风的强度常用风速来表述。据联合国 20 世纪 90 年代的有关统计，人类所遭遇的各种自然灾害中，风灾造成的经济损失超过地震、水灾、火灾等其他灾害的总和。尤其热带气旋（台风、飓风）、龙卷风以及强对流天气可能造成大量人员伤亡和严重经济损失，引起大面积农田被淹没、大量房屋被毁坏、电力与交通中断等灾害。如 2005 年 8 月侵袭美国南部的"卡特里娜"飓风造成约 812 亿美元损失和 1800 多人死亡。近年来，在我国沿海登陆的台风造成年平均约 260 亿元人民币的经济损失和约 570 人死亡。风灾具有发生频率高、暴雨和风暴潮等次生灾害多、持续时间长的特点。随着全球气候变化的加剧，热带气旋、风暴潮等极端天气频发，危害也越来越大。

高层和超高层建筑、大跨空间结构、大跨桥梁、高耸结构（电视塔、输电线塔）、围护结构等工程结构对风的作用比较敏感，容易受风灾。在历次风灾中，因建筑工程破坏而产生的人员伤亡和财产损失都占有较高比例。1926 年的一次大风使得美国一座 10 多层的大楼——Meyer-Kiser 大楼的钢框架发生塑性变形，造成围护结构严重破坏，大楼在风暴中严重摇晃。2005 年 8 月，遭"卡特里娜"飓风袭击，美国新奥尔良市的许多多层建筑遭到损坏或毁坏（图 3-49），该市著名的"超级穹顶"体育馆的金色屋顶上许多金属板被狂风刮走（图 3-50）。1999 年 9 月，9915 号台风"约克"袭击我国香港，导致香港湾仔数幢办公楼玻璃幕墙严重损毁，其中政府税务大楼、入境事务大楼及湾仔政府大楼共有 400 多块幕墙玻璃被吹落，而且使室内大量文件被风吸走（图 3-51）。2004 年，河南省体育中心体育场围护结构在 8~9 级的大风袭击下严重受损，位于东侧屋盖中部约 100m 范围内的铝面板及其固定槽钢被风撕裂并吹落（图 3-52）。2005 年 8 月 6 日，"麦莎"台风摧毁了位于无锡的高压输电塔（图 3-53）。

世界上有两个著名的风致结构破坏的案例。一是美国塔科马海峡大桥风致垮塌，二是英国渡桥热电厂冷却塔风致倒塌（图 3-54）。1940 年 11 月 7 日，建成才 4 个月的美国塔科马海峡大桥（全长 1524m，主跨 853m，通航净空 59.4m），在风速约 19m/s 的大风作用下，诱发了强烈的风致扭转振动而坍塌（图 3-55）。塔科马海

图 3-49 被"卡特里娜"飓风损坏的楼房

图 3-50 美国新奥尔良市"超级穹顶"体育馆遭飓风袭击情况

图 3-51 中国香港湾仔数幢大厦玻璃幕墙损坏

图 3-52 河南省体育中心遭风灾受损情况

图 3-53 被台风"麦莎"拦腰折断的高压输电塔

图 3-54 英国渡桥热电厂冷却塔倒塌

（a）桥梁扭转变形

（b）桥梁倒塌

图 3-55 美国塔科马海峡大桥风毁照片

峡大桥风毁事故强烈震惊了当时的桥梁工程界，开启了全面研究大跨度桥梁风致振动和气动弹性颤振理论的序幕。1965 年 11 月 1 日，英国渡桥热电厂冷却塔在风速 18 ~ 20m/s 的大风作用下，由于群体干扰效应、准静态阵风荷载超载，而导致其中的 3 个冷却塔（冷却塔直径 93m，高 116m）倒塌。

风对结构的作用特点：①作用于建筑物上的风有平均风和脉动风，其中脉动风会引起结构物的顺风向振动，这种形式的振动在一般工程结构中都要考虑；②风对建筑物的作用与建筑物的外形直接相关；③风对建筑物的作用受周围环境影响较大，位于建筑群中的建筑有时会出现更不利的风力作用，可能由于其他建筑物尾流中的气流而引起振动，英国渡桥热电厂冷却塔倒塌就是受到了这种作用；④风力作用在建筑物上的分布很不均匀，在角区和立面内收区域会产生较大的风力；⑤相对于地震来说，风力作用持续时间较长，往往达到几十分钟甚至几个小时。

风对结构的作用效应为：①使结构物或结构构件受到过大的风力或不稳定；②风力使结构开裂或留下较大的残余变形，对塔桅、烟囱等高耸结构还存在被风吹倒和吹坏的可能；③使结构物或结构构件产生过大的挠度或变形，引起外墙、外装修材料的损坏；④由于反复的风振作用，可能引起结构或结构构件的疲劳损坏；⑤气动弹性的不稳定，致使结构物在风运动中产生加剧的气动力；⑥由于过大的动态运动，建筑物的居住者或有关人员产生不舒适感。

为了有效预防和控制土木工程结构风灾害的发生，除了应加强气象灾害的监测和预报、种植防风林和设置防风墙等措施外，人们更要主动认识自然风和风作用现象，积极开展有关风对结构作用、结构对风的响应以及控制结构风致振动措施等的探索和研究。风工程学科涉及的内容非常广泛，包括大气科学、空气动力学、结构力学、实验力学等。主要研究内容有：①风气候，即不同地理区域平均气候意义上的平均风的一般特性；②地形效应，即受到地表不同地形影响的低层大气的局部风特性；③空气动力效应，即结构上的风作用，包括静力作用和动力作用；④结构力学效应，即风荷载产生的结构效应，包括静力效应和动力效应；⑤设计标准，即结构风荷载作用的设计方法及其规定。

在高层建筑、大跨空间结构、大跨桥梁和高耸结构中，抗风设计是结构设计的重要内容之一，必须使结构的抗风设计满足承载能力、刚度和舒适度的要求。工程结构抗风设计研究方法有风洞试验、工程数值仿真模拟和现场测试三种，它们互相补充、互相促进，其中风洞试验是一种主要的研究方法。超高层建筑、超大跨建筑、重大大跨桥梁工程，一般要通过模型的风洞试验，模拟和检验结构设计的可靠性，设计和安装减振装置，对其振动进行控制，安装健康检测系统，监控其性能状态。

3.7.3.2 洪灾和雪灾

洪灾是指一个流域内因集中大暴雨或长时间降雨，汇入河道的径流量超过其泄洪能力而漫溢两岸或造成堤坝决口导致泛滥的灾害。洪灾不仅能造成人员伤亡，往往还会给国民经济造成巨大损失。洪灾的自然原因是强降雨或流域大范围持续降雨，也与水利设施设防标准不够、失修等原因有关。特大洪水造成的大坝或堤防溃决，不仅能冲毁渠道、涵闸等水利工程，也能冲断桥梁、公路、铁路、输电线路等基础设施，造成交通运输中断，同时也会淹没城乡、农田和厂矿，使工农业生产蒙受巨大损失。图 3-56 是城市被洪水淹没的图片，图 3-57 是洪水冲毁桥梁的图片。

我国大江大河中下游地区的主要城市与乡镇，多处于洪水位以下，受洪水影响和威胁地区的人口约 5 亿、耕地 5 亿亩，工农业总产值占全国 60%。中华人民共和国成立以来，长江、淮河、海河发生的几次大洪水，都给国家和人民带来巨大损失。1975 年 8 月受 3 号台风影响，河南西部山区的驻马店、南阳、许昌等地发生了罕见的特大暴雨，暴雨中心 4 h 降雨量达到 1 060.3mm，淮河流域上游洪汝河、沙颍河流域发生特大洪水，致使两座大型水库垮坝，下游 7 个县城遭到毁灭性灾害。河南省有 29 个县市、1700 万亩农田被淹，1100 万人受灾，1998 年，长江、松花江、西江与闽江等流域同时发生特大洪水，全国共有 29 个省（自治区、直辖市）遭受不同程度的洪涝灾害，死亡 4150 人，倒塌房屋 685 万间，直接经济损失 2551 亿元。

洪灾形成的因素可归结为自然和社会两个方面。自然因素有气候变化、暴雨时间和地域分布的不均匀、热带风暴和台风的影响、地形地貌的变化等；社会因素主要表现为人类活动的加剧，如森林过度砍伐、植被破坏、围湖造田、河道设障等，这些因素加剧了水土流失，减少了蓄洪面积，阻塞了河道泄洪，最终导致洪峰流量增大。

河流或流域的防洪措施总体规划应遵循蓄泄兼筹、上下游兼顾、因地制宜和综合治理的原则。在防洪工程规划与建设中，应通过江河治理的全面规划，合理确定不同河段或地区的防洪标准，统筹采取工程与非工程防洪措施，确保规定防洪标准下的行洪安全，对超标准洪水采取相应的应急措施，把灾害损失降到最低程度。防

图 3-56 洪水淹没城市

图 3-57 洪水冲毁桥梁

洪工程措施指为控制和抗御洪水以减免洪灾损失而修建的各种工程，如堤坝、分洪工程、河道整治、水库等。水土保持因具有一定的蓄水、拦沙、减轻洪患作用，也属于防洪工程措施。

堤防工程是江河洪水的主要屏障，是防洪工程体系的重要组成部分，也是古今中外最广泛采用的防洪工程措施。堤防工程的防洪设计原则是：①应以所在河流、湖泊、海岸带的综合规划或防洪、防潮专业规划为依据。城市堤防工程的设计，还应以城市总体规划为依据。②应具备可靠的气象水文、地形地貌、水系水域、地质及社会经济等基本资料。堤防加固，扩建设计，还应具备堤防工程现状及运用情况等资料。③应满足稳定、渗流、变形等方面要求。④应贯彻因地制宜、就地取材的原则，积极慎重采用新技术、新工艺、新材料。⑤位于地震烈度 7 度及其以上地区的 1 级堤防工程，经主管部门批准，应进行抗震设计。⑥应符合国家现行有关标准和规范的规定。

冬季，降雪或冻雨地区的工程还会受到冰雪荷载的作用。由于暴风雪、长时间降雪或冰雨天气影响，建筑屋盖可能会有较厚的积雪，一些工程设施表面会有比较厚的积冰，严重超设计标准的冰雪荷载往往造成一些门式刚架结构、轻型钢结构、输电线塔发生破坏。图 3-58 为单层门式刚架钢结构工业厂房在雪载作用下倒塌的工程案例；图 3-59 为输电线塔在冻雨作用下倒塌的案例。2008 年发生在我国湖南等地的长期低温和冻雨天气，导致了大量输电线塔倒塌，产生了巨大的经济损失。冰雪除直接对工程结构影响外，道路、桥梁工程还会因为保证交通而受除冰盐或融雪剂的影响，导致耐久性损伤和破坏，其使用寿命会显著降低。

在各类设计规范中，所采用的自然作用，如风荷载、雪荷载、地震作用等，都是根据历史记录资料，经统计分析，按照概率可靠度设计方法确定的。随着极端条件及灾害的不断记录和积累，以及经济和社会的发展，防灾减灾设防标准及其设计参数会不断修正和调整，工程结构抗灾减灾能力的可靠度会不断提高，预期灾害损失会不断降低。

图 3-58 雪荷载引起的厂房倒塌

图 3-59 结冰引起的输电线塔破坏

3.7.4 地质灾害

地质灾害是指由各种自然地质作用和人类活动所形成的灾害性地质事件。地质灾害在时间和空间上的分布及变化规律，既受制于自然环境，又与人类活动有关，后者往往是人类与地质环境相互作用的结果。地质灾害具有自然属性，又具有社会经济属性。自然属性是指与地质灾害的动力过程有关的各种自然特征，如地质灾害的规模、强度、频次以及灾害活动的孕育条件、变化规律等。社会经济属性主要指与成灾活动密切相关的人类社会经济特征，如人口和财产的分布、工程建设活动、资源开发、经济发展水平、防灾能力等。

许多地质灾害不是孤立发生或存在的，前一种灾害的结果可能是后一种灾害的诱因或是灾害链中的某一环节。在某些特定的区域内，受地形、区域地质和气候等条件的控制，地质灾害常常具有群发性的特点。崩塌、滑坡、泥石流、地裂缝等灾害的这一特征表现得最为突出。这些灾害的诱发因素主要是地震或强降雨过程，暴雨、持续降雨或强震常常引发崩塌、滑坡、泥石流等地质灾害。在有大量潜在危岩体和滑坡体发育地区，暴雨后极易发生严重的崩塌、滑坡等活动，由此形成大量碎屑物融入洪流，进而转化成泥石流灾害。

例如，1960 年 5 月 22 日智利接连发生了 7.7 级、7.8 级、8.5 级 3 次大地震，地震在瑞尼赫湖区引发了体积为 $3 \times 10^6 \mathrm{~m}^3$、$6 \times 10^6 \mathrm{~m}^3$ 和 $30 \times 10^6 \mathrm{~m}^3$ 的 3 次大滑坡，滑坡冲入瑞尼赫湖使湖水上涨 24m，湖水外溢淹没了湖泊下游 65km 处的瓦尔迪维亚城，全城水深 2m，使 100 多万人无家可归。此次地震–滑坡–洪水灾害构成了灾害链。1988 年 11 月 6 日我国云南澜沧耿马 7.6 级地震导致了严重的地裂缝、崩塌、滑坡等灾害，在极震区出现长达十几公里、宽几米的地裂缝和大量的崩塌、滑坡体，由此造成大量农田和森林被毁，使 175 个村庄、5032 户居民因受危岩、滑坡的严重威胁而被迫搬迁，另有许多水利工程设施受到不同程度的破坏。2008 年汶川地震所引起的山体崩塌、滑坡、泥石流等灾害十分触目惊心，图 3-60 为汶川地震后某地山体崩塌、滑坡照片。2010 年 8 月 7 日甘肃舟曲强降雨引发特大泥石流灾害，如图 3-61 所示，造成 1000 多人死亡，数百人失踪。一些局部的严重地质灾害也会带来严重破坏，造成经济损失和人员伤亡。图 3-62 为某地山体滑坡导致的铁路破坏，图 3-63 为山体崩塌导致房屋损毁。

在工程和矿山建设中，常常需要开挖基坑、开凿巷道和隧道、开山造路等，这些工程活动也容易引起地质灾害，如矿区塌陷、围岩破坏、基坑破坏等。图 3-64 为基坑破坏照片，图 3-65 为围岩破坏照片。由于人类工程活动的加剧、植被的破坏、地下水的开采、城市地下空间的开发与利用等原因，人为地质灾害也时有发生，较严重的人为地质灾害，也能带来严重的经济损失和人员伤亡。

图 3-60 汶川地震山体崩塌、滑坡

图 3-61 2010 年甘肃舟曲特大泥石流

图 3-62 山体滑坡引起的铁路破坏

图 3-63 山体崩塌滑坡造成的建筑物破坏

图 3-64 基坑破坏照片

图 3-65 围岩的岩爆破坏

　　地质灾害防治是指对不良地质现象进行评估,通过有效的地质工程技术手段,改变这些地质灾害产生的过程,以达到防止或减轻灾害发生的目的。我国地质灾害防治工作的目标是,全面完成山地丘陵区地质灾害详细调查和重点地区地面沉降、地裂缝和岩溶塌陷调查,全面完成全国重点防治区地质灾害防治高标准"十有县"建设,实现山地丘陵区市、县两级地质灾害气象预警预报工作全覆盖,完善提升以群测群防为基础的群专结合监测网络,基本完成已发现的威胁人员密集区重大地质灾害隐患的工程治理。建成系统完善的地质灾害调查评价、监测预警、综合治理、应急防治四大体系,全面提升基层地质灾害防御能力。滑坡、崩塌、泥石流是 3 种主要地质灾害,应采取工程措施进行防治。在做好工程防治措施的同时,还要加强灾害监测,有效地进行灾害预测预报,最大限度地减少灾害损失,合理保护和治理各个区域的地质自然环境,以削弱灾害活动的基础条件。

3.8 工程结构检测鉴定

工程结构耐久性和使用寿命与使用阶段的检测、维护是不能分割的，对处于露天和恶劣环境下的基础设施工程来说尤其如此。为了保证结构安全性和耐久性，在工程的服役期内，应进行定期检测和维护。我国由于施工管理水平和施工操作人员的素质参差不齐，质量控制与质量保证制度不够健全，规范对结构安全与耐久性的设置水准又相对较低，已建的工程中往往存在较多隐患，因此更有必要从法律、法规上确定土建工程的正常使用和定期检测要求。

西方国家由于新建工程少，用于工程维修的费用往往占工程建设费用的很大比例，且逐年提升。据统计，英国 1978 年的土建维修费上升到 1965 年的 3.7 倍，1980 年的维修费占当年土建费用总支出的 2/3。我国 20 世纪 50 ~ 70 年代建成的大部分工程已经老化劣化，而且很多已达到了设计使用年限，如一些工业厂房；20 世纪 80 ~ 90 年代建设的一些工程，其结构体系相对较差（如砌体结构）、建设标准相对较低，且已经使用了 20 ~ 40 年，结构的安全可靠性与现有规范要求也有很大差距，特别是中小学、医院等乙类建筑的抗震能力存在较大的隐患；大量的乡镇民房都没有正规设计和施工，也缺乏定期的维修维护，其整体安全性与抗震性能等也存在很多问题；城镇一些建筑由于功能的变更，往往要对其进行改造更新；随着交通量的增加，再加之车辆超载运输等问题，一些服役时间较长，且有耐久性损伤的桥梁也存在安全可靠性问题，等等。这些工程问题的处理与解决，都需要进行检测鉴定。

工程检测鉴定是指依据工程技术规范，使用通过计量认证的检测技术方法，对工程质量进行检测，经过检测数据处理和结构分析计算，对工程的性能、现状或可靠性进行评估的专业技术活动。随着存量工程的日益增多，工程服役期的增长，设计标准及结构可靠性要求的提高，城市更新活动的增加，绿色可持续发展理念的实施，工程检测鉴定的需求会越来越多。目前建设领域已建立了比较系统的检测鉴定技术标准，如《建筑结构检测技术标准》GB/T 50344—2019、《民用建筑可靠性鉴定标准》GB 50292—2015、《工业建筑可靠性鉴定标准》GB 50144—2019、《建筑抗震鉴定标准》GB 50023—2009 等，以及一些专门的检测技术标准。这些工程检测鉴定标准与工程设计标准、工程施工质量与验收标准及建筑材料质量与检测标准一起，组成了工程建设技术标准主体。因此，工程检测鉴定是工程建设领域的重要工作，而且随着社会和经济的发展，其重要性将越来越高。

3.9 工程结构运维与再设计

　　既有工程是指所有权移交后已投入使用的工程。为保持工程的正常使用和安全，工程进入运营使用阶段应进行维护或维修。工程修护一般分两类，一是为保证正常使用功能的正常修护，如房屋的防水维修、装饰装修层维修等，这种修护属于工程服役期内的例行事项；二是结构构件因损伤、功能变更、功能提升所需进行的维修、加固或改造，这种修护称大修。大修前应进行检测鉴定，评估工程的现状及其可靠性。需要进行改造及功能提升的工程，应依检测鉴定数据和结论，按照现行规范进行结构分析和设计。这种基于既有工程状况及改造和功能提升要求的结构设计，称结构再设计。既有结构的再设计适用于下列情况：

　　（1）接近或达到设计使用年限的结构，其可靠性需校核或延长使用寿命；

　　（2）既有结构由于偶然事故造成损伤或破坏，需恢复其结构功能；

　　（3）既有结构由于地震、台风等自然灾害损伤或破坏，需恢复其结构功能；

　　（4）既有结构由于质量缺陷存在安全隐患，或出现影响适用性、耐久性的不良现状；

　　（5）按政策法规要求，既有结构的可靠性需提高的；

　　（6）既有结构发生耐久性损伤或累积损伤的；

　　（7）既有结构改变用途、荷载增加或使用环境变化的；

　　（8）既有结构扩建和改造。

　　既有结构的再设计不同于新建结构的设计，有其特殊性。新建结构的结构体系、结构布置、构件截面尺寸的选定以及材料强度的选择等相对自由，留给设计者比选的空间比较大，而结构再设计的比选空间相对比较小。对于既有工程的改建、扩建、加固补强等，其方案与分析设计是在已有结构体系及其材料性能基础上进行的。既有结构再设计，所用的方法、材料及其技术措施，需充分考虑原有结构的情况及现状，充分论证方案的可行性、可操作性和经济性。

　　既有结构再设计中，其结构布置、构件尺寸、材料性能、荷载信息等随机性比新建工程小，但应通过检测鉴定确定。因此，既有结构再设计前，应按现行的标准、规范进行检测和可靠性评估，确定相应的设计参数。这也是确定结构改建、扩建、结构构件加固处理方案的前提。

　　结构再设计应明确结构的后续使用年限。以提高结构使用年限为目标的结构再设计，应首先确定结构性能退化程度，然后根据提高使用年限的具体目标，采取相应的技术措施。以改建、扩建和加固为目标的结构再设计，应考虑新老结构构件的使用年限问题。如果要保证既有结构构件与新结构构件达到相同的设计使用年限，除根据需要对既有结构构件进行加固外,还应采取提高既有结构耐久性的措施。否则,应降低再设计结构的设计使用寿命。

结构设计理论不断发展,结构可靠度的要求也越来越高,结构设计规范也不断修订、更新。在结构再设计中,常常遇到新旧规范标准不一致的问题。在既有结构现状及其可靠性评估中,经常遇到这样的问题,按旧规范分析评定,结构满足可靠度要求,而按新规范分析评定,则不满足可靠度要求。为了保证结构再设计工程的安全可靠,对于其承载能力应满足新规范要求;对于正常使用性能一般也要满足新规范要求,但由于技术和经济等方面条件的限制,对于正常使用性能不满足新规范要求的工程,也可以通过限制其使用功能和使用年限的方法解决。

目前我国在中小学校舍、医院建筑、大型公共建筑等的抗震能力鉴定及加固、城乡危险房屋排查、城镇烂尾楼处置、既有建筑节能改造、文物建筑与风貌建筑维修、城市更新、废弃工矿厂房重新利用、老旧桥梁加固等方面,存在大量检测鉴定、结构再设计与施工业务。

 阅读与思考

3.1 简述结构作用与效应的概念;结构构件的内力有哪几种?

3.2 什么是结构极限状态?结构有几种极限状态,各自有哪些标志?

3.3 直接作用与间接作用有什么区别?

3.4 简要说明材料弹性与弹塑性的概念、线性与非线性的概念。

3.5 简要说明材料强度破坏与失稳破坏的概念。

3.6 简要说明应力与内力、应变与变形的概念。

3.7 简要说明水平受力构件与竖向受力构件的概念及其组成原理。

3.8 什么是连接?结构中有几种理想连接方式?钢结构与混凝土结构采用什么连接方式?

3.9 土木工程中应用的主要结构材料有哪些?简要说明钢材与混凝土的力学性能。

3.10 简要说明结构设计与再设计的概念及其主要差别。

第

4

章

专业知识体系与
能力培养

本章知识点

本章围绕土木工程专业的知识结构与能力要求，介绍土木工程专业的知识体系及其课程设置；简要阐述基础课程、学科基础课程及专业课程之间的关系，基本理论、专业实践及创新的关系；分析说明土木工程专业的认知规律及基本能力要求。通过本章的学习，结合前述章节的内容，读者应对土木工程专业知识体系及应具有的专业能力有基本的了解。

了解和认识土木工程及土木工程专业的方方面面，培养学习土木工程专业兴趣，并渴望学好，才能更加自觉地学习这个专业，最终更好地服务于工程建设事业。通过前述章节的学习和思考，读者应对土木工程及土木工程专业有粗浅的认识，算是初识土木。前述章节中介绍的土木工程为人类所留下的宝贵遗产和所取得的伟大成就，土木工程与经济社会发展及人类文明的关系等内容，会让读者对土木工程专业充满兴趣、热爱并渴望更多地了解这个专业。本章将在前述章节的基础上，简要介绍土木工程专业的知识结构与能力要求、知识体系与课程设置等内容；结合土木工程专业的特点，探讨自然科学与工程技术、工程经济与工程美学之间的关系；简要阐述基础课程、学科基础课程及专业课程之间的关系，理论、实践及创新的关系；分析说明土木工程专业的认知规律及基本能力要求，以及学好土木工程专业应掌握的基础理论及现代科学技术工具。

4.1 工程科学、技术、美学与经济

　　工科是应用数学、物理学、化学等基础科学的原理，结合生产实践所积累的技术经验而发展起来的学科。基础科学的主要任务是发现自然规律或自然法则，去探索世界中存在的未知事实；工程技术则主要利用这些自然规律与法则研究开发新技术，通过一定的方法和工艺过程制造新产品，即通过技术方法研究开发自然状态中本不存在的东西，或改变自然物质的存在状态与形式。土木工程专业是传统的工科专业，属于工程技术的范畴，它的主要活动是建设各类土木工程，如建筑工程、道路与桥梁工程、隧道工程，等等。自然世界中，这些工程本不存在，是人们利用材料科学、数学、力学等基础科学的原理，通过系统的、综合的技术方法与手段建造出来的。土木工程专业涉及的自然科学原理涵盖了数学、物理学及化学等多个领域，土木工程建设中又要考虑诸多方面的社会与生态环境问题，因此在介绍土木工程专业的知识体系及其课程设置等内容前，从土木工程专业的角度，对工程科学、技术、美学与经济等问题作简单的梳理，有助于更好地理解土木工程专业的知识体系与课程设置，以及土木工程专业对人才的知识、能力与素质要求。

4.1.1 材料科学与材料技术

材料科学的主要任务是发现和认识材料的本质特性。在材料科学的基础上，材料技术则是开发与利用材料，根据材料的特性开发其用途。土木工程材料中，水泥为水硬性材料，石膏为干硬性材料，钢材中添加合金元素其性能会改变，混凝土的抗压强度高、抗拉强度低，等等，这些都属于材料科学问题。因为这是材料的自然本质特性。在掌握这些材料自然本质特性的基础上，如何合理而有效地利用这些材料特性，充分利用材料的特性为工程建设服务则是材料技术问题。混凝土材料的发现与应用，是利用水泥水化硬化科学原理的结果；在钢材中添加碳、硅、锰、钒等微量元素，制成各种性能优良的工程钢材，是因为发现和认识了这些微量元素可以改变钢材力学性能的原理；钢筋混凝土结构及预应力混凝土结构的出现与广泛应用，是因为巧妙地利用了混凝土和钢材的不同特性。从生土材料、砖石材料、混凝土材料、钢材到膜材及各种纤维增强材料，其创新、应用与发展，都是从认识材料的基本特性，即材料科学问题开始的。认识和了解材料的科学本质后，才能去研究如何利用的问题。在材料利用上，还要解决生产工艺、质量标准与质量控制、规模化生产等一系列问题，这些都是材料技术所要解决的问题。材料技术随着材料用途及工程要求不断发展，技术水平不断提高。在材料技术发展及技术水平不断提高的过程中，其外在动力来源于工程需要，其内在动力来源于科学，即对材料性能研究及认识的不断深化。例如，混凝土材料出现近 200 年来，混凝土材料的生产与应用技术不断提高，每次提高都是工程需要及科学研究共同作用的结果。目前预拌混凝土泵送技术已达到了很高的水平，实现了预拌混凝土的超高泵送。这除与预拌混凝土输送施工机械水平密切有关外，主要得益于高效外加剂的基础研究。高效外加剂的应用及预拌混凝土配制技术的进步，极大地改善和提高了预拌混凝土的施工性能，使预拌混凝土的泵送施工成为现浇混凝土结构不可或缺的施工技术，也使各种条件下的超高、大跨现浇混凝土结构施工成为现实，极大地提高了施工效率。

土木工程材料是工程建设的物质基础，在土木工程中具有举足轻重的作用。从工程造价上看，逾 50% 来自建筑材料，并且随着工程功能及建设标准的提高，材料所占比例不断提高。从工程质量看，工程质量与建筑材料及其施工质量密不可分。正确选择和使用建筑材料是保证工程质量的关键。多数工程的病害和工程质量事故都与建筑材料有关。建筑材料选择不当、质量不符合要求，会显著影响工程质量，严重的则会导致工程质量事故。从建设标准看，高标准的工程建设，首先要选用高标准、高质量的建筑材料。没有高标准、高质量的建筑材料，既不能实现高标准的结构功能，也不能实现高标准的建筑功能。

土木工程的发展及工程建设多样化、复杂化的需要，对土木工程材料性能提出了很多新的、更高的要求，开发和利用高性能的新型建筑材料是土木工程材料发展的重要方向。进入 21 世纪，各种高性能的新型结构材料与装饰、装修材料的高质量发展，为土木工程的发展及工程建设提供了重要支撑。新型建筑材料的开发与利用，首先要从工程建设的需要出发，利用材料科学的基本原理和综合的材料生产加工技术，不断创新材料、改善材料的性能、开发材料的新用途及其应用领域。例如，为提高钢结构的抗火性能和耐久性能，提高钢材的抗高温性能和耐腐蚀性能是改善钢材性能的重要问题，因此热强钢和耐候钢的研究得到了关注和发展；混凝土的抗拉强度低，为改善混凝土的脆性性能，提高混凝土的抗裂能力，各种聚合物或纤维混凝土的研究开发及利用取得了很大进展；为提高材料的强度、降低材料的自重，各种高强、轻质的聚合物材料的研发与利用得到了重视，且取得了快速发展。因此，工程建设需要与科技创新是土木工程材料发展的动力。

4.1.2 结构与力学

结构是工程的骨架，是工程维持其固定形态的内因。结构最基本、最核心的功能是安全。在工程的服役期内，结构能使工程保持其建造的形态，就是安全的，反之则是不安全的。因此，从科学的角度通俗地说，结构安全的能力即维持工程平衡与稳定的能力。平衡与稳定是自然界的普遍法则，对工程结构尤为重要。杠杆原理、牛顿定律、胡克定律是人们耳熟能详的基本力学原理，力学模型也非常简单，但对土木工程的发展起到了巨大作用。现代结构分析与设计中的复杂理论及其方法，都源于这些基本的力学原理。

从原理上讲，保证结构安全、维持结构的平衡与稳定应满足的条件也很简单，即结构构件抵抗外力的能力（承载能力）应大于外部作用在构件内产生的内力，变形受约束限制，且限制在允许的范围内。结构构件受到外力作用产生的内力和变形又称效应。分析计算结构在外力作用下的效应，即外力作用下结构内力与变形的求解是结构分析的主要任务。在已知结构效应的情况下，分析计算结构是否安全稳定、是否满足正常使用要求，则是结构构件设计的主要任务。结构力学、弹塑性力学是结构效应分析的必备工具。实际结构效应分析中，要根据结构的特点及结构效应分析的目的，选用相应的力学方法。例如，结构力学是框架结构、桁架结构、网架结构弹性效应分析的首选方法。结构设计中的截面承载能力计算原理，则是在材料力学原理的基础上，结合材料特性及可靠度要求演化而成的。因此，结构设计原理主要基于材料力学原理和可靠度理论。

任何物体无论处于动态还是静态，其上作用的力一定会保持平衡。任何物体受到力的作用都会发生应变和变形，变形规律与材料本身特性及受力状态有关。物体上的力有外力和内力之分，所谓外力就是外部因素对结构施加的荷载或作用。如地球引力使物体产生重力荷载，风使物体表面受到压力或吸力作用等。所谓内力是物体在外力作用下，其内部产生的力，如轴力、弯矩、剪力等。单位面积上的力称为应力，内力是应力与截面几何参数的乘积。物体内部产生内力后就会发生应变与变形。沿应力方向单位长度产生的变形称为应变。在连续变形阶段，物体的应变和变形是连续的，受外部约束条件限制，与外部约束条件相协调。物体受力遵循3个基本条件，即平衡条件、物理条件与变形协调条件。由这3个条件建立的方程是结构内力分析的基础，称为基本力学方程。平衡条件表明物体受力其合力应保持平衡；变形协调条件表明受力变形是连续的，且与边界约束条件相协调；物理条件又称本构关系，是应力和应变关系或力与变形关系。平衡方程中的变量是应力或力，变形协调方程中的变量是应变或变形，本构关系方程则在应力和应变、力和变形之间建立桥梁，最终建立联立的方程组，使结构分析得以实现。

　　材料及构件的性能十分复杂，结构构件所处的受力状态千变万化，结构分析的目的与要求也有多样性，针对不同问题、条件及要求，所形成的基本力学方程中的参数及变量维数也是不同，求解方法从简到繁也有显著差别。但是，无论多么复杂的问题，都源于基本的原理。如材料在三维状态下的非线性应力－应变本构关系十分复杂，但任何复杂的本构关系都源于单轴的胡克定理，应力等于弹性模量和应变的乘积（$\sigma = E\varepsilon$）。构件分析也是由易到难，但基本原理不会改变。图4-1（a）所示的杆件，单轴受力且处于弹性阶段时，物理方程非常简单，力与变形成正比（$F = kx$），弹簧就是如此。而对于多向受力的弹性问题，物理条件就会复杂一些，如图4-1（b）所示的平板，在两个方向上受拉（压），一个方向的变形就会受到另一个方向的影响，此时方程的变量就增加了，形式也复杂了。有些材料不是线弹性材料，这时即使在单向受力的情况下，线弹性的应力－应变关系（$\sigma = E\varepsilon$）和力－变形关系（$F = kx$）也不适用，如果再要进行多维受力分析，方程中的参数及变量就更多了，求解也会变得复杂。

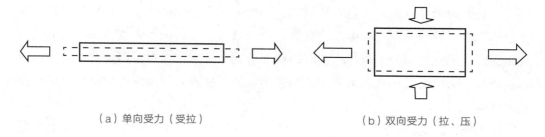

（a）单向受力（受拉）　　　　　　　　　（b）双向受力（拉、压）

图4-1　不同受力方式的变形示意

土木工程中应用最为广泛的混凝土材料属于弹塑性材料，在应力很低的情况下，就会表现出明显的弹塑性性质，即其应力－应变关系中的变形模量不是常量，而是随着应力和应变的增加而降低。在多轴受力情况下，其应力－应变关系的非线性性质更为复杂。因此，在混凝土结构理论的发展中，混凝土力学行为及其本构关系研究是非常重要的研究领域。同理，岩土本构关系也是岩土力学的重要内容。至今，材料的强度、模量等力学性能及其参数还无法通过理论分析预测，任何材料的性能及其参数都必须通过实验获得。对于混凝土、岩土这类非线性材料其多轴性能对工程具有重要意义，但其本构关系及其参数的获得更加困难，因此实验技术的发展对材料力学行为及性能的研究至关重要。在基本力学原理基础上，结合现代实验技术方法研究发展材料本构关系，再利用有限元等数值分析方法对结构进行模拟分析是现代结构分析的主要方法。因此，力学基本理论、实验技术以及数值模拟分析是现代结构分析理论的支柱。

结构构件的承载能力不仅与材料的力学性能、构件的受力形式有关，还与构件的几何尺寸、形状及支承约束方式有关。例如图 4-1 所示的简单杆件，如果单向受拉，其承载能力只与材料的强度和截面面积有关；而如果单向受压，不仅与材料强度、截面面积有关，还与杆件的长度、截面几何形状及两端的支承约束情况有关。在轴心受压的情况下，有两种可能的破坏形式，一是材料破坏，二是失稳破坏。在材料破坏的情况下，其轴心受压承载能力等于抗压强度与截面面积的乘积。所谓失稳破坏是指在材料尚未达到抗压强度情况下，由于较大的侧向变形而无法继续承载的破坏。失稳破坏是细长杆在受压时发生侧向弯曲引起的。如 3.4.3 节所述，失稳破坏的临界承载能力与杆件的长度、截面几何形状及杆件两端的支承约束情况有关。

抗压强度高的材料，从材料破坏的角度分析，往往不需要太大的截面面积以抵抗压力。但在截面面积比较小的情况下，如果仍然采用实心的圆形、方形或矩形截面，截面的惯性矩小，则容易失稳，构件的承载能力仍不能提高。这类材料受压时，一般采用圆管、方管或 H 形、I 形等非实心截面，通过截面形式的改变，将受压面积尽量分散到离截面形心轴远的位置，以提高截面的惯性矩。在同等截面面积的情况下，截面的惯性矩越大，其临界失稳破坏荷载越大；在截面惯性矩相等的情况下，杆件的长度越短，其临界失稳破坏越高。钢材是抗压和抗拉强度都很高的材料，在受拉状态下，只会发生材料破坏，其抗拉能力只与截面面积和强度有关，与截面惯性矩无关，因此受拉的钢材选用实心的截面形式最合理。而在受压情况下，钢结构容易失稳，为提高其承载能力则应选用非实心的型材或采用角钢等型材组合成格构式的截面。

如上所述，受拉情况下，抗拉承载能力与杆件长度无关，而在受压情况下如果考虑侧向变形的影响的则有关，影响程度取决于杆件的长细比。长细比越大，影响越大。随着长细比的增大，受压构件的破坏会从材料破坏过渡到失稳破坏。举重运动员通常要选身材矮小的，除了身材矮小可以降低举重高度，减小体力消耗外，很重要的原因是举起重物后，身材矮小的运动员更容易保持稳定。结构受力也是如此。结构构件承载能力分析中，不仅要考虑材料破坏问题，还要考虑失稳破坏问题。而且失稳破坏更危险，防止失稳破坏的重要性远高于防止材料破坏。

以上分析说明，内力分析与承载能力计算的科学基础都是力学。将力学的基本原理应用到结构分析中，逐步发展形成了结构力学及结构分析理论；将材料的力学特性与材料力学原理结合起来，逐步发展形成了构件承载能力分析计算等结构设计原理。在土木工程结构设计中，所采用的材料的力学特性是通过试验研究，并用概率统计分析方法确定的。结构构件的承载能力（结构抗力 R）是根据材料的力学特性和结构设计原理计算确定。结构分析首先要进行简化，将实际工程简化为理想的力学分析模型，然后根据分析模型采用相应的力学分析方法，对结构的内力与变形进行分析，得到在各种荷载和作用下，结构的内力与变形（效应 S）。在结构的抗力 R 大于结构的效应 S 的情况下，结构才是安全的。图 4-2 为结构设计与安全分析的基本框图。

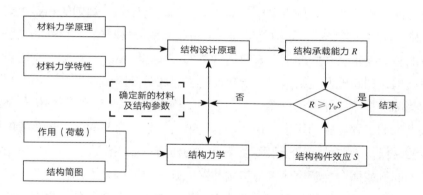

图 4-2 结构设计与安全分析的基本框图

4.1.3 结构与美学

任何工程除了满足安全、适用、耐久的基本功能要求外，还有美观与经济要求。如果前者比喻为人们对工程的物质需求，后者则是人们对工程的精神需求。前者属于专业技术层面的问题，后者则包括了经济社会、文化艺术层面的问题。工程师不仅应具有精湛的专业技术，还应具备创新的理念、创新的意识、创新的精神与能力。专业技术能力是工程师的基本能力，而创新则是卓越工程师的灵魂。培养创新的理念与意识，塑造创新精神，锤炼和提高创新能力，离不开对美学及建筑美学的理解与认识。

美学是从人对现实的审美关系出发，以艺术作为主要对象，研究美、丑、崇高等审美范畴和人的审美意识、美感经验以及美的创造、发展及其规律的科学。美学是以对美的本质及其意义的研究为主题的学科。美学是哲学的一个分支。研究的主要对象是艺术，但不研究艺术中的具体表现问题，而是研究艺术中的哲学问题，因此被称为"美的艺术的哲学"。美学的基本问题有美的本质、审美意识同审美对象的关系等。

结构形式取决于建筑形式及要求，为建筑服务。建筑的形式由6个因素决定：①建筑环境；②建筑功能；③人们面临的特定宗教、气候、风景和自然的照明条件；④人们使用的特定材料；⑤对空间的特定心理需求；⑥时代精神。建筑美学以如何按照美的规律从事建筑美的创造以及创作主体、客体、本体、受体之间的关系和交互作用为基本任务。其具体内容是：建筑艺术的审美本质和审美特征；建筑艺术的审美创造与现实生活关系；建筑艺术的发展历程和建筑观念、流派、风格的发展嬗变过程；建筑艺术的形式美法则；建筑艺术的创造规律和应具有的美学品格；建筑艺术的审美价值和功能；鉴赏建筑艺术的心理机制、过程、特点、意义、方法等。建筑美学的基本法则是：统一、均衡、比例、尺度、韵律、布局中的序列、规则的和不规则的序列设计、性格、风格、色彩等。结构美学则是通过技术的、材料的、设备的方法与手段，实现建筑的美学要求及功能要求。探讨结构美的一些基本概念及规律，有助于人们更好地认识结构，创新地发展结构，使所建设的工程成为凝固的音乐。

结构美源于自然、师承于自然。人们关于结构美的最直接经验与感悟，都源于对自然及人类长期工程经验的积累。在还没有清晰的力学概念与知识，还不了解材料的力学性能的时候，人们就能建造很多遗留至今的建筑；在还没有清晰的建筑结构概念的时候，人们就能体会与感悟建筑与结构的美，其主要原因是人们在大量生产生活及工程建设中获得了关于结构与美的感性认识。植物叶子中有茎，鸟翼中有网状骨骼，竹子有节，自然洞穴顶呈弧状等，都是自然结构的例子。从这些自然现象中，人们逐渐有了结构的概念，并在人造物体中仿生自然的结构形式。例如，伞中设伞骨，采用拱结构建桥和窑洞，多高层建筑中每层用楼板加强，平面结构中采用梁系、网架、桁架等作为板或膜的骨架，等等。自然现象及其结构形式表明，结构的原始概念源于自然。在模仿自然结构的基础上，一些简明的结构形式被利用到建筑与桥梁上。随着建造经验的不断积累，结构与力学的基本概念萌发。在基本的结构与力学概念指导下，结构形式不断发展创新，优化形成了一些合理的结构形式。采用合理的结构形式建造房屋，其建筑美也必然体现结构美。例如，中国传统建筑中的墙体、屋架、檩条、斗拱等做法与制式，就是长期工程经验积累的结果。虽然建造中并没有现代科学意义的结构分析，但用现代结构理论分析，仍能发现其结构的完美。

结构的美在于规则与对称、平衡与稳定。规则与对称是结构美的外在表现，平衡与稳定是结构美的内涵。任何结构都必须平衡与稳定，否则就是无法存在的结构。对于实际工程结构，不仅要用结构分析设计理论保证和证明结构的平衡与稳定，而且要有结构安全与稳定的感观，这是结构美的内在要求。如果一个工程在结构分析上是稳定和安全的，但却具有不安全、不稳定的感观，这个工程一定是不美的。这种差异一般与结构形式、材料选择等方面的因素有关。

结构概念设计是结构分析设计的重要内容之一。结构概念设计是指应用知识理论与工程经验，在方案和初步设计阶段，从整体性以及原则上，对结构设计的一些最基本的、最重要的、最关键的问题进行决策和确定。涉及的主要内容有：结构选型与布置、材料选择、荷载传递及其路径设置、结构薄弱环节的审核与判定、结构质量与刚度在平面内或者沿高度分布的连续性与均匀性判定分析、结构分析中基本假定的合理选取，等等。结构概念设计是定性设计，并不是通过定量的计算与分析完成的。结构概念的产生与应用，遵循着结构美的原则与规律。工程师的最高境界是，所设计建造的工程的安全与稳定性既能得到结构分析的完美佐证，又能在感官上给人力量与美的冲击与享受。悉尼歌剧院（图4-3）、埃菲尔铁塔（图4-4）等世界著名工程都具备这样的特点。如果说众多建筑文化遗产的设计建造者是艺术家，那么现代伟大工程设计者就是掌握了结构技术的艺术家。

简约是结构美的重要元素。简约的结构，一定是传力路径明确、构造与连接简单、受力合理的结构。如前述相关章节所述，结构受力体系可分为水平分受力体系和竖向分受力体系两部分。分受力体系的作用及组成形式取决于其受力形式，但都是由一些基本的受力构件或单元组成。合理地组织这些受力构件或单元，使其形成一个整体的结构骨架，是工程师在结构设计中的首要任务。结构中有些构件是单独的实体受力构件，而有些构件是一些基本实体构件组成的组合构件——结构单元。因此，

图4-3 悉尼歌剧院

图4-4 埃菲尔铁塔

结构体系既可以由一些基本构件组成，也可以由一些基本的结构单元组成。例如，桁架结构是由一系列拉杆、压杆组成的，它可以作为一个结构单元组合成为结构体系。结构设计与分析中，如果能很好地体会和利用这些概念与原则，就能建造美的建筑，如图4-5、图4-6所示。

规则、对称是结构美的外在表现。安全要求结构具有平衡和稳定性，平衡与稳定的基本特征是规则与对称。大多数工程结构，尤其是高耸结构、大跨结构，一般都会设计成规则、对称的结构。无论是正常使用荷载作用下，还是台风、偶然地震作用下，规则、对称的结构更能表现出良好的性能。这就是为什么全球的摩天大楼、大跨度公共建筑等，一般都选用规则、对称体型的重要原因。即使有些大型工程采用了非规则或对称的体型，其体型变化也是遵循一定的规律的。用服装做个比喻，童装的款式非常多，色彩也非常多，上面还有可能有很多各种各样的装饰做点缀，而成人正装的款式就非常简单，如西服，变化的只能是面料、颜色、做工等。建筑也是如此，大都市的建筑犹如城市的正装，庄重典雅、简洁大方是它的特征。因此，规则、对称既有利于结构受力，也是外在美的基本元素。但随着建筑所要表达、传递的理念越来越抽象，建筑的功能越来越具有多样性和综合性，外观造型及空间分割越来越复杂，为满足建筑的要求，不规则结构的设计也越来越多，这给工程师提出了越来越多的问题与挑战，由此也会不断推动结构分析的创新与发展。

尺度与比例是结构美的客观要求。结构是建筑空间的骨架，其整体在空间中的尺度与比例，以及结构中各构件的尺度与比例等，都直接影响建筑的美。隐藏在建筑内的结构，其尺度与比例是否满足美的要求，取决于为建筑提供的空间大小及其空间布局。建筑空间的感官体验既与使用功能要求有关，也与人的习惯、行为及建筑采光、通风与景观等因素有关。当结构占有过多的建筑空间，或无法使建筑空间

图 4-5 香港中银大厦

图 4-6 浦东机场航站楼

合理布局时，就会使人产生压抑与逼仄的感官体验，就无法体验到建筑的美，结构的美也就不存在了。暴露在外的结构，其尺度与比例是否满足美的要求，不仅与所能提供的建筑空间及其布局有关，还与环境及建筑尺度等有关。例如国家体育场、广州电视塔这样的暴露结构，结构尺度与比例的确定是非常重要的。结构中各构件的尺度与比例，也是影响结构美的重要因素。美的结构，不仅各构件的尺度与比例协调、均衡，而且一定满足受力合理的原则。

结构美具有时代性。从审美的角度看，美与文化、宗教、民俗、民族、生态环境等因素有关。受此影响，不同国家、民族、宗教、气候环境条件下的人们的审美观是有差别的。表现在建筑上，则形成和发展了不同风格的建筑。但随着现代科技的发展、国际交流的加强及国际化程度的不断提高，以及人们对现代生活的向往与追求，人们对建筑美的要求越来越体现在对现代生活方式的热爱、对现代科技的应用及对美的内在客观要素的追求上。结构为了满足人们对建筑审美要求的发展及变化，会越来越多地应用现代科技所产生的成果——新材料、新设备、新技术，建造很多新的建筑，如图4-7、图4-8所示。

结构技术的发展会不断推动结构形式的发展，建造更多体现时代特点、具有强力美感和艺术感染力的结构与建筑。结构技术的发展体现在计算理论的发展、新材料与设备的开发与应用等方面。图4-9、图4-10分别为国家游泳中心（水立方）的

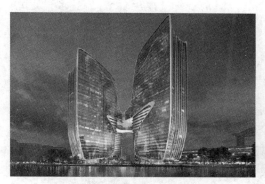

图 4-7 G60 科创中心走廊门户地标（模型）

图 4-8 新加坡叠层建筑

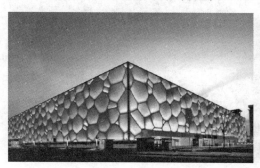

图 4-9 水立方外观

图 4-10 水立方钢结构

外观及钢结构。水立方的美感及艺术感染力，来源于简约的建筑外形，以及新材料、新设备技术及结构建模与分析计算技术的综合应用。作为一种新的结构材料，膜结构的应用与发展，是近几年材料科技发展对结构形式发展起推动作用的典型案例。图 4-11 所示的索膜结构，以其简洁、明快的结构形式，被广泛应用于各种建筑及建筑小品中。由于材料与计算理论的发展，也使仿生建筑及结构成为现实而广泛应用于现代建筑中，如图 4-12 所示。这也许是建筑回归自然、结构效仿自然的必然之路与归宿。如果没有现代设计理论做支撑，没有先进的材料与施工制造技术，这些建筑只能是建筑师的梦想。现代计算理论、材料与设备技术等的发展，大大地释放了建筑师的想象力与创造力，给建筑师的创造力赋予了无限的可能。科技的进步，使建筑从梦想到现实的时间变得越来越短。如果把时间放到现在，悉尼歌剧院那样的建筑，就不需要建筑师长期的等待。

以建筑造型魔术师著称的世界著名建筑师扎哈·哈迪德在全球设计了诸多充满幻想的、超现实主义风格建筑作品，在中国也不乏其例，如广州大剧院、北京朝阳 SOHO、望京 SOHO（图 4-13）、南京青奥中心、长沙梅溪湖国际文化艺术中心（图4-14）、澳门新濠天地酒店等。这些被称为解构主义的建筑，大胆地运用了空间和

图 4-11 索膜结构

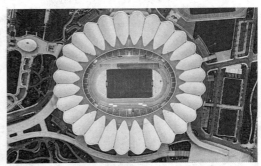

图 4-12 西安奥体中心"石榴花"

图 4-13 望京 SOHO

图 4-14 长沙梅溪湖国际文化艺术中心

几何结构，反映出都市建筑繁复的特质，营造出建筑物优雅、柔和的外表和保持建筑物与地面若即若离的状态，达到了极具感染力和冲击力的效果，是对建筑本质的全新定义，标志着未来建筑的风向。然而，没有材料与结构技术的发展，这些建筑是很难变为现实的。

4.1.4 结构与经济

工程建设的经济指标是建筑安全、适用、耐久、美观要求的协调者。安全、适用、耐久有客观的技术标准，但人们对这些功能的要求总是越来越高；美观虽然没有客观标准，但往往与新材料、新技术、新设备的应用有关；这些都与经济有关。人们对建筑功能及审美追求是无止境的，如果没有经济指标在优化与决策上做权衡和取舍，会显著影响投资效益。投资效益及其经济指标要求是工程建设的约束性、协调性指标及要求。工程建设既要兼顾当前投资，又要考虑长远效益，所谓百年大计。百年大计的基本建设原则的要求是，在现有技术条件下，适当地提高建设标准与质量要求，以满足长期使用的功能要求，有良好的耐久性，在全生命周期的效益最优。对于重大基础设施工程而言，长远效益尤为重要。因此，根据工程的重要性程度，工程应分为不同的等级。对于重要的工程，其设计标准要高于一般和次要工程的设计标准。工程设计标准会显著影响工程建设的投资及其效益，影响经济与社会发展。立足于现实基础与条件，着眼于经济社会的协调与可持续发展，国家与地方政府通过立法、标准规范的制定等途径与手段，制定与确立工程建设标准，将工程建设标准限制在与经济社会发展水平相适应的范围内。遵循法规与技术标准进行设计与施工，是确保工程建设科学性、合理性与经济性的基本要求。

综上所述，工程建设既要综合考虑技术与经济因素，也要遵循现有法规及标准要求。但是，随着科技的飞速发展、社会发展与治理理念的不断更新，工程建设应更加重视长期效益，更加重视生态、环境、绿色低碳与可持续发展方面的综合、动态效益，这是未来工程师及工程建设决策者、管理者应高度关注和解决的问题。

4.2 知识结构与能力培养

土木工程专业的工程对象及业务范围非常广，面向的职业也十分多样。如前所述，土木工程包括建筑工程、道桥工程、隧道工程、岩土与地下工程、市政工程等，港口工程、水利工程、矿山工程等也包含土木工程的内容，领域很宽广。每个工程领域的专业工作内容又分勘察、设计、施工、监理及管理等多个方面和环节。因此，"大土木"的人才培养观是土木工程专业人才培养的基本理念。践行"大土木"人才培养理念，土木工程专业秉持"宽口径、厚基础"的培养原则，以"宽口径"为目标，厚植学科基础，培养素质好，专业能力、创新能力与适应能力强的专门人才。

4.2.1 知识结构及其体系

土木工程专业的知识结构为：具有基本的人文社会科学知识；熟悉哲学、政治学、经济学、社会学、法学等方面的基本知识；了解文学、艺术等方面的基础知识；掌握工程经济、项目管理的基本理论，并对其中的若干方面有较深入的修习；熟练掌握一门外国语；具有较扎实的数学和自然科学基础；了解现代物理、信息科学、环境科学、心理学的基本知识；了解当代科学技术发展的其他主要方面和应用前景；掌握力学的基本原理和分析方法；掌握工程材料的基本性能、工程测绘的基本原理和方法、画法几何与工程制图的基本原理；掌握工程结构构件的力学性能和计算原理；掌握土木工程施工和组织的一般过程和管理、技术经济分析基本方法；掌握结构选型、构造的基本知识；掌握工程结构设计方法、CAD 与 BIM、结构设计与有限元分析等软件应用技术；掌握土木工程施工技术、工程检测和试验基本方法；了解本专业的有关法规、规范与规程；了解给水排水、供热通风与空调、建筑电气等建筑设备、土木工程机械及交通、土木工程与环境的一般知识；了解智能建造、数字城市及本专业发展动态和相邻学科的一般知识。

土木工程专业的知识体系由四部分组成：工具性知识，人文社会科学知识，自然科学知识和专业知识。每个知识体系所涵盖的知识领域见表 4-1。

土木工程专业知识体系和知识领域　　　　　　　　　　　　　表 4-1

序号	知识体系	知识领域
1	工具性知识	外国语、信息科学基础、计算机技术与应用
2	人文社会科学知识	政治、历史、伦理学与法律、心理学、管理学、体育运动
3	自然科学知识	工程数学、普通物理学、普通化学、环境科学基础
4	专业知识	力学原理和方法、材料科学基础、专业技术相关基础、工程项目经济与管理、结构基本原理和方法、施工原理和方法、计算机与信息应用技术

在专业知识体系中，又分七个知识领域，包括：力学原理和方法，材料科学基础，专业技术相关基础，工程项目经济与管理，结构基本原理和方法，施工原理和方法，计算机与信息应用技术。在专业知识体系的基础上，还设有专业教育实践体系。其主要内容为：各类实验、实习、设计、社会实践、科研训练以及创业、创新等。实

践体系分实践领域、实践知识与技能单元、知识与技能点三个层次。通过实践教育，培养学生具有实验技能、工程设计和施工的能力、科学研究的初步能力等。同时，双创教育与训练贯穿于专业教育与培养的各个环节中，旨在培养学生的创新意识、创新精神、创新方法与创新能力。

这四部分知识体系中的内容大体可分为三个阶段教学，第一阶段是工具性知识及人文社会科学知识，一般安排在一、二年级教学；第二阶段为专业基础知识，一般安排在二、三年级教学；第三阶段为专业知识，一般安排在三、四年级教学。有些知识领域及知识单元，会穿插在各个阶段之中。在专业知识教学阶段，学生可根据自己的兴趣及职业规划，选择不同的专业方向。但是，无论选择什么专业方向，其公共基础课程及专业基础课程都是一样的，这是"宽口径、厚基础"培养原则决定的。表 4-2 和表 4-3 为《高等学校土木工程本科指导性专业规范》规定的知识领域和实践体系中的领域和单元。

专业知识体系中的知识领域   表 4-2

序号	知识领域	推荐课程
1	力学原理与方法	理论力学、材料力学、结构力学、流体力学、土力学
2	材料科学基础	土木工程材料
3	专业技术相关基础	土木工程概论、工程地质、土木工程制图、土木工程测量
4	工程项目经济与管理	建设工程项目管理、建设工程法规、建设工程经济
5	结构基本原理和方法	工程荷载与可靠度设计原理、混凝土结构基本原理、钢结构基本原理、基础工程、土木工程试验
6	施工原理和方法	土木工程施工技术、土木工程施工组织
7	计算机与信息应用技术	计算机专业软件应用

实践体系中的领域和单元   表 4-3

序号	实践领域	实践单元	实践环节
1	实验	普通物理实验、普通化学实验	基础实验
		工程力学实验、流体力学实验、土工实验、工程材料实验、混凝土结构基本构件实验	专业基础实验
		建筑结构实验、桥梁工程实验、地下建筑工程实验、岩土工程实验、道路工程实验（专业实验根据专业方向选择）	专业实验
2	实习	房屋建筑、地下建筑、桥梁、基坑、边坡、地基基础	认识实习
		工程测量、工程地质、各专业相关课程	课程实习
		建筑工程、桥梁工程、道路工程、矿山与地下工程、岩土工程	生产实习
		建筑工程、桥梁工程、道路工程、矿山与地下工程、岩土工程	毕业实习

序号	实践领域	实践单元	实践环节
3	设计（根据专业方向选择）	各专业方向相关课程	课程设计
		房屋结构、桥梁设计或研究、地下建筑结构设计或研究、岩土工程设计或研究、道路工程设计或研究、轨道与交通工程设计或研究、防灾与风险评估设计或研究	毕业设计（论文）

4.2.2 土木工程专业的能力要求

卓越的土木工程师不仅要具有适应现实工程与职业需要的专业能力和综合素质，还要具有适应社会和土木工程未来发展要求与挑战的能力，包括工程能力、管理能力、研究与开发能力、表达和沟通能力、团队合作能力、创新能力、自我学习与发展能力。

工程能力是指具有应用专业知识从事勘察、设计、施工、检测、监理等方面技术与管理工作的能力。从事工作的性质及岗位不同，对工程能力要求的侧重也有所不同。从事勘察工作，对工程测量、水文地质、岩土工程等方面的知识及能力要求高；从事工程设计工作，则对力学、结构设计原理、结构设计等方面的知识及能力要求高。但无论从事哪方面的专业工作，都应努力培养综合运用知识的能力，能在系统性与整体性的高度上，看待与处理所从事的技术与管理工作。

从可行性分析、规划设计到施工营运，土木工程是一个长期的、多环节的、复杂的系统工程。在整个过程中，涉及投资、人力资源、项目、质量、安全等多方面的管理与控制，以及多专业、多工种的配合与协调。而且，土木工程具有投资大、建设周期长、现场作业、建设环境与条件多变等特点，如没有有效的管理，不仅会造成巨大浪费，而且无法保证质量、安全与进度，留下工程隐患，甚至造成质量安全事故。因此，管理能力的培养与提高，对土木工程师十分重要。

土木工程师的交流沟通及团队协作能力也十分重要。这是由土木工程的特点及土木工程专业的性质决定的。工程师在工程建设中，无论做哪方面工作，无论处于哪个工作阶段，都要与方方面面的人打交道，良好的交流沟通与团队协作能力是做好工作的基本要求。任何工程都要经过方案设计、初步设计、施工图设计及施工等多个环节；每个环节的方案与设计，都需要多个专业的技术与管理人员密切配合；每个分部、分项施工都要有多个工种的施工人员协同施工。在方案论证阶段，工程师应能采用文案、图、多媒体等多种手段表达与展现方案，并能与利益相关方进行良好的交流沟通，有较好的口头表达及逻辑分析能力；在施工图设计阶段，既要有较好的结构分析设计能力，又要有通过小组讨论、会议、文案、图等方式与其他专业进行交流沟通，分析确定技术细节及实施措施的能力；在施工阶段，应具有施工组织设计能力，并能根据施工组织设计，在分部、分项工程施工中做好质量、安全与文明施工管理。

工程师的能力与水平还体现在创新上。工程师的创新意识、创新精神与创新能力，是新材料、新技术与新型结构开发及工程应用的动力。实际工程的建设条件及要求具有复杂多变的特点，技术方案及其实现途径也不是唯一的。面对复杂多变的工程、多样化的技术方案，工程师应具有综合应用知识、创新地解决工程问题的能力。对于多因素、多目标、多约束的复杂工程问题，应能通过方案论证、科学研究等方法加以解决。理论的发展、技术的进步、技术标准的制定、管理水平的提高、工程建设质量的提高、重大工程建设及关键工程技术攻关都离不开科技创新。

土木工程师要具备创新能力，不断适应社会和土木工程发展的要求与挑战，不仅要有扎实的理论基础，宽广的知识结构，更重要的是要不断学习与实践。土木工程专业对数学、力学等基础知识与理论的要求比较高，专业知识覆盖的面也比较宽。工程师没有扎实的理论基础、宽广的知识结构，就很难融会贯通地运用专业知识综合分析与解决工程问题。但要在专业上做到融会贯通，还应不断创新与实践。从实践中，体会、领悟专业知识的精髓及作用；在实践中，发现与解决问题，提高专业能力。面对实际的工程问题，工程师应具有发现问题本质特征、构建力学模型、确定分析方法、科学评判分析结果的能力；同时，还应具有通过创新与实践，归纳提炼理论、技术与方法，制定与发展工程标准的能力。

土木工程专业知识结构与体系中包含的内容十分丰富，专业能力要求也非常高，而且主要体现在是否具有独立从事专业技术与管理工作的能力上。土木工程专业对数学、力学等基础学科的要求比较高，专业基础课程的理论性比较强，但很多专业知识与理论又是通过大量的工程经验与系统的实验研究得到的，实践性也比较强。例如，在结构设计中，结构分析与计算虽然是非常重要的内容，但概念设计、构造设计等定性的设计概念及要求也是重要的内容。这些内容都是从大量工程经验与实验研究中得到的，对于初学者及没有工程经验积累的专业人员来说，很难理解与掌握。因此，学好土木绝非易事，不能靠一朝一夕之功，而要长期地刻苦学习与勤奋实践。在学习与实践中，要在结合和综合上下气力、做文章。所谓结合，就是理论与实践结合。具体地说，书本知识与工程实践结合；课堂学习与实验、设计与实习等实践活动结合；向学校教师学习与向工程师学习相结合；接受知识与获取知识相结合；所谓综合，就是培养综合运用知识的能力，提高综合素质与解决复杂问题的能力。

作为土木工程师还应特别注意"工匠精神"的培养。"工匠精神"是一种职业精神，它是职业道德、职业能力、职业品质的体现，是从业者的一种职业价值取向和行为表现。"工匠精神"的基本内涵包括敬业、精益、专注、创新等方面的内容。"工匠精神"不仅体现了对产品精心打造、精工制作的理念和追求，更是要不断吸收最前沿的技术，创造出新成果。对土木工程师而言，弘扬和追求"工匠精神"尤为重要。工程建设百年大计，质量第一、安全至上，只有牢固树立对职业敬畏、对工作执着、对工程负责的态度，将一丝不苟、精益求精的"工匠精神"融入工程建设的每个环节中，才能把好工程建设质量、安全关，才能建造一个又一个令世界瞩目的超级工程。

古人云，师傅领进门，修行靠个人。大学学习的性质是专业学习，是为职业生涯准备的，独立工作能力是职业工作的最基本要求，因此，在大学学习阶段必须培养自我约束、自我学习及自我完善的习惯与能力。"猎者，必之山林；渔者，必之江湖；而学者，必游于贤人君子之域"，大学所能提供给学生的环境与条件，比直接传授给学生知识更为重要。认识这一点，对于学好专业、培养综合素质非常重要。

4.3 数学、力学及其工程应用

土木工程离不开数学、力学。数学、力学是土木工程专业的核心学科基础知识。从比较简单的工程几何尺寸与工程量计算、工程测量，到复杂的结构分析与设计，处处都会用到数学与力学。现代土木工程理论与技术发展，高度依赖数学与力学的发展。力学描述材料与结构中的物理现象，数学建立物理模型并给出解答。

4.3.1 土木工程专业中的主要数学、力学课程

土木工程专业的人才培养方案中，数学课程主要包括高等数学、线性代数、概率论与数理统计等课程，其中高等数学是数学课程的基础。高等数学中的微积分、偏微分方程、级数等数学知识与方法，被广泛地应用于解决工程问题。

线性代数是数学的一个分支，它的研究对象是向量、向量空间（或称线性空间）、线性变换和有限维的线性方程组。最古老的线性问题是线性方程组的解法。随着研究线性方程组和变量的线性变换问题的深入，行列式和矩阵的产生，为处理线性问题提供了有力的工具，从而推动了线性代数的发展。向量概念的引入，形成了向量空间的概念。凡是线性问题都可以用向量空间的观点加以讨论。因此，向量空间及其线性变换，以及与此相联系的矩阵理论，构成了线性代数的中心内容。线性代数在数学、物理学和技术学科中有各种重要应用，因而它在各种代数分支中占据首要地位。在计算机广泛应用的今天，计算机图形学、计算机辅助设计、密码学、虚拟现实等技术无不以线性代数为其理论和算法基础的一部分。在结构力学分析中，线

性代数是首要工具，可以毫不夸张地说，没有线性代数，就没有现代力学。

根据因果关系，自然和社会现象可以分为两类，一类是确定性现象，另一类是不确定性现象。确定性现象指在一定条件下必定导致确定性的结果；而不确定性现象则指在一定条件下其结果是不确定的。不确定性现象又称随机现象。尽管随机现象从表面上看，似乎是杂乱无章的、没有规律的现象。但实践证明，如果同类的随机现象大量重复出现，它的总体就呈现出一定的规律性。大量同类随机现象所呈现的这种规律性，随着我们观察的次数的增多而愈加明显。比如掷硬币，每一次投掷很难判断是哪一面朝上，但是如果多次重复地掷这枚硬币，就会越来越清楚地发现它们朝向的次数大体相同。这种由大量同类随机现象所呈现出来的集体规律性称为统计规律。概率论和数理统计就是研究大量同类随机现象统计规律性的数学学科。近几十年来，随着科技的蓬勃发展，概率论与数理统计大量应用到国民经济、工农业生产及各学科领域。许多兴起的应用数学，如信息论、对策论、排队论、控制论等，都是以概率论作为基础的。工程分析设计中的材料性能参数、荷载参数及几何参数，也都具有随机性和不确定性。概率论与数理统计在荷载统计分析、材料性能统计分析、荷载及材料参数取值、结构可靠度分析计算中有重要的作用。

总之，数学是力学与结构分析的工具，学习和掌握好基本的数学理论及方法，是解决好力学与结构问题的不二法门。高等数学、线性代数、概率论与数理统计这三门数学课程是土木工程专业学生必须学好的自然科学基础课程。

土木工程学科的力学课程主要包括理论力学、流体力学、土力学、材料力学、结构力学、弹性力学、弹塑性力学、有限元理论与方法等。本科阶段主要学习理论力学、流体力学、土力学、材料力学、结构力学等基础力学课程。研究生阶段则要学习弹性力学、弹塑性力学、有限元理论与方法等高阶课程。这些力学又可统称为工程力学。从土木工程应用的角度看，工程力学所要解决的主要问题是固体静力学和动力学两大问题。土力学中的渗流、风对结构的作用、热、气传输等属于流体力学问题。土力学主要讲授土的性质及基本力学性能、土的强度等概念，是地基基础理论与设计方法的基础。

理论力学是研究物体机械运动基本规律的学科。理论力学通常分为三个部分：静力学、运动学与动力学。静力学研究作用于物体上的力的简化理论及力系平衡条件；运动学从几何角度研究刚体机械运动特性；动力学则研究物体机械运动与受力的关系。动力学是理论力学的核心内容。理论力学中的物体主要指质点、刚体及刚体系。刚体指变形可以忽略的物体，变形不能忽略的物体则称为变形体。土木工程中力学（如材料力学、结构力学、弹性力学等）分析研究的对象为连续变形体。

材料力学是研究材料在各种外力作用下产生的应变、应力、强度、刚度、稳定和导致各种材料破坏的极限。运用材料实验方法及力学原理，可以分析材料的强度、刚度和稳定性。材料力学研究的主要对象是均匀、连续且具有各向同性的线性弹性材料，如杆、梁、轴等。

材料力学有两大主要内容：一是材料的力学性能，如强度、模量等；二是对杆件进行力学分析。杆件按受力和变形可分为拉、压、弯、剪、扭等基本形式，其内力有轴力、弯矩、剪力、扭矩，相应的变形可分为伸缩、挠曲、剪切和扭转变形。实际杆件的受力一般是几个基本受力形式的组合。

根据材料性质和变形情况的不同，材料可分为线弹性材料、非线性弹性材料、弹塑性（物理非线性）材料和几何非线性材料。材料的弹性指材料受力发生的变形，在力卸掉后可以完全恢复而没有残余变形；塑性指在力不变情况下而发生持续变形的性能，塑性变形是不可恢复的；而弹塑性指变形中既有可以恢复的弹性变形也有不可恢复的塑性变形。线弹性则指变形可以恢复、且应力－应变关系服从胡克定律；而非线性弹性则指虽然变形是弹性的，但应力－应变关系不服从胡克定律。很多材料在变形较小的时候处于线弹性受力阶段，而在变形较大的情况下则进入弹塑性或塑性受力阶段。混凝土、钢材等主要结构材料在不同受力阶段具有不同的力学性能。一般结构构件在小变形情况下，都可以应用线弹性理论、弹塑性理论分析。而有些构件当变形较大时，不能在原有几何形状的基础上分析力的平衡，而应在变形后的几何形状的基础上进行分析，这类问题称为几何非线性问题。这类问题中，力和变形之间出现了非线性关系。

线弹性问题可以采用叠加原理，即为求杆件在多种外力共同作用下的变形或内力，可先分别求出各外力单独作用下的杆件变形或内力，然后将这些变形（或内力）叠加以得到最终结果。几何非线性问题和物理非线性问题则不能采用叠加原理。在工程结构分析中，物理非线性问题较为普遍。

结构力学主要研究工程结构受力和传力规律以及如何进行结构优化。结构力学的内容包括结构的组成规则，结构在各种作用下（如外力、温度、施工误差及支座变形等）的结构效应，包括内力与变形计算，以及结构的动力特性及动力反应计算等。根据不同的研究性质和对象，可分为结构静力学、结构动力学、结构稳定理论、结构断裂、疲劳理论和杆系结构理论、薄壁结构理论和整体结构理论等。结构力学通常有三种分析方法：能量法、力法、位移法。位移法衍生出的矩阵位移法发展出有限元法，成为利用计算机进行结构分析计算的理论基础及不可或缺的数值分析方法。

从力学角度分析，结构性能的优劣主要体现在承载能力和刚度两个方面。工程结构设计既要保证结构有足够的承载能力，又要保证它有足够的刚度。承载能力低，结构抵抗外部荷载及作用的能力不足，结构的安全性就降低；结构刚度小，结构变形增大，或出现较大的振动等不良现象，影响结构的适用性。材料力学主要研究简单杆件的受力及其性能；结构力学是研究工程结构即杆件组合体在外荷载作用下的受力及其效应。整体结构（杆件组合体）的受力及其效应不仅与杆件的力学性能有关，还与其组成及连接方式有关。

结构力学是一门既古老、又迅速发展的学科。新型工程材料和新型工程结构的大量出现，向结构力学提供了新的研究课题及挑战。计算机的发展为结构力学提供了有力的计算工具。同时，结构力学对数学及其他学科的发展也起了很大的推动作用。有限元理论与方法的出现和发展就是例证。在固体力学中，材料力学为结构力学提供了必要的基本知识，弹性力学和塑性力学为结构力学奠定了理论基础，结构力学为结构分析与设计提供了方法与工具。

4.3.2 力学建模与数学求解

一般来说，结构工程理论的发展要经历力学建模或实验研究、数学求解、工程应用等三个阶段。所谓力学建模，指在正确理解与把握工程现象的基础上，抓住现象的本质特征，根据力学概念与原理，建立力学模型。有些现象无法直接建模，则需要通过实验研究，根据实验数据统计与回归分析结果建立模型。任何力学模型都是数学方程。因此，第二步的问题是选择适当的计算方法对数学方程求解。实际工程分析方法越简单越好，越便于应用和解决工程问题。为此，在理论求解的基础上，还要对得到的方法和结果，进行标准化或规范化处理，形成通用的、便于工程师应用的规范方法。

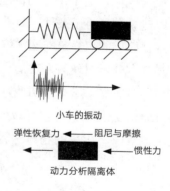

小车的振动

弹性恢复力 ← 阻尼与摩擦

← 惯性力

动力分析隔离体

图 4-15 振动及求解

图 4-15 所示为一简单的振动问题。假设地面以加速度 $\ddot{x}_g$ 振动，小车的质量为 m，弹簧的弹性系数为 k，小车相对于地面的振动加速度为 $\ddot{x}$、速度为 $\dot{x}$，小车运动的阻尼系数为 c，那么如何求这个小车的运动规律呢？这个问题的力学实质是动平衡问题，既然是动态平衡，就应该考虑惯性力。在弹簧力、阻尼力和惯性力的作用下，其动力学平衡方程为：

$$m(\ddot{x}+\ddot{x}_g)+c\dot{x}+kx=0 \qquad (4-1)$$

式中，第一项为惯性力，第二项为阻尼力，第三项为弹性恢复力。化简式（4-1）可得：

$$\ddot{x}+\frac{c}{m}\dot{x}+\frac{k}{m}x=-\ddot{x}_g \qquad (4-2)$$

式（4-2）从数学上说是一元二次常系数线性偏微分方程，解这个方程就可以得到小车的运动规律。上述问题的建模过程中，并不需要高深的理论与知识，但解决问题的方法与思路却是土木工程中的一般原则。这个简单的动力学例子所包含的分析方法与思路，是结构动力学、工程抗震最基础的原理。

在力学建模或实验研究过程中，必须牢牢记住力学的基本概念与原理。平衡条件、物理条件、变形协调条件的基本概念与原理，是解决任何力学问题的基础。任何力学分析方法，无论怎么变化，都应满足这三大方程（组），其原理不会变。变的只能是力学对象及其受力条件等。随着力学对象及其条件复杂性的增加，力学方程会越来越复杂，求解方程的数学方法与手段要求也越来越高。例如，解静定问题，只需要平衡条件就可以了，力学方程也非常简单，一般就是代数方程，手算就可以解决。但是，解超静定问题，除平衡条件外，还需要变形协调条件，其力学方程必须用线性代数求解。因为手算只能解决简单的低维方程组，而高维方程组必须依靠计算机求解。线性代数为解高维、高次方程提供了计算方法。

图 4-16 所示的两根梁，第一根梁只有两个支点，求每个支点承受的力非常容易，用简单的杠杆原理，即简单的力的平衡条件就可以解决。这种通过平衡条件就能解决的问题为静定问题。但同样的梁，如果多一个支点，仍然求支点的力，仅凭平衡条件就无法解决，必须增加变形协调条件才能求出。这种仅凭平衡条件无法求解的问题称为超静定问题。对于超静定问题，其求解方法是，把其中任意支座解除，用一个力来代替（必须与支承方式相吻合），使超静定问题变成具有多余未知力的静定问题。在这个未知力的位置，由于实际是支点，所以梁不会有竖向位移，据此可以建立变形协调条件。多了未知力，但同时多了求解方程，问题由不可解变为可解。这是简单的超静定问题求解的例子。结构工程中，几乎所有的结构都是超静定问题，其基本分析原理与方法都是如此。

在建立力学分析方程中，有些概念虽然非常简单，但十分重要。隔离体就是简单而重要的力学概念。在力学分析中，为解决方便常将研究对象与其他物体隔离出来，单独对隔离出来的物体进行受力分析，这种方法称为隔离体法。隔离体的概念与方法非常简单，但如果能比较深刻地理解隔离体的意义，能灵活熟练地应用隔离体的概念，并能在隔离体上很好地建立相应的力学方程，才能比较熟练地对结构进行力学分析。如上所述，解图 4-16 所示的超静定问题，实际上就是应用隔离体法把梁与支座隔离开来，然后建立平衡方程和变形协调方程求解。

工程结构受力分析中，大量的问题都没有解析解。因此，在工程结构分析中，数值分析计算方法非常重要。有限元方法是结构数值分析的重要方法。有限元分析（FEA，Finite Element Analysis）是利用数学近似的方法

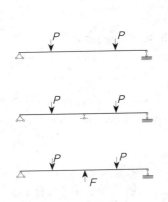

图 4-16 静力静定与超静定

对真实结构（几何和荷载工况）进行模拟，即通过简单而又相互作用的元素（即单元），用有限数量的未知量去逼近无限未知量的真实结构。有限元分析是用较简单的问题代替复杂问题后再求解。有限元分析得到的解虽然是近似解，但计算精度高，且能适应各种复杂工程问题，因而是工程结构分析中行之有效的方法，广泛应用于各类工程结构分析中。

4.3.3 从生活中学习力学

力学与生活息息相关。注意观察生活，从生活中发现力学、理解力学的真谛与美，是学好力学、用好力学的重要方法。用木板制成的木桶之所以能盛液体，是因为木桶外有钢箍，钢箍预先将木板紧紧地挤压在一起，使木板之间产生很大的挤压力而紧紧地排在一起。在混凝土中使用预应力钢筋，发展预应力混凝土结构，其原理也基于此。混凝土抗拉强度低，使用预应力钢筋，在构件受力前预先对混凝土施加压力，抵消或部分抵消构件受力后产生的拉应力，防止混凝土构件开裂或延缓开裂、减少裂缝宽度。经过刻苦训练，举重运动员能举起的重量很大，但举起大的重量后，能维持的时间却很短，且无法走动。结构也是如此，如果结构承受的压力非常大，接近或超过其设计承载能力，变形能力就大为降低，结构的稳定性与抗震性能就会变差。台风时，有些建筑屋面会被吹飞，是因为大风时屋面上风速大、压力低，而建筑内的空气处于静止状态，压力大，由此产生的压力差将屋面掀起、吹走。生活中的力学现象很多，只要注意观察、勤于思考，就会有很多收获。所谓他山之石，可以攻玉。

4.4 工程设计、施工及其质量监督

4.4.1 工程设计与施工

工程设计与施工是土木工程专业技术人员的主要技术工作。工程设计是指为工程项目建设提供技术依据的设计文件和图纸的整个活动，它是建设项目生命期中的一个重要阶段，是建设项目进行整体规划和具体实施意图的重要过程，是科学技术转化为生产力的纽带，是处理技术与经济关系的关键性环节，是确定与控制工程造价的重点阶段。工程设计是否安全可靠、经济合理，对工程项目建设造价的确定与控制具有十分重要的意义。

结构设计的对象主要是工程设计中的结构部分。其主要内容和任务是综合应用力学、地基与基础、结构分析与设计、工程抗震等理论，通过结构选型与布置，结构分析与截面设计，结构施工图绘制与设计文件的编制等工作内容和流程，为工程项目建设提供技术依据与指导文件。工程结构施工图是工程结构施工、工程概预算与结算的重要依据；结构分析与设计计算书，是分析评价结构设计是否合理、是否满足专门规范及通用标准要求的重要依据。

工程施工是指工程项目建设实施阶段的生产活动，是各类土木工程的建造过程，也可以说是把图纸所表达和规定的建设内容变成工程物的过程。它包括场地平整、基坑（槽）开挖、地基基础、主体结构、建筑装饰装修施工等。

4.4.2 工程设计与施工的质量监督管理

4.4.2.1 工程质量监督管理

为保证工程建设质量，保障人民的生命财产安全，维护公共安全和公众利益，我国制定了比较完整的建设法律、法规体系，由县级以上地方人民政府建设行政主管部门对本行政区域内的建设工程质量实施监督管理。质量监督管理具有权威性及强制性，由建设行政主管部门代表国家依法行使职权，并且不局限于建筑活动的某一过程，而是贯彻于建筑活动的全部过程；亦不局限于某一质量责任主体，而是针对建设单位、勘察单位、设计单位、监理单位、施工单位及质量检测单位等工程质量责任主体的质量行为实施监督管理，其性质是政府为确保建设工程质量、保护民众生命和财产，按国家法律、法规、技术标准、规范及其他建设市场行为管理规定的一种监督、检查、管理及执法行为。任何建设活动都必须纳入政府的监督管理之中。

工程质量监督管理的主要内容为：①执行法律法规和工程建设强制性标准的情况；②抽查涉及工程主体结构安全和主要使用功能的工程实体质量；③抽查工程质量责任主体和质量检测等单位的工程质量行为；④抽查主要建筑材料、建筑构配件的质量；⑤对工程竣工验收进行监督；⑥组织或者参与工程质量事故的调查处理；⑦定期对本地区工程质量状况进行统计分析；⑧依法对违法违规行为实施处罚。

国家建设工程质量管理条例明确界定了市场经济下政府对建设工程质量监督管理的基本原则：①目的：保证工程建设质量，保护人民生命财产安全；②主要依据：《中华人民共和国建筑法》、其他法律、法规和工程建设国家通用规范；③主要方式：政府认可的第三方质量监督机构之强制监督；④管理范畴：在我国境内从事土木工程、建筑工程、线路管道和设备安装工程及装修工程的新建、扩建、改建等有关活动；⑤质量责任：建设单位、勘察单位、设计单位、施工单位、工程监理单位依法对建设工程质量负责；⑥监督管理：县级以上人民政府建设行政主管部门和其他有关部门应当加强对建设工程质量的监督管理；⑦管理制度：施工图设计文件审查制度、施工许可证和竣工验收备案制度。

政府对于建设工程实施的质量管理，分为设计质量与施工质量监督管理，分别由两种独立机构负责。前者是由政府建设行政主管部门认可的具有相应资质的施工图文件审查机构承担，后者则是由政府建设行政主管部门设立的具有相应资质的工程质量监督机构承担，即工程质量管理实行施工图设计文件审查和工程施工质量监督管理两种管理体制。审图机构仅负责对勘察、设计单位的施工图设计文件进行审查；质量监督管理机构则局限于施工阶段工程施工质量监督管理。施工图设计文件审查，主要是审查建筑设计中的结构、消防、节能、环保、抗震、卫生等；工程施工的质量监督管理包括施工前的施工计划审查、施工中的勘验及竣工后的查验等。

4.4.2.2 施工图审查

施工图设计文件审查，简称施工图审查，是指建设主管部门认定的施工图审查机构按照有关法律、法规，对施工图涉及公共利益、公众安全和工程建设强制性标准的内容所进行的独立审查，系政府对于建筑工程勘察设计质量监督管理的重要程序。建立施工图审查制度，一方面可以在加强设计单位资质管理的同时加强市场行为的监管，另一方面将设计文件质量检查由事后转变为事前，变检查为全面审查，以确保建筑工程设计文件的质量符合国家的法律法规以及国家强制性标准与规范要求，保障人民生命财产安全。

凡属建筑工程设计等级分级标准中的各类新建、改建、扩建的建筑工程项目均属审查范围。各地的具体审查范围，由各省、自治区、直辖市人民政府建设行政主管部门考虑当地的实情确定。审查办法由国务院建设行政主管部门会同国务院其他有关部门制定。

施工图审查的主要内容为：是否符合工程建设国家通用规范；地基基础和主体结构的安全性；勘察设计企业和注册执业人员以及相关人员是否按规定在施工图上加盖相应的图章和签字；其他法律、法规、规章规定必须审查的内容。

施工图审查的目的是维护公共利益，保障社会大众的生命财产安全，因此施工图审查主要涉及社会公众利益与公众安全方面的问题。至于设计方案在经济上是否合理、技术上是否保守、设计方案是否可以改进等仅涉及业主利益的问题，属于设计范畴的内容，而不属于施工图审查的范围。当然，在施工图审查中如发现有这方面的问题，也可提出建议，由业主自行决定是否进行修改。如业主另行委托，也可进行这方面的审查。

4.4.2.3 工程施工质量监督管理

工程施工质量监督管理是：建设行政主管部门或其委托的机构根据国家的法律、法规和工程建设国家通用规范，对施工责任主体和有关机构履行质量责任的行为以及工程实体质量进行质量监督管理，以维护公众利益的行政执法行为。

工程施工质量监督机构的主要任务是：

（1）根据政府主管部门的委托，受理建设工程项目质量监督。

（2）制定质量监督工作方案，根据有关法律、法规及工程建设国家通用规范，针对工程特点，明确监督的具体内容、监督方式。方案中应对地基基础、主体结构和其他涉及结构安全的重要部位与关键工序，做出实施监督的详细计划安排。监督机构应将方案的主要内容以书面形式告知建设单位。

（3）检查施工现场工程建设参与方的主体质量行为。查核施工现场工程建设各方主体及有关人员的资质或资格。检查勘察、设计、施工、监理单位的质量保证体系和质量责任制落实情况，检查有关质量文件、技术资料是否齐全并符合规定。

（4）检查建设工程的实体质量。按照质量监督工作方案，对建设工程地基基础、主体结构和其他涉及结构安全的关键部位进行现场实地抽查；对主要建筑材料、构配件的质量进行抽查；对地基基础分部工程、主体结构分部工程和其他涉及结构安全的分部工程的质量验收进行监督。

（5）监督工程竣工验收。监督建设单位组织的工程竣工验收的组织形式、验收程序以及在验收过程中提供的有关资料和形成的质量评定文件是否符合有关规定、实体质量是否存有严重缺陷、工程质量的检验评定是否符合国家验收标准。

（6）报送工程质量监督报告。工程实体质量监督以抽查为主，并辅以科学的检测手段，监督抽查的分项工程应有准确完整的记录表。地基基础实体须经监督检查后，方可进行主体结构施工；主体结构实体须经监督检查后，方可进行后续工程施工。

工程质量监督制度的主要模式是三步到位核验：①在基础阶段必须由监督机构到位核验，签发核验报告才能继续施工；②主体结构阶段必须由监督机构到位核验，签发核验报告才能继续施工；③竣工阶段必须由监督机构核验质量等级，签发建设工程质量等级证明书。未经监督机构核验或核验不合格的工程，不准交付使用。

政府对建设工程质量的监督管理，还体现在资质管理、市场准入、执业资格等方面。《建设工程质量管理条例》规定，从事建设工程活动的法人必须具有资质，政府行政主管部门对资质实行分级审核和管理。具有相应资质的单位才有条件在建设市场承担与资质等级管理规定相符的勘察、设计、施工等任务。从事勘察、设计与施工等工作的工程技术人员应具有相应的执业资格，从事施工的技术工人也应具备相应工种的上岗证。

4.5 结构试验与结构检验

由前所述，工程结构在使用期间要承受各种荷载和作用，在各种作用下应具有安全、适用与耐久的功能。为实现这一功能，结构设计时应先选取和确定材料的物理力学性能，确定结构形式、布置及结构构件几何尺寸，建立结构分析模型，最后根据结构分析计算结果进行截面设计和校核。由此可见，材料力学性能是结构分析与设计不可或缺的基本指标。而材料力学性能及其指标又是无法通过理论分析获得的，必须依靠试验确定。除设计所用的材料力学性能指标必须通过试验确定外，施工质量检验及其评定也需要通过试验确定。无论是施工材料的质量检验，还是主体工程验收，都离不开试验或现场检验检测。

试验检验与试验研究在土木工程专业中具有重要的地位，几乎所有的专业基础及专业课程都有试验检验与试验研究的内容。例如，材料力学中有材料力学试验，通过钢材拉伸试验，检验或研究钢材的力学性能，获得弹性模量、屈服强度、极限强度、延伸率等力学性能指标及其弹塑性性能；土木工程材料有与混凝土材料物理力学性能有关的各种试验，通过试验，检验和研究混凝土拌合物坍落度等物理性能，硬化混凝土的抗压强度、劈裂强度等力学性能；土力学中也有很多试验，通过试验，分析研究土的组成及基本物理力学性能；混凝土结构设计原理中有构件受力性能试验，通过试验，研究分析钢筋混凝土梁、柱等构件的受力过程、破坏现象及其受力原理，总结受力规律及其性能，发展混凝土结构设计计算理论；在土木工程试验课程中，除有试验研究性的内容外，还有一些工程主体结构的检测检验内容。总之，从土木工程材料的基本力学性能、岩土的物理性质及力学性能，到材料与岩土的本构关系及结构构件的力学性能，以至于工程质量的检测检验，都离不开试验。试验研究是土木工程理论的基础，是发展分析理论的科学方法；试验检验是保证材料质量与工程质量的关键手段。认识试验研究与试验检验的重要性和不可替代性，熟悉和掌握基本的土木工程试验方法与技术，学会利用试验研究的手段和方法分析和解决工程问题，创新工程理论；利用试验检验的方法控制和检验材料及工程质量，等等；是土木工程专业技术人员应具备的基本能力。

设置在土木工程专业基础课和专业课中的试验内容，主要是岩土、材料的基本物理性能与力学性能试验、基本测量原理与方法及测量仪器的操作使用试验、基本构件的力学性能试验以及简单结构的结构力学分析试验等。这些试验的主要目的是，帮助学生进一步了解和掌握相关知识点的基本概念与原理，熟悉基本的试验检测标准，试验检测方法与步骤，仪器操作使用基本规程等，提高学生的动手能力和实践技能。这类试验属于基本试验，是学生和土木工程师应知应会的基本内容。除应知应会的基本试验外，土木工程专业课程体系中还专门设置了旨在培养设计性、综合性试验能力的课程——土木工程试验。

土木工程试验课程的主要目标是，通过设计性、综合性试验，培养学生试验研究和主体工程质量检验与评定能力。土木工程试验课的主要对象是工程结构，主要内容是试验研究和主体工程质量检测检验。试验研究的主要内容包含：试验方案与试件设计、加载技术与加载系统、量测技术与测试系统、数据处理技术与试验结果分析总结。主体工程质量检验主要内容包括：制定检测检验方案、现场检测检验、检测检验结果分析、结构性能与工程质量评定。土木工程试验研究和检测检验要应用材料、力学、结构、机械、电子、计算机、数据分析处理等方面的综合知识，具有数据整理和换算、数据统计与误差分析以及报告撰写的知识和技能。

计算机及信息技术在结构试验研究中发挥着越来越重要的作用，试验加载及控制、试验数据采集与分析等试验研究的每个环节都需要计算机的辅助。最近几年虚拟试验技术、工程结构健康检测技术等发展迅速，是结构分析理论、计算机与传感信息技术共同作用的结果。可以毫不夸张地说，没有结构分析理论与机电、传感、计算机技术的结合，就无法发展现代结构试验研究技术。

4.6 工程语言及表达

语言与文案是人们交流和表达的媒介与工具。从事工程技术，除语言与文案外，技术术语与图纸是重要的"工程语言"。在工程勘察、规划、设计、施工以及维修维护的各个环节中，都离不开图纸。工程师用图纸表达设计方案、工程做法及要求，根据图纸进行施工。施工图不仅是重要的工程技术资料，也是重要的工程档案资料和法律文件。经审查、盖章、签字、存档的施工图及其他设计、施工、监理、检测、验收资料等，是城乡建设管理的重要技术与管理资料。土木工程专业毕业生既应有设计图纸和应用图纸的能力，也应有按技术标准和法律、法规要求编制各种技术文件的能力。

设计图纸和应用图纸的能力表现在两个方面：一是能把经构思和结构分析计算而设计的工程及其具体要求，用图纸清晰地表达出来，且保证各专业施工图及技术要求能协调吻合；二是能根据工程的整套施工图，编制造价和施工组织设计，按图纸要求建设合格工程。设计图纸的能力即分析设计能力，应用图纸能力即编制施工方案和组织施工能力。设计能力的本质是把构思的工程实体及建造要求用图纸表达出来；施工组织与管理能力体现在有效地组织各种资源，按照设计图纸要求将蓝图变为现实等方面。这两方面能力的培养，首先是绘图和识图能力培养。但工程师的能力不能限于简单地绘图和识图，而应具有在结构分析设计能力基础上的施工图设计能力，以及具有能在充分理解设计意图、施工技术及其质量控制重点、难点基础上的施工组织与管理能力。

由上所述，工程施工图及工程建设中的技术与管理资料是工程建设重要的档案资料与法律文件，因此工程施工图的表达必须规范、严谨，正确使用术语符号。土木工程中的术语符号很多，要正确理解术语的意义，掌握符号的构成要素，才能避免死记硬背。规范、严谨的工作态度与严格的标准要求，是土木工程师应具有的最基本素质，是质量安全的基本保证，这一点我们必须十分清楚，而且要谨记在心。合格的土木工程师应有扎实的基础理论、清晰的结构概念，能正确地理解与应用规范，有丰富的实践经验及工程项目分析设计或施工组织管理能力。

4.7 计算机技术的应用与土木工程的发展

计算机技术作为现代科技的重要工具，被广泛地应用于社会的各个方面。在土木工程中，计算机的早期应用主要用于结构分析计算，是重要的计算工具。随着计算机技术的发展，计算机技术已经渗透到土木工程的各个领域中，为土木工程的发展提供了强有力的支撑，使很多传统设计、施工与管理方法无法实现的工程变成了现实。计算机及信息技术对土木工程发展的推动作用主要体现在以下几个方面。

4.7.1 计算机辅助设计技术

计算机辅助设计就是利用计算机和图形设备帮助设计人员进行设计。计算机辅助设计的主要功能和优势是：①可以对不同方案进行大量的计算、分析和比较，以决定最优方案；②数字的、文字的或图形的各种设计信息，都能利用计算机进行快速地存储和检索；③设计人员通常用草图开始设计，将草图变为工作图的繁重工作可以交给计算机完成；④利用计算机可以进行与图形的编辑、放大、缩小、平移和旋转等有关的图形数据加工工作；⑤ CAD 模型可以转换为分析计算模型，快速地对结构进行分析计算。

计算机辅助设计极大地提高了设计效率和质量。目前几乎所有的结构分析计算与施工图绘制完全靠 CAD 完成。与手工设计相比，CAD 设计可以提高功效 5~10 倍，差错率会从 5% 降低到 1% 左右。尤其重要的是，对于复杂工程的设计与施工，如果没有计算机辅助设计，几乎是不可能完成的。

图 4-17（a）为国家游泳中心——水立方的整体建模图，其骨架结构见图 4-17（b）。这样一个复杂的结构，如果没有计算机辅助设计，手工绘制很难完成。即使能完成，也很难做到精准。那么这样一个复杂的建模过程是怎样完成的呢？首先建立一个 12 面体（图 4-17c）和 14 面体（图 4-17d），将若干个多面体组合在一起，形成一个多面体的基本组合（图 4-17e），然后将这个基本的多面体沿一维和二维扩展，形成平面的多面体组合（图 4-17f、g），再将平面多面体竖向叠加，形成一个空间的多面体组合（图 4-17h），将这个空间的多面体旋转 60°（图 4-17i），

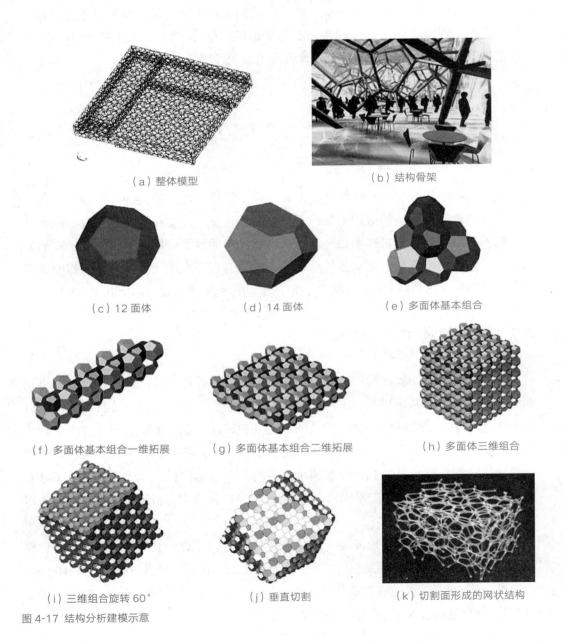

（a）整体模型

（b）结构骨架

（c）12 面体

（d）14 面体

（e）多面体基本组合

（f）多面体基本组合一维拓展

（g）多面体基本组合二维拓展

（h）多面体三维组合

（i）三维组合旋转 60°

（j）垂直切割

（k）切割面形成的网状结构

图 4-17 结构分析建模示意

再做垂直切割（图 4-17j），就形成了骨架的基本结构（图 4-18k）。当模型建立后，再输入结构的基本信息和设计参数，进行分析计算和设计，这是目前结构设计计算的一般程序，从中我们可以看到计算机辅助设计在土木工程中的作用。

4.7.2 智能施工与管理

智能施工与管理就是利用计算机与信息技术对工程项目施工进行全过程管理。土木工程施工周期比较长，工序多，环境条件复杂，影响因素多，质量与安全管理在工程建设中占有重要的地位，一旦出现安全与质量事故，所产生的直接与间接后果都比较严重。实时地对施工过程进行监控，加强安全与质量管理非常重要。智能化施工是通过施工数据监测、反馈与分析等方法，判定施工状况是否科学合理，工程是否处于设计所要求的状态、与施工阶段的受力及变形是否吻合，及时发现工程中存在的问题，为采取有效的防范措施提供信息指导。智能化施工的核心是施工过程监测数据的采集与反馈，是工程管理现代化的重要标志之一。

计算机技术应用与发展，还极大地提高了土木工程施工自动化程度。在混凝土的搅拌、钢结构的焊接、大型结构的制作、安装等很多领域，都广泛应用自动化设备，应用计算机对整个过程进行智能控制。

4.7.3 结构智能

结构智能系统是一种仿生结构体系，它集主结构、传感器、控制器及驱动器为一体，具有结构健康自诊、自监控、环境自适应、损伤自愈合、自修复的生命特征与智能功能。结构智能系统能增强结构在各种复杂工况下的安全，提高结构安全运营的管理水平，为结构的长期使用及维修维护提供科学依据。

结构智能体系主要分为结构智能控制与结构健康检测及智能监控两大方面。结构智能控制主要是提高工程结构的抗震能力与抗灾性能，近 30 年来有了很多的发展，已经成为工程抗震与结构减灾的重要方法。结构健康检测及智能监控主要是检测和监控工程在服役期的性能，如应力、应变、裂缝与变形、振动等等。支撑结构智能体系的主要条件是结构计算分析理论、智能材料、器件及设备等。其中，计算机及网络技术的应用与发展起了重要的关键作用。

4.7.4 实验与虚拟实验技术

实验研究在结构理论的发展中具有重要的作用。很多结构理论都是从实验研究中获得的。实验研究离不开计算机，实验加载控制、数据采集、数据分析等各个步骤都要借助于计算机。除此之外，随着计算机技术的发展，近 10 年来，虚拟实验技术也得到了很大的发展，成为科学研究、结构优化设计与教学等的重要手段。虚拟实验是指借助于多媒体、仿真和虚拟现实等技术在计算机上营造可辅助、部分替代甚至全部替代传统实验各操作环节的相关软硬件操作环境，实验者可以像在真实的环境中一样完成各种实验项目，所取得的实验效果等价于甚至优于在真实环境中所取得的效果。

虚拟实验建立在一个虚拟的实验环境（平台仿真）之上，注重的是实验操作的交互性和实验结果的仿真性，能够突破传统实验对"时、空"的限制。随着多媒体技术和网络技术的发展，通过网络建立虚拟实验系统和网上虚拟实验室而开展虚拟实验，在网络中模拟一些实验现象，能达到"身临其境"的效果。目前，网络虚拟实验技术正在悄然兴起，能够实现跨时空、跨学科的仪器设备远程共享、远程控制，满足科研教学对分布式实验系统的要求。

4.7.5 智能建筑

智能建筑是以建筑为平台，兼备建筑自动化设备 BA、办公自动化 OA 及通信网络系统 CA，集结构、系统、服务、管理及它们之间的最优化组合，向人们提供一个安全、高效、舒适、便利的建筑环境，最大限度地节能、减排，满足科技建筑、人文建筑与生态建筑的要求。智能建筑是集现代科学技术之大成的产物。其技术基础主要由现代建筑技术、现代计算机技术、现代通信技术和现代控制技术所组成。

智能建筑是信息时代的必然产物，建筑物智能化程度随科学技术的发展而逐步提高。当今世界科学技术发展的主要标志是 4C 技术（即 Computer——计算机技术，Control——控制技术，Communication——通信技术，CRT——图形显示技术）。将 4C 技术综合应用于建筑物之中，在建筑物内建立一个计算机综合网络，使建筑物智能化。

目前智能建筑系统主要包括：综合布线系统（GCS, PDS）、火灾报警系统（FAS）、建筑设备管理系统（BAS）等。在技术应用方面主要涉及监控技术应用、自动化技术应用等。数字化标准侧重于：以数字化信息集成为平台，强调楼宇物业与设施管理、一卡通综合服务、业务管理系统的信息共享、网络融合、功能协同，如综合信息集成系统（IBMS.net）、楼宇物业与设施管理系统（IPMS）、楼宇管理系统（BMS）、综合安防管理系统（SMS）、"一卡通"管理系统（ICMS）等，在技术应用方面主要涉及信息网络技术应用、信息集成技术应用、软件技术应用等。

物联网（The Internet of Things）是把所有物品通过射频识别（RFID）、红外感应器、全球定位系统、激光扫描器等信息传感设备与互联网连接起来，进行信息交换和通信，实现智能化识别、定位、跟踪、监控和管理。物联网技术是以移动技术为代表的第三次信息技术革命，是互联网的应用和拓展，是未来建筑智能的主要发展方向。

计算机技术在工程建设中也发挥着越来越重要的作用。从政府的法制与市场管理，到企业的综合和项目管理，每个方面、每个过程都逐步实现信息化，而且逐渐向标准化、集成化、网络化和虚拟化的方向发展。计算机及信息技术的应用与发展，给工程管理带来了革命性的工具与革命性的变化。

4.8 工程标准

标准是对重复性事物和概念所作的统一规定。它以科学、技术和实践经验的综合成果为基础，经有关方面协商一致，由主管机构批准，以特定形式发布，作为共同遵守的准则和依据。技术标准是对生产、建设、商品流通的质量、规格和检验方法，以及对技术文件常用的图形、符号等所作的规定。按照标准化对象，标准可分为技术标准、管理标准和工作标准三大类。技术标准指对标准化领域中需要协调统一的技术事项所制定的标准。包括基础标准、产品标准、工艺标准、检测试验方法标准，以及安全、卫生、环保标准等。工程建设标准指对基本建设中各类工程的勘察、规划、设计、施工、安装、验收等需要协调统一的事项所制定的标准。材料技术标准是指对原材料及产品的质量、规格、等级、性质的要求、检验方法及其评定标准，材料及产品的应用技术规范，材料生产与设计的技术规定等内容所作的技术规定。标准是在一定范围内获得的最佳秩序，对活动或其结果规定共同的和重复使用的规则、导则或特性的文件。该文件经协商一致并经一个公认机构的批准。作为法定标准，一般强调的是公开性、通用性、一致性、系统性。

标准按照层级主要分为国际标准、区域标准、国家标准、行业标准、地方标准、团体标准以及企业标准等。国际标准指由国际性标准化组织制定并在世界范围内统一和使用的标准，如国际标准化组织（ISO）所制定的标准，以及被国际标准化组织确认并公布的其他国际组织所制定的标准。国际标准是世界各国进行贸易的基本准则和基本要求。除国际标准外，还有区域标准。区域标准指由一个地理区域的国家代表组成的区域标准组织制定并在本区域内统一和使用的标准，如欧洲标准化委员会（CEN）、亚洲标准咨询委员会（ASAC）、泛美技术标准委员会（COPANT）、美国铁道协会（AAR）、南部非洲交通运输委员会标准（SATCC）所制定的标准等。区域标准是该区域国家集团间进行贸易的基本准则和基本要求。国家标准指由国家的官方标准机构或国家政府授权的有关机构批准、发布并在全国范围内统一和使用的标准，如日本工业标准（JIS）、德国标准（DIN）、英国标准（BS）、美国标准（ANSI）等。我国的标准分为政府主导制定的标准和市场自主制定的标准两大类。其中政府主导制定的标准分为强制性国家标准和推荐性国家标准、推荐性行业标准、推荐性地方标准四类；市场自主制定的标准分为团体标准和企业标准。政府主导制定的标准侧重于保基本，市场自主制定的标准侧重于提高竞争力。由国务院标准化行政主管部门——国家市场监督管理总局与国家标准化管理委员会（由国家市场监督管理总局管理）指定（编制计划、组织起草、统一审批、编号、发布），其代号为 GB 或 GB/T。国家标准在全国范围内适用，其他各级别标准不得与国家标准相抵触。行业标准也是国家性的指导技术文件，由国务院有关行政主管部门制定，如建材行业标准代号为 JC，建工行业标准代号为 JG，交通行业标准代号为 JT。行业标准在全国某个行业部门内适用。地方标准是指在某个省、自治区、直辖市范围内需要统一的标准，其代号为 DB；团体标准是指具有法人资格，且具备相应专业技术能力、标准化工作能力和组织管理能力的学会、协会、商会、联合会和产业技术联盟等社会团体制定的标准，如中国工程建设标准化协会标准 CECS；企业标准则仅适用于本企业，其代号为 QB。凡没有制定国家标准、行业标准的产品，均应制定企业标准。

世界范围内各层次标准之间有一定的依从和内在联系，形成一个覆盖全球又层次分明的标准体系。我国也建立完善了与新型标准体系配套的标准化管理体制，对加快技术成果转化、提高产品市场竞争力发挥了巨大作用。在新知识经济时代，技术标准制定与应用的作用与意义将越来越凸显。

标准或规范是工程建设白皮书，是工程师从事专业工作的遵循，国家通用规范具有强制性，工程师必须严格遵守。工程建设的质量与安全责任重大，工程师应对规范有敬畏意识，在专业学习，特别是实习、设计等实践性教学环节学习中，学生要注意对规范的学习与理解，通过对规范的学习与应用，提高专业能力。随着理论与技术的发展，标准会不断发展或修订，学习规范也是掌握工程技术发展动态与水平的重要途径。合格的工程师应持续学习，以适应技术发展，不断提升专业能力。

阅读与思考

4.1 简要说明工程科学与技术的关系。

4.2 简要说明数学、力学在土木工程中的地位与作用。

4.3 举例分析建筑美与结构美。

4.4 从土木工程专业的特点及与现代科技发展的交叉融合，简要分析土木工程师的能力培养。

4.5 简要说明计算机与信息技术在土木工程中的应用。

4.6 简要说明工程标准的概念。

第 **5** 章

土木工程师的能力素质及其职业发展

本章知识点

在前述章节学习的基础上，本章主要讨论面对新时代要求和未来挑战的土木工程师的能力、素质及其职业发展。为学生如何学好土木工程、将来如何服务土木工程打下初步的思想基础，让学生了解在大学学习中，如何全面地提高综合素质和专业能力。

21 世纪是高科技时代。经济要发展，人民生活要提高，首先要建厂房、建住宅楼、挖隧道、架桥梁、建铁路、建公路。因此，土木工程将持续不断地发展，而且将更多地利用和融合高新技术，实现创新发展和高质量发展。创新与高质量发展必须立足于解决土木工程的根本问题，因此土木工程专业的核心知识体系及毕业生的基本能力要求仍十分重要，但随着经济社会与高新技术的快速变革与发展，土木工程在创新与高质量发展中又会面临诸多新的问题与挑战，土木工程专业毕业生应在基本能力素质要求的基础上，培养和发展更强的专业能力，更高的综合素质，树立更崇高的理想信念，以适应经济社会的发展及土木工程专业的发展。对于每个走进土木工程大厦的学生而言，不仅要从大厦的"四梁八柱"开始，认识和学习土木工程专业的知识体系、思考和培养基本的专业能力与素质，还要对新理念、新科技保持高度的敏感，对社会有充分和正确的认识，有宽广的知识和全球视野，思考和规划自己的未来。

5.1 知识、能力与素质

知识是人类认识的成果，是经验的固化，是万物实体与性质的是与不是，也是概念之间的连接。能力，是指顺利完成某一活动所必需的主观条件。能力是直接影响活动效率，并使活动顺利完成的个性心理特征。能力总是和人完成一定的活动相联系在一起。离开了具体活动既不能表现人的能力，也不能发展人的能力。能力与知识、经验和个性特质共同构成人的素质，成为胜任某项任务的条件。

人的能力可以分为很多种，如一般能力、特殊能力，模仿能力、创新能力，认知能力、社交能力等。能力发展方向及发展水平，除与人的智力条件与成长环境有关外，更重要的是与接受的教育有关。因此，获得知识是培养能力，特别是专业能力的重要基础和途径。

土木工程专业知识体系由土木工程专业毕业生必须掌握的、不可或缺的基本知识组成。专业知识体系，不仅应能满足土木工程师职业多样化发展的需要，而且能为他们向具有较高综合素质与创新能力的更高层次发展提供原动力。现代土木工程师应具备什么样的能力和素质，才能适应科技和社会的快速发展？ 2000 年在华沙召开的第五届世界工程教育大会给出了答案，见表 5-1。

五代工程师的基本特征		表 5-1
1	18世纪末~19世纪初	多才多艺
2	19世纪中~20世纪初	专业化
3	20世纪初~20世纪中	非常专业化
4	20世纪中~20世纪70年代	部分专业化、部分系统化
5	20世纪70年代~20世纪末	综合

从表中可以看出，现代工程师已从非常专业化逐渐走向多种学科、多种知识的综合。进入21世纪，这种趋势更加明显。传统的土木工程师应有坚实的数学、力学知识。计算机和信息技术的出现与发展，工程功能要求越来越高，工程的系统性和综合性越来越强，土木工程师不仅要有坚实的数学、力学知识，而且要有较高的数字模拟分析计算能力和信息技术应用能力。计算机与信息技术能力代表了土木工程师所具有的现代科技工具应用能力。在创新与应用、设计与施工、技术与管理等各个方面，应用现代科技工具的能力都是土木工程师的重要能力。因此，学科理论基础、现代科技工具应用能力和工程实践能力构成了土木工程师能力的三个支柱。

完成任何专业技术工作不仅需要扎实的知识，还需要创新、认知、社交等能力，因此，大学生在学好专业知识、培养专业能力的同时，一定要广泛地涉猎各种知识，开阔自己的视野，培养兴趣和爱好，而且要通过各种社会实践活动和创新活动，培养自己多方面的能力。具备多方面的综合能力，或在某一个方面有特殊的才能和能力，而且又能加强品质修养，培养良好的精神风貌和工作作风，这样的毕业生才能更好地适应社会发展，积极地面对各种机遇和挑战，成就美好人生。

人的知识、能力与素质的关系，可以用材料和建筑做个比喻。任何材料都具有客观性质，性质的优劣取决于材料组成及加工工艺与过程，如混凝土材料的强度与水泥、骨料、水胶比等组成材料及配比有关，也与搅拌、浇筑、养护等施工工艺与过程有关。通过改变组成、改善工艺和控制过程，可以改善和提高材料的质量。但即使是最优良的材料要让其发挥更大的作用，使其表现出优良的性能，在材料的使用过程中，也必须根据其性质，采取相应的技术措施。如高强混凝土虽然具有更高的强度，但在结构构件中如不采取箍筋约束等措施，其构件则不能表现出良好的变形和抗震性能。一个好的建筑，不仅要有高品位的建筑设计，而且要选用合理的结构形式，对结构构件进行良好的分析和设计，并采取良好的构造措施。大学所学习和积累的知识，奠定了毕业生成为土木工程师的基本条件，但能否成为一个合格的或卓越的工程师，主要取决于如何利用这些知识服务于社会，为社会做贡献。服务于社会的能力和对社会贡献的大小，不仅取决于专业知识和能力，更在于素质。

5.2 人才培养目标与毕业要求

高等学校人才培养目标和方案作为高校人才培养实施过程的纲领性文件，是人才培养的总体设计，也是教学质量的基础保障，具有举足轻重的作用。人才培养目标定位是人才培养方案的核心，也是学校育人工作的指向和结果。一旦确定了人才培养目标，学校的所有育人工作，包括培养方案和课程体系的制定、教学组织的实施、师资队伍的配备等，都是围绕着所确定的人才培养目标展开的。

本科层次的土木工程专业培养是按照"深基础、宽口径"的培养理念，着眼国家中长期建设和社会可持续发展要求，培养德智体美劳全面发展，具备高度社会责任感和良好工程职业规范、伦理道德，掌握土木工程学科基础理论和专业知识，获得工程师基本训练，具有较强实践能力、良好创新意识和团队精神，能面向未来且具有一定国际视野的高素质应用型高级专门人才。毕业生能在房屋建筑、道路桥梁、岩土与地基基础等土木工程领域从事勘察、设计、施工、检测、管理、研究和开发等工作。

上述培养目标可分解为以下4个子目标：

目标1：具备良好的人文素质、科学素养、社会责任感、职业规范和伦理道德，具有环保和可持续发展意识，以及一定的国际视野；

目标2：系统掌握土木工程学科基础理论和专业知识，具有综合运用相关知识，解决土木工程及相关领域复杂工程问题的能力；

目标3：具备良好的沟通交流能力，具有组织与实施土木工程及相关领域工程项目的团队合作和管理能力；

目标4：具有自主学习的能力，有终身学习的追求和良好的创新意识，能适应技术、经济与社会的可持续发展要求。

土木工程专业的培养目标体现在知识、能力、素质及职业发展优势与竞争力四个方面。土木工程专业的课程体系要能支撑土木工程专业培养目标的实现。土木工程培养目标的实现要通过毕业要求进行细化实施和考察评估。在国际工程教育认证文件中，对工科专业提出了12项毕业要求。对照工程教育认证的毕业要求，土木工程专业对应的毕业要求的基本内容见表5-2。

毕业要求	毕业要求的具体内容
1	工程知识基础及其能力。具有扎实的数学与自然科学基础，掌握土木工程学科的基本原理与知识，能够将数学、自然科学、工程基础和专业知识熟练地用于土木工程技术与管理工作中，特别是解决复杂工程问题中
2	问题分析基础及其能力。针对土木工程技术与管理工作，特别是复杂工程问题，能够应用数学、自然科学和土木工程学科的基本原理与方法，去识别、表达，并通过文献研究分析找到科学合理的解决方法，且能获得有效结论
3	设计（开发）解决方案的素质与能力。能够综合分析工程设计、施工、运营与管理等工作中的问题，设计（开发）满足土木工程特定需求的体系、结构、构件（节点）或者施工方案，并在设计环节中考虑社会、健康、安全、法律、文化以及环境等因素。在技术与管理工作中，特别是解决复杂工程问题时，具有创新意识与思维
4	研究解决工程问题的能力。能够基于科学原理、采用科学方法对土木工程专业的复杂工程问题进行研究，包括设计实验、收集、处理、分析与解释数据，通过信息综合得到合理有效的结论并应用于工程实践
5	使用现代工具的能力。能够针对土木工程中的复杂工程问题，开发、选择与使用恰当的技术、资源、现代工程工具和信息技术工具，对复杂工程问题进行科学合理地建模及模拟与预测分析；对模拟与预测分析结果的合理性做出正确评价；理解简化与模拟分析的局限性及工程意义
6	先进的工程与社会理念及相应的职业素养与能力。能够基于土木工程专业知识和法规、标准（规范），评价土木工程项目的设计、施工和运行的方案，以及复杂工程问题的解决方案，包括其对社会、健康、安全、法律以及文化的影响，有高度的质量与安全责任感和风险意识
7	环境与可持续发展理念及相应的职业素养与能力。能够理解和评价土木工程，特别是大型土木工程对环境和可持续发展的影响；能够在土木工程技术与管理工作中，特别是处理复杂工程问题时，充分分析和评估环境与可持续发展问题
8	高水平应用型人才的职业规范与能力。具有良好的思想品德与人文社会科学素养，了解中国国情与特色，有强烈的社会责任感与爱国奉献精神，能够在工作中理解并遵守工程职业道德和行为规范，做到责任担当、贡献国家、服务社会
9	团队意识与适应能力。具有较强的集体意识、整体观念与团结协作精神，在土木工程技术与管理工作中，特别是解决复杂工程问题或多学科综合问题时，能够扮演相应的角色，承担并完成相应的任务，负起相应的责任，也能与团队分享成果
10	沟通素质与能力。在技术与管理工作中，特别是在处理复杂工程问题、系统工程问题时，能够与业界同行及社会公众进行有效沟通和交流，包括编制技术方案、绘制施工图、撰写专题报告、口头交流研讨、进行会议报告等，以多种形式解答和回应问题。具有宽广的知识，有一定的应急能力；具备一定的国际视野，能够在跨文化背景下进行沟通和交流
11	项目管理的基础与能力。理解土木工程综合性、系统性及复杂性的特点，掌握相应的多学科基本知识，能在与土木工程多专业的协同工作中，合理应用工程管理的基本原理与经济决策方法，解决工程问题，具备一定的组织、管理和领导能力
12	终身学习的素质与能力。具有自主学习的习惯与能力、终身学习的意识与素质。在职业生涯中，能够在专业技术上不断学习提高，在素养上不断完善，具有较强的社会适应力和自我发展与完善能力

5.3 土木工程师的能力与素养要求

5.3.1 土木工程师的专业能力

土木工程专业是一个应用性的学科。长期以来，毕业生的能力培养，强调的主要是结构分析计算能力，分析计算的主要方法是数学力学方法。实际工程中，土木工程师不仅要具备较好的结构分析计算能力，而且也应具备较高的综合能力，特别是处理复杂工程问题的能力。传统的培养理念主要侧重表5-2中前3项内容，而现代工程教育培养理念的内涵与外延大大地扩展了。从表5-2所列出的毕业要求看，现代土木工程师的能力可以归纳为工程能力、问题分析与研究解决能力、现代科技工具应用能力、组织管理能力、表达能力和公关能力、创新能力等几个方面。

5.3.1.1 工程能力

工程能力就是土木工程技术人员在从事土木工程工作时，应具有的工程技术知识和技能。对于土木工程师，工程能力是必不可少的。从事土木工程工作的技术人员，其工程能力达不到应用的水准，就不是合格的土木工程师。

在大学学习阶段，学生工程能力的培养，主要通过试验、实习、课程设计和毕业设计等实践教学环节来进行。工程能力培养的总体要求是，学生具有根据工程的用途和功能要求、场地和地质条件、材料与施工等实际情况，按照标准规定及要求，对工程项目进行安全可靠、经济合理设计的能力；具有解决施工技术问题和编制施工组织设计的能力；具有工程经济分析的能力；具有应用计算机进行辅助设计的能力；具有编制各种技术文件的能力。

5.3.1.2 问题分析与研究解决能力

问题分析能力指针对土木工程技术与管理工作，特别是复杂工程问题，能够应用数学、自然科学和土木工程学科的基本原理与方法，去识别、表达，并通过文献研究分析找到科学合理的解决方法，且能获得有效结论。研究解决能力指能够基于科学原理、采用科学方法对土木工程专业的复杂工程问题进行研究，包括设计实验、收集、处理、分析与解释数据，通过信息综合得到合理有效的结论并应用于工程实践。随工程要求及复杂性的提高，问题分析与研究解决能力培养的重要性愈加凸显。

5.3.1.3 现代科技工具应用能力

现代各个工程领域都离不开计算机及信息技术的支撑，土木工程更不例外。数值分析、虚拟仿真、结构设计、施工管理等各个方面都离不开计算机及信息技术。因此，学好计算机及信息技术对土木工程的学生十分重要。

5.3.1.4 表达能力和公关能力

土木工程具有工种繁多，内外关系错综复杂，与政府行政部门联系多等特点。土木工程师需要有良好的表达能力和公关能力。具体地说，就是要具有文字、图纸和口头的表达能力；具有社会活动、人际交往和公关的能力。

5.3.1.5 组织管理能力

组织管理能力是一种围绕实现工作目标所必须具备的人际活动能力，包括组织各种参与人协作完成任务的能力，处理各种技术交流、经济交往的能力等。土木工程工作团队性很强，土木工程师，应具有必要的管理能力，包括人力资源管理、投资管理、进度管理、质量管理、安全管理、工程项目管理、各工种工作的协调等。

5.3.2 土木工程师的素养要求

土木工程师除了应具备系统的知识结构和从事专业技术与管理的职业能力外，还应有良好的综合素养。综合素质主要体现在这四方面：①思想道德素养；②身心健康素养；③人文素养；④科学和创新思维素养。立德树人，为社会主义建设育人和培养接班人，是我国高等学校的重要使命，因此，大学生的素养要符合国家富强、民族复兴对人才的根本要求。

（1）思想道德素养。坚持四项基本原则，能自觉运用辩证唯物主义和历史唯物主义的观点与方法分析、对待和解决实际问题，树立科学的人生观、世界观和价值观，形成良好的职业道德和高尚的人格。

（2）身心健康素养。积极参加体育锻炼，养成热爱运动的习惯，培养体育精神，身体素质达到国家体育锻炼标准要求；具有广泛阅读的习惯，爱读书、会读书、读好书，有广泛的爱好，能建立良好的人际关系，保持爱好广泛、团结友爱、乐观向上、勇毅进取、爱国奉献的良好心态。

（3）人文素养。人文素养指包括文学、哲学、美学、音乐、美术等多方面的文化、美学素养。人文素养对任何人的成长都十分重要，是决定人成长"高度"和人生质量的重要基础和推动力。

（4）科学和创新思维素养。科学和创新思维素养离不开科学理性、思辨意识和能力、逻辑能力和科学方法、创新理念与创新精神。要具备这样的素养，学生应有非常扎实的基础理论、良好的科学思维及方法训练和创新实践训练。

针对上述四方面的素质要求，结合土木工程专业的特点和职业发展，土木工程师应高度重视家国情怀、职业道德、工程伦理、先进管理理念与方法、生态环保和可持续发展意识等方面素质的培养。土木工程师的素质要求内化在表5-2的毕业要求中，贯穿在土木工程专业各项技术与管理工作中。素质是知识和能力的内化，也是能力的灵魂和助推器。

5.4 建设法规基本知识

5.4.1 建设法规体系及其构成

根据我国《建筑法》第2条第2款，建筑活动是指各类房屋建筑及其附属设施的建造和与其配套的线路、管道、设备的安装活动。通常，我们认为建筑活动包括土木建筑工程、线路管道安装工程、装饰装修工程的新建、扩建和改建。而建设活动的范围要更广，除了包括上述建筑活动之外，还包括与其相关的勘察、设计、监理活动等。虽然从理论上讲，建设活动的外延要涵盖建筑活动，但根据日常习惯，在本书中对"建筑"与"建设"将不做严格区分，将"建筑"与"建设"等同使用，除非涉及我国《建筑法》调整的事项。

建设法规，是指国家立法机关或其授权的行政机关制定的，旨在调整建设活动中或建设行政管理活动中发生的各种社会关系的法律规范的统称。建设法规主要调整国家机关、企业、事业单位、经济组织、社会团体和自然人在建设领域内发生和缔结的各类社会关系；直接体现了国家组织、管理、协调城市建设、乡村建设、工程建设、建筑业、房地产业、市政公用事业等各项建设活动的方针、政策和基本原则。

建设法规体系是国家法律体系的重要组成部分，同时又自成体系，具有相对独立性。根据法制统一原则，工程建设法规体系应与宪法和相关基本法律保持一致，建设行政法规、部门规章和地方性法规、规章不得与宪法、法律抵触。在建设法规体系内部，纵向不同层次的法规之间，应当相互衔接，不能抵触；横向同层次的法规之间，应协调配套，不互相矛盾、重复或者留白。建设法规体系作为法律体系中的一个子系统，还应考虑与法律体系其他子系统之间的衔接。

在建设法规体系中，建设法律的效力最高，建设行政法规、建设部门规章、地方性建设法规、地方性建设规章的效力依次递减。法律效力低的建设法规不得与法律效力高的建设法规抵触，否则，其相应规定将被视为无效。

我国目前建设法规体系主要有两种：一是纵向法规体系，这是根据建设法规的层次和立法机关的地位划分的；二是横向法规体系，这是根据建设法规的不同调整对象来划分的。纵横两种法规体系结合起来，形成内容相对完善的建设法规体系。

5.4.1.1 建设法规的纵向体系

根据《中华人民共和国立法法》关于立法权限的规定，我国建设法规体系由 5 个层次的规范性文件组成：

1. 建设法律

建设法律，指由全国人民代表大会及其常务委员会制定颁布的调整建设活动中行政管理关系和民事关系的各项法律；在全国范围内适用，是建设法规体系的核心和基础。这些建设法律主要包括《中华人民共和国建筑法》《中华人民共和国城市房地产管理法》《中华人民共和国城乡规划法》《中华人民共和国招标投标法》和《中华人民共和国安全生产法》等。

2. 建设行政法规

建设行政法规，是由国务院制定颁布施行的属于建设行政主管业务范围的条例、规定和办法；在全国范围内适用，是建设法规体系的主要组成部分。常见的建设行政法规有《建设工程质量管理条例》《建设工程安全生产管理条例》《建设工程勘察设计管理条例》《国有土地上房屋征收与补偿条例》和《招标投标法实施条例》等。

3. 建设部门规章

建设部门规章，指由国务院建设行政主管部门或国务院建设行政主管部门与国务院其他相关部门根据国务院规定的职责范围，依法制定并颁布的各项规定、办法、条例实施细则与建设技术规范等；在全国范围内适用，是建设法规体系的主要组成部分。常见的建设部门规章包括《建筑业企业资质管理规定》《建设工程勘察设计资质管理规定》《工程监理企业资质管理规定》等。建设技术规范包括实施工程建设勘察、设计、规划、施工、安装、检测、验收等技术规程、规范、条例、办法、定额等规范性文件，作为全国建设业共同遵守的准则和依据。

4. 地方性建设法规

地方性建设法规，指在不与宪法、法律、行政法规相抵触的前提下，由省、自治区、直辖市人民代表大会及其常委会制定颁布施行的或经其批准颁布施行的由下级人大或常委会制定的调整其行政区划范围内建设法律关系的法规。

5. 地方性建设规章

地方性建设规章，指由省、自治区、直辖市人民政府制定颁布施行的或经其批准颁布施行的由其所辖城市人民政府制定的建设方面的规章。

5.4.1.2 建设法规的横向体系

（1）城乡规划法。用以调整人们在制定和实施城市规划及其在城市规划区内进行各项建设过程中发生的社会关系的法律规范的总称。目的在于确定城市的规模和发展方向，实现城市的经济和社会发展目标，合理地制定城市规划和进行城市建设。

（2）市政公用事业法。调整城市市政设施公用事业、市容环境卫生、园林绿化等建设、管理活动及其社会关系的法律规范的总称。目的在于加强市政公用事业的统一管理，保证城市建设和管理工作的顺利进行。

（3）建筑法。立法目的在于加强对建筑业的管理，维护建筑市场秩序，保证建筑工程质量和安全，保障建筑活动当事人的合法权益，促进建筑业的发展。

（4）工程设计法。调整工程设计的资质管理、质量管理、技术管理以及制定设计文件的全过程活动及其社会关系的法律规范的总和。目的是加强工程设计的管理，提高设计水平。

（5）城市房地产管理法。调整城市房地产业和各项房地产经营活动及其社会关系的法律规范的总称。目的在于保障城市房地产所有人、经营人、使用人的合法权益，促进房地产业的健康发展。

（6）住宅法。调整城乡住宅的所有权、建设、资金融通、买卖与租赁、管理与维修活动及其社会关系的法律规范的总称。目的是保障公民享有住房的权利，保障住宅所有者和使用者的合法权益，促进住宅建设发展，不断改善公民住宅条件和提高居住水平。

（7）村镇建设法。目的在于加强村镇建设管理，不断改善村镇的环境，促进城乡经济和社会协调发展，推动社会主义新村镇的建设和发展。

（8）风景名胜区法。目的是加强风景名胜区的管理、保护、利用和开发风景名胜区资源。

建设法规体系不是指单一的建设管理法典，而是包括建设法律、行政法规、部门规章、地方性法规、地方规章等多层次、多方位的法律规范体系。由于我国建设立法起步较晚，有的法规已颁布实施，有的正在起草、修订中，目前建设法规体系还不够完善。但随着社会经济的发展和客观形式的变化，建设法规体系正在实践中不断地得以充实和完善。

5.4.2 工程建设法的基本概念

工程建设法是法律体系的重要组成部分，它直接体现国家组织、管理、协调城市建设、乡村建设、工程建设、建筑业、房地产业、市政公用事业等各项建设活动的方针、政策和基本原则。

工程建设法是调整国家管理机关、企业、事业单位、经济组织、社会团体，以及公民在工程建设活动中发生的社会关系的法律规范的总称。工程建设法的调整范围主要体现在三个方面：一是工程建设管理关系，即国家机关正式授权的有关机构对工程建设的组织、监督、协调等职能活动；二是工程建设即从事工程建设活动的平等主体之间发生的往来、协作关系，如发包人与承包人签订工程建设合同等；三是从事工程建设活动的主体内部劳动关系，如订立劳动合同、规范劳动纪律等。

工程建设活动通常具有建设周期长、涉及面广、人员流动性大、技术要求高等特点，因此在建设活动的整个过程中，必须贯彻以下基本原则，才能保证建设活动的顺利进行。

（1）工程建设活动应确保工程建设质量与安全原则。工程建设质量与安全是整个工程建设活动的核心，是关系到人民生命、财产安全的重大问题。工程建设质量是指国家规定和合同约定的对工程建设的适用、安全、经济、美观等一系列指标的要求。工程建设的安全是指工程建设对人身的安全和财产的安全。

（2）工程建设活动应符合工程建设安全标准原则。国家建设安全标准包括国家标准和行业标准。国家标准是指由国务院行政主管部门制定的在全国范围内适用的统一技术要求。行业标准是指由国务院有关行政主管部门制定并报国务院标准化行政主管部门备案的，没有国家标准而又需要在全国范围内适用的统一技术要求。工程建设活动应符合工程建设安全标准。坚守安全标准原则，对保证技术进步，提高工程建设质量与安全，发挥社会效益与经济效益，维护国家利益和人民利益具有重要作用。

（3）从事工程建设活动应遵守法律、法规原则。社会主义市场经济是法治经济，工程建设活动应当依法行事。作为工程建设活动的参与者，从事工程建设勘察、设计的单位、个人，从事工程建设监理的单位、个人，从事工程建设施工的单位、个人，从事建设活动监督和管理的单位、个人，以及建设单位等，都必须遵守法律、法规的强制性和国家通用规范的规定。

（4）不得损害社会公共利益和他人的合法权益原则。社会公共利益是全体社会成员的整体利益，保护社会公共利益是法律的基本出发点，从事工程建设活动不得损害社会公共利益也是维护建设市场秩序的保障。

（5）合法权利受法律保护原则。宪法和法律保护每一个市场主体的合法权益不受侵犯，任何单位和个人都不得妨碍和阻挠依法进行的建设活动，这也是维护建设市场秩序的必然要求。

5.4.3 建设法规的法律地位及作用

5.4.3.1 建设法规的法律性质

建设法规的法律性质就是指它所属的法律部门，划分法律部门的主要标志取决于该法律的调整对象和调整手段，如刑法调整涉及社会关系的各个主要方面，并采取刑事制裁手段来实现法律调整社会关系的任务。

建设法规属于综合性法律部门，其主要部分为行政法规。它所调整的最基本、最主要的社会关系是建设行政和管理关系，其特征完全符合行政法律关系的特征；其内容是建设行政管理的内容；其调整方式是行政监督、检查、行政命令、行政处罚等行政手段。因此，建设法规就其主要的法律规范性质来说，属于行政的范围，是行政部门的分支，具体可称作建设行政法律部门。

5.4.3.2 建设法规的作用

在国民经济中，建筑业是重要的物质生产部门，建设法规的作用就是保护、巩固和发展社会主义的经济基础，最大限度地满足人们日益增长的物质和文化生活的需要。具体表现为：

（1）规范与指导建设行为。从事各种具体的建设活动所应遵循的行为规范即建设法律规范。建设法规对人们建设行为的规范表现为：保护合法建设行为，处罚违法建设行为。只有在法规允许范围内所进行的建设行为，才能得到国家的承认与保护。

（2）保护合法建设行为。建设法规的作用不仅在于对建设主体的行为加以规范和指导，还应对一切符合法规的建设行为给予确认和保护。确认和保护规定，一般是通过建设法规的原则来反映的。

（3）处罚违法建设行为。建设法规要实现对建设行为的规范和指导，必须对违法建设行为进行应有的处罚。在实施过程中，建设法规所确立的制度及其规定，如果得不到强制制裁手段的法律保障，就不能得到很好的实施，因此，处罚违法建设行为和保护合法建设行为同等重要。

5.4.3.3 建设法规与其他法律部门关系

（1）建设法与宪法的关系。宪法是国家的根本大法，它的调整对象是我国最基本的社会关系，并且宪法还规定其他部门法的基本指导原则，从而为其他部门提供法律基础。宪法所确认法律规范属于就全局性、根本性问题做出的一般规范，对所有具体法律规范起统帅作用。但宪法的原则性规定，必须通过具体法律规范使之具体化，才能付诸实施。建设法规是属于具体法律规范，它既以宪法的有关规定为依据，又将国家对建设活动的组织管理方面的原则规定具体化，它是宪法的实施法的组成部分。

（2）建设法与刑法的关系。刑法规定什么是犯罪，对犯罪适用什么刑罚。刑法调整和保护的社会关系十分广泛，几乎涉及社会关系的各个方面。凡行为人由于故意或过失，损害国家和社会利益，造成严重后果构成犯罪的，都需由刑法来调整。建设行政以刑法为自己的后盾，在许多建设法规文件中都规定违反建设法规情节和后果严重构成犯罪的，由司法机关依据刑法追究刑事责任。

（3）建设法与行政法的关系。建设法规主要部分属于行政法，是行政法分支部门。但行政法中还有许多分支部门，如土地管理法、环境保护法、劳动法、工商行政管理法等。建设法规与它们按照行政管理部门的职责划分，处于同等的行政部门法的平等地位。

（4）建设法与经济法和民法的关系。建设法规中部分法律规范具有经济法和民法性质。它们分别属于经济法和民法。

（5）建设法与环境保护法的关系。环境保护法是调整人们在保护、改善、开发利用环境的活动中所产生的社会关系的法律规范的总和，与建设法规一样，都属于新的法学领域，既有各自的特征，又有一些相同或相关之处。建设法规与环境保护法需要互相配合支持，建设法规虽不直接调整人与自然的关系，但必须遵循生态环境保护和利用原则。

5.4.4 建设法规的实施

建设法规的实施，是指国家机关及其公务员、社会团体、公民实现建设法律规范的活动，包括建设法规的执行、司法和守法三个方面。

5.4.4.1 建设工程项目行政执法

建设行政主管部门和被授权或被委托的单位，依法对各项建设活动和建设行为进行检查监督，并对违法行为进行处罚的行为称为建设行政执法。它的目的是加强对建设工程项目的管理，规范建设市场，纠正和查处建设领域中存在的不正之风和腐败行为，促进经济和社会健康发展。具体包括：

（1）建设行政决定。指执法者依法对相对人的权利和义务做出单方面的处理，包括行政许可、行政命令和行政奖励。

（2）建设行政检查。指执法者依法对相对人是否守法的事实进行单方面的强制性了解，主要包括实地检查和书面检查两种。

（3）建设行政处罚。指建设行政主管部门或其他权力机关对相对人实行惩戒或制裁的行为，主要包括财产处罚、行为处罚等。

（4）建设行政强制执行。指在相对人不履行行政机关所规定的义务时，特定的行政机关依法对其采取强制手段，迫使其履行义务。

5.4.4.2 行政处罚的决定程序

行政处罚的决定程序是指建设行政处罚的方式、方法、步骤的总称。其程序为：

（1）简易程序。简易程序指国家行政机关或法律授权的组织对符合法定条件的行政处罚事项，当场进行处罚的行政处罚程序。其内容包括：一是表明身份；二是确认违法事实，说明处罚理由；三是告知当事人依法享有的权利；四是制定行政处罚决定书；五是送达行政处罚决定书，即当场交付当事人；六是执法人员作出的行政处罚决定必须向所属的行政机关备案；七是当事人对行政处罚不服的，可以依法申请行政复议或提出行政诉讼。

（2）一般程序。一般程序是指除法律特别规定应当适用简易程序和听证程序以外，行政处罚通常所适用的程序。一般程序包括立案、调查与检查、处理决定、行政处罚决定书、送达、申诉等程序。

（3）听证程序。听证程序是指行政机关为了查明案件事实，公正合理地实施行政处罚，在决定行政处罚的过程中，通过公开举行有关各方利益相关人参加的听证会，广泛听取意见的方式、方法和制度。听证程序适用必须有两个条件：一是只有责令停产、停业、吊销许可证和执照、较大数额罚款等行政处罚案件才能适用听证程序；二是当事人要求听证。

5.4.4.3 行政处罚的执行程序

行政处罚的执行程序是指建设行政主管部门及有关国家机关保证建设行政处罚决定为当事人所确定的义务得以履行的程序。主要包括：

（1）罚款决定与收缴分离制度。行政处罚决定由享有行政处罚权的机关作出，而罚款收缴则由法定的专门机构或机关统一收缴。

（2）强制执行。指在相对人不履行行权机关所规定的义务时，特定的行政机关依法对其采取强制手段，迫使其履行义务。

5.4.5 建设工程合同

当事人之间为了确立权利义务关系而签订的协议称作合同。合同是一种民事法律行为，是当事人意识表示的结果，以设立、变更、终止财产的民事权利为目的。合同依法成立，即具有法律约束力，如果当事人违反合同，就要承担相应的法律责任。但因发生不可抗拒事件而造成合同无法履行时，依法可免除违约责任。

建设工程合同，也称建设工程承发包合同，是承包方承揽工程项目建设，发包方支付价款的合同。主要包括勘察合同、设计合同、施工合同、工程监理合同、物资采购合同、货物运输合同、机械设备租赁合同和保险合同等多种形式。

勘察合同是委托方与承包方就土木工程地形、地貌及地质状况的调查研究工作而达成的协议。我国法律对从事工程勘察工作的单位有明确、严格的要求。具有勘察资质才能有资格承揽相应的工程勘察任务。

设计合同是建设单位（发包方）与设计单位（承包方）就工程项目设计工作所达成的协议。设计合同一般有两种形式。一种是初步设计合同，即在工程项目立项阶段，承包人为项目决策提供方案设计而与建设单位签订的合同；另一种设计合同是在国家计划部门批准后，承包人与建设单位之间达成的具体施工图设计合同。两者内容虽然有异，但法律关系相同。承揽工程项目设计，设计单位也应有相应的设计资质。签订设计合同时，建设单位应向承包人提供上级部门批准的立项和初步设计文件。

施工合同是建设单位与施工单位为完成工程项目建筑安装施工任务，明确相互权利义务而签订的协议。施工合同是工程建设中最为重要的合同，我国法律、法规对其有明确而严格的规定。对建设单位而言，必须具备相应的组织协调能力，能对合同范围内工程项目建设实施管理；对施工单位而言，必须具备相应的资质等级和安全生产许可证。

工程监理合同是指建设单位和监理单位为了在工程建设监理过程中明确双方权利与义务关系而签订的协议。具有相应资质的监理单位依据国家有关工程建设的法律、法规，经建设主管部门批准的工程项目建设文件以及建设单位的委托工程监理合同，对工程建设实施专业化的管理和监督。

物资采购合同是指具有平等民事主体资格的法人、其他经济组织之间为实现工程建设项目所需物资的买卖而签订的明确相互权利义务关系的协议。货物运输合同是指由承运人将承运的货物运送到指定地点，托运人向承运人交付运费的合同。机械设备租赁合同是指当事人一方将特定的机械设备交给另一方使用，另一方支付租金并于使用完毕后返还原物的协议。保险合同是指投保人与保险人约定保险权利义务关系的协议。

建筑工程保险的主要目的是保证工程的各相关单位或个人在工程计划实施期间所遭受的经济损失能及时、合理地获得补偿，使工程计划得以持续顺利地进行。建筑工程保险是保障安全生产、保护施工人员合法权益、减轻有关单位和个人损失的有效措施，十分重要。建筑工程保险是财产保险的一种，承保的是各类建筑工程。在财产保险经营中，建筑工程保险适用于各种民用、工业用和公共事业用的建筑工程，如房屋、道路、水库、桥梁、码头、娱乐场、管道以及各种市政工程项目的建筑。这些工程在建筑过程中的各种意外风险，均可通过投保建筑工程保险而得到保险保障。意外风险包括自然事件、意外事件、人为风险、第三者人身伤亡和财产损失等。

建设项目的实施过程实质上就是建设工程合同的履行过程。要保证项目按计划、正常、高效地实施，合同双方当事人都必须严格、认真、正确地履行合同。

5.4.6 工程建设纠纷

建设工程的纠纷主要分为合同纠纷和技术纠纷。合同纠纷是指建设工程当事人或合同签订者对建设过程中的权利和义务产生了不同的理解而引发的纠纷。技术纠纷主要是指由于技术的原因造成工程建设参与者与非参与者之间的纠纷。如没有正确处理给水、排水、通行、通风、采光等方面的问题而引起的相邻关系纠纷；对自然环境造成了破坏［包括建设工程对相邻建（构）筑物及其他工程设施造成了影响或破坏］引起的纠纷；施工产生的粉尘、噪声、振动等对周围生活居住区污染和危害而引起的纠纷；由于工程质量或事故而引起的费用纠纷等。

建设工程纠纷的解决方法一般有和解、调解、仲裁和诉讼四种。和解是指建设工程纠纷当事人在自愿友好的基础上，互相沟通、互相谅解，从而解决纠纷的一种方式。建设工程发生纠纷时，当事人应首先考虑通过调解解决纠纷。调解是指调解组织或其他具有调解职能的组织作为第三人，根据法律规定和社会公德，以说服教育的方式，协助当事人自愿达成协议，从而解决民（商）事纠纷和轻微刑事案件的一种非诉讼法律制度。仲裁制度是指民（商）事争议的双方当事人达成协议，自愿将争议提交给选定的第三者根据一定程序规则和公正原则作出裁决，并有义务履行裁决的一种法律制度。仲裁通常为行业性的民间活动，是经当事双方自愿申请，经仲裁委员会受理并进行裁决的行为，而非国家裁判行为，它与和解、调解、诉讼并列为解决民（商）事争议的方式。仲裁依法受国家监督，国家通过法院对仲裁协议的效力、仲裁程序的制定以及仲裁裁决的执行和遇有当事人不自愿执行的情况时，可按照审判地法律所规定的范围进行干预。因此，仲裁活动具有司法性，是中国司法制度的一个重要组成部分。诉讼指纠纷当事人通过向具有管辖权的法院起诉另一方当事人解决纠纷的形式。诉讼是人民或检察官请求法院按照法定程序审理和裁判案件的法律行动，分为行政、民事和刑事三类。

纠纷解决的成功与否，首先依赖于是否有充分的理由和事实。因此在建设工程项目的执行过程中应建立完善的资料记录和信息收集制度，认真、系统地收集项目实施过程中的各种资料和信息。对技术纠纷，有时应委托有资质的技术鉴定单位进行调查、检测、试验和计算分析，最终得出科学的结论，在技术层面上为纠纷的解决提供依据。

5.4.7 安全生产

工程建设的安全生产是工程建设管理的一项重要内容。管建设必须管安全，是工程建设管理的重要原则。建设工程安全生产管理必须坚持安全第一、预防为主的方针，建立健全安全生产责任制度和群防群治制度。"安全第一、预防为主"，是建设工程安全生产管理依法必须坚持的基本方针。《中华人民共和国建筑法》和《中华人民共和国安全生产法》是制定《建设工程安全生产管理条例》的基本法律依据。

5.4.7.1 建设单位的安全责任

（1）建设单位应当向施工单位提供施工现场及毗邻区域内供水、排水、供电、供气、供热、通信、广播电视等地下管线资料，气象和水文观测资料，相邻建筑物和构筑物、地下工程的有关资料，并保证资料的真实、准确、完整。

（2）建设单位不得对勘察、设计、施工、工程监理等单位提出不符合建设工程安全生产法律、法规和强制性标准规定的要求，不得压缩合同约定的工期。

（3）建设单位在编制工程概算时，应当确定建设工程安全作业环境及安全施工措施所需费用。

（4）建设单位不得明示或者暗示施工单位购买、租赁、使用不符合安全施工要求的安全防护用具、机械设备、施工机具及配件、消防设施和器材。

（5）建设单位在申请领取施工许可证时，应当提供建设工程有关安全施工措施的资料。

（6）建设单位应当将拆除工程发包给具有相应资质等级的施工单位。

5.4.7.2 施工单位的安全责任

（1）施工单位从事建设工程的新建、扩建、改建和拆除等活动，应当具备国家规定的注册资本、专业技术人员、技术装备和安全生产等条件，依法取得相应等级的资质证书和安全生产许可证，并在其资质等级许可的范围内承揽工程。

（2）施工单位主要负责人依法对本单位的安全生产工作全面负责。

（3）施工单位对列入建设工程概算的安全作业环境及安全施工措施所需费用，应当用于施工安全防护用具及设施的采购和更新、安全施工措施的落实、安全生产条件的改善，不得挪作他用。

（4）施工单位应当设立安全生产管理机构，配备专职安全生产管理人员。

（5）建设工程实行施工总承包的，由总承包单位对施工现场的安全生产负总责。

（6）垂直运输机械作业人员、安装拆卸工、爆破作业人员、起重信号工、登高架设作业人员等特种作业人员，必须按照国家有关规定经过专门的安全作业培训，并取得特种作业操作资格证书后，方可上岗作业。

（7）施工单位应当在施工现场入口处、施工起重机械、临时用电设施、脚手架、出入通道口、楼梯口、电梯井口、孔洞口、桥梁口、隧道口、基坑边沿、爆破物及有害危险气体和液体存放处等危险部位，设置明显的安全警示标志。安全警示标志必须符合国家标准。

（8）施工单位应当根据不同施工阶段和周围环境及季节、气候的变化，在施工现场采取相应的安全施工措施。

（9）施工单位应当将施工现场的办公、生活区与作业区分开设置，并保持安全距离；办公、生活区的选址应当符合安全性要求。职工的膳食、饮水、休息场所等应当符合卫生标准。施工单位不得在尚未竣工的建筑物内设置员工集体宿舍。

（10）施工单位对因建设工程施工可能造成损害的毗邻建筑物、构筑物和地下管线等，应当采取专项防护措施。

5.4.8 环境保护

环境问题是指由于人类的活动或自然原因使环境条件发生不利于人类的变化，产生了影响人类的生产和生活、给人类带来灾害的问题。

环境保护法是国家制定或认可的、由国家强制力保证其执行的，调整因保护和改善环境而产生的社会关系的各种法律规范的总称。它所调整的社会关系十分复杂，环境法的立法体系不仅包括大量的专门环境法规，而且包括宪法、民法、劳动法、经济法等法律部门中有关环境保护的规范，具有较强的综合性。工程建设中，依据环境保护的有关法律法规要求，做好施工现场的环境保护十分重要。

建设项目环境保护管理办法规定，在施工过程中，建设单位和施工单位应保护施工现场周边的环境，防止对自然环境造成不应有的破坏；防止和减轻粉尘、噪声、振动对周围居住区的污染和危害。建设项目竣工后，施工单位应当修整和恢复建设过程中受到破坏的环境。

5.4.8.1 施工现场环境管理

施工单位应当遵守国家有关环境保护的法律规定，采取措施控制施工现场的各种粉尘、废气、废水、固定废弃物以及噪声、振动对环境的污染和危害。应当采取下列防止环境污染的措施：

（1）妥善处理泥浆水，未经处理不得直接排入城市排水设施和河流。

（2）除设有符合规定的装置外，不得在施工现场熔融沥青或者焚烧油毡、油漆以及其他会产生有毒有害烟尘和恶臭气体的物质。

（3）使用密封式的圈筒或采取其他措施处理高空废弃物。

（4）采取有效措施控制施工过程中的扬尘。

（5）禁止将有毒有害废弃物用作土方回填。

（6）对产生噪声、振动的施工机械应采取有效控制措施，减轻噪声扰民。建设工程施工由于受技术、经济条件限制，对环境的污染不能控制在规定范围内的，建设单位应当会同施工单位事先报请当地人民政府建设行政主管部门和环境行政主管部门批准。

5.4.8.2 施工噪声污染与防治

（1）建筑施工单位向周围生活环境排放噪声，应当符合国家规定的环境噪声施工场界排放标准。

（2）凡在建筑施工中使用机械、设备，其排放噪声可能超过国家规定的环境噪声施工场界排放标准的，应当在工程开工十五日前向当地人民政府环境保护部门提出申报，说明工程项目名称、建设单位名称、建筑施工场所及施工期限、可能排放到建筑施工场界的环境噪声强度和所采用的噪声污染防治措施等。

（3）排放建筑施工噪声超过国家规定的环境噪声施工场界排放标准、危害周围生活环境时，当地人民政府环境保护部门在报经县级以上人民政府批准后，可以限制其作业时间。

（4）禁止夜间在居民区、文教区、疗养区进行产生噪声污染、影响居民休息的建筑施工作业，但抢修、抢险作业除外。生产工艺上必须连续作业的或者因特殊需要必须连续作业的，须经县级以上人民政府环境保护部门批准。

（5）向周围生活环境排放建筑施工噪声超过国家规定的环境噪声施工场界排放标准的，确因经济、技术条件所限，不能通过治理噪声源消除环境噪声污染的必须采取有效措施，把噪声污染减少到最低程度，并与受其污染的居民组织和有关单位协商，达成协议，经当地人民政府批准，采取其他保护受害人权益的措施。

5.5 土木工程师的责任及风险意识

土木工程师肩负着国家建设的重大责任，工程建设对社会、环境、文化和经济具有重大影响。美国工程师专业发展委员会伦理准则第一条要求，工程师应利用其知识和技能促进人类福利，工程师应当将公众的安全，健康和福利置于至高无上的地位。可见土木工程师不仅肩负着重要的专业责任，还肩负重大的社会责任。

土木工程师的社会责任强调的是土木工程师作为责任的主体对社会的责任，即土木工程师从事土木工程活动时，应当使其从事的工程活动有利于社会和承担因工程活动有害于社会的后果，它要求土木工程师在应用土木工程技术时充分预见技术应用可能带来的各种后果，不能对自然、社会和他人造成危害，用对人类社会负责任的态度推进土木工程技术的合理应用和健康发展。土木工程师的责任意识来源于高尚的人道主义精神、高度的社会责任感、强烈的质量安全和风险防范意识和科学的发展理念。高度的责任意识，是土木工程师做好各项专业工作的前提和基础。

具体到专业责任，主要有质量责任和安全责任。根据《建筑法》《建设工程质量管理条例》和《建设工程安全生产管理条例》，建设单位、勘察单位、设计单位、施工单位、工程监理单位及其他与建设安全生产和工程质量有关的单位和个人，必须遵守有关的法律、法规的规定，依法承担建设工程安全生产和工程质量责任。牢固树立责任意识，必须有高度的风险意识。

5.5.1 建设工程风险特征

建设工程项目风险是指建设工程项目在设计、施工和竣工验收等各个阶段可能遭到的风险，可将其定义为：在工程项目目标规定的条件下，该目标不能实现的可能性。也可以被描述为"任何可能影响工程项目在预计范围内按时完成的因素"。建设工程项目建设过程是一个周期长、投资规模大、技术要求高、系统复杂的生产消费过程，在该过程中，未确定因素大量存在，并不断变化，由此而造成的风险直接威胁工程项目的顺利实施和成功。

正确地认识风险特征，对于投资者建立和完善风险机制，加强风险管理，减少风险损失具有重要的意义。建设工程项目的风险有以下特点：

（1）工程风险存在的客观性和普遍性。作为损失发生的不确定性，风险是不以人的意志为转移并超越人们主观意识的客观存在，而且在项目的全寿命周期内，风险是无处不在、无时不有的。

（2）某一具体工程风险发生的偶然性和大量同类风险发生的必然性。对大量偶然性的风险事故资料的观察和统计分析，可能发现其呈现出某些规律，这就使我们有可能用概率统计方法及其他风险分析方法去分析风险发生的概率和损失程度，来减少风险损失。

（3）工程风险的可变性。这是指在项目的整个过程中，各种风险在质和量上的变化。随着项目的进行，有些风险得到控制，有些风险会发生并得到处理，同时在项目的每一阶段都可能产生新的风险，尤其是在大型的工程项目中，由于风险因素众多，风险的可变性更加明显。

（4）工程风险的多样性和多层次性。建设工程项目周期长、规模大、涉及范围广、风险因素数量多且种类繁杂，致使其在全寿命周期内面临的风险多种多样。而且大量风险因素之间的内在关系错综复杂、各风险因素之间以及与外界的交叉影响又使风险呈现出多层次性，这是建设工程项目中风险的主要特点之一。

（5）工程风险的相对性。风险的利益主体是相对的。风险总是相对于工程建设的主体而言的，同样的不确定事件对不同的主体有不同的影响。

（6）工程项目风险的可预测性。工程项目风险是不确定的，但并不意味着人们对它的变化全然无知。工程项目的风险是客观存在的，人们可以对其发生的概率及其所造成的损失程度做判断，从而对风险进行预测和评估。

5.5.2 建设工程风险分类

根据技术因素的影响和工程项目目标的实现程度，可对工程项目风险进行分类。按技术因素对工程项目风险的影响分，工程项目风险可分为技术风险和非技术风险。

（1）技术风险。工程技术风险是指由技术条件的不确定而引起的可能损失或工程项目目标不能实现的可能性。主要表现在工程方案的选择、工程设计、工程施工等过程中，技术标准的选择、分析计算模型的采用、安全系数的确定等因素造成的风险。

（2）非技术风险。工程项目非技术风险是指由计划、组织、管理、协调等非技术条件的不确定性而引起工程项目目标不能实现的可能性。

根据工程项目目标的实现程度分，工程项目风险可分为工程进度、工程质量以及工程费用风险。

（1）工程进度风险。工程进度风险是指工程项目进度不能按计划目标实现的可能性。根据工程进度计划类型，可将其分为分部工程工期风险、单位工程工期风险和总工期风险。

（2）工程质量风险。工程质量风险是指工程项目技术性能或质量目标不能实现的可能性。质量风险通常是指较严重的质量缺陷，特别是质量事故。

（3）工程费用风险。工程费用风险是指工程项目费用目标不能实现的可能性。

此处的费用，对业主而言，是指投资，因而费用风险是投资风险；对承包商而言，是指成本，故费用风险是指成本风险。

5.5.3 建设工程中的风险评估

为了减轻风险，在项目建设以前应进行风险评估，即在风险识别和风险估测的基础上把握风险发生的概率、损失严重程度，综合考虑其他因素得出整体项目发生风险事故的可能性及其危害程度，并与公认的安全指标比较，确定其危险等级，然后根据评估结果制订出完整的风险控制计划。风险评估是评价建设项目可行性的重要依据。

风险评估的方法主要有两种：定性评估法和定量评估法。定性风险评估法适用于风险后果不严重的情况，通常是根据经验和判断能力进行评估，它不需要大量统计资料，所采用的方法有风险初步分析法、系统风险分析问答法、安全检查法和事故树法等。定量风险评估法需要有大量的统计资料和数学运算，所采用的方法有可行性风险评估法、模糊综合评估法等。

风险评估首先应坚持科学性的原则。在评估中，风险评估体系的建立必须能反映客观事物的本质，反映影响建设项目安全状态的主要因素。其次，应坚持通用性的原则。评估选用的评判标准，必须是国际或国家认可的通用标准。再次，应坚持综合性的原则，必须综合整体评估体系中各子系统的风险情况，全盘考虑。最后，还应坚持可行性的原则，控制风险的建议和要求必须切实可行。

5.5.4 建设工程风险控制措施

控制建设工程风险的措施主要包括：减轻风险、风险回避、风险转移和风险自留等。

5.5.4.1 减轻风险

对风险来源和风险的转化及触发条件进行分析后，设法消除风险事件引发因素，减少风险事件发生的可能性或减少风险事件的价值，或双管齐下，都可以减轻风险造成的威胁。例如在地震区进行工程建设，震害风险无法回避，但可以通过认真选址、精心设计与施工，提高建（构）筑物的抗震能力，减少发生震害的可能性和震害损失的价值。

减轻风险损失的一般措施有工程措施、教育措施和程序性措施这三种。工程措施是以工程技术为手段，减弱潜在的物质性威胁因素；教育措施指对人员进行风险意识和风险管理教育，以减轻与项目有关人员不当行为造成的风险；程序性措施指制定有关规章制度和办事程序，预防风险事件的发生。项目活动有一定的客观规律性，项目管理团队制定的各种管理计划和监督检查制度都会反映项目活动的客观规律性，在项目实施过程中应严格遵守。一旦不遵守，使客观规律遭到破坏，则会埋下风险隐患。

5.5.4.2 风险回避

当风险分析结果表明某个风险的威胁太大时，应充分地分析论证是否要放弃项目或采取可靠的措施消除风险。任何项目都会存在不同程度、不同种类的风险，有些风险通过论证分析和采取应对措施可以回避，有些风险是无法回避的。在面临无法回避的风险时，可以通过放弃项目或消除风险的方法予以规避，以最大限度地降低风险可能带来的损失。通过放弃的方法规避风险通常是不可取的，也是不现实的。通过技术创新、管理创新及运营模式创新等方法消除风险，才是应对风险的积极措施，同时也会不断促进技术、管理与运营模式进步。

5.5.4.3 风险转移

转移风险又叫合伙分担风险，其目的不是降低风险发生的概率和不利后果的大小，而是借用合同或协议，在风险事故一旦发生时将损失的一部分转移到项目以外的第三方身上。实行这种策略要遵循两个原则，第一，必须让承担风险者得到相应的报答；第二，对于各具体风险，谁最有能力管理就让谁分担。采用这种策略所付出的代价大小取决于风险大小，当项目的资源有限，不能实行减轻和预防策略，或风险发生概率不高，但潜在的损失或损害很大时可采用此策略。

转移风险主要有4种方式：出售、发包、开脱责任合同、保险与担保。①出售。通过买卖契约将风险转移给其他单位。这种方法在出售项目所有权的同时也就把与之有关的风险转移给了其他单位。例如，项目可以通过发行证券或债券筹集资金，证券或债券的认购者在取得项目的一部分所有权时，也同时承担了一部分风险。②发包。发包就是通过从项目执行组织外部获取货物、工程或服务而把风险转移出去。发包时又可以在多种合同形式中选择，例如建设项目的施工合同按计价形式划分，有总价合同、单价合同和成本加酬金合同。③开脱责任合同。在合同中列入开脱责任条款，要求对方在风险事故发生时，不要求项目管理团队本身承担责任。例如在国际咨询工程师联合会的土木工程施工合同条件中有这样的规定："除非死亡或受伤是由于业主及其代理人或雇员的任何行为或过失造成的，业主对承包商或任何分包商雇佣的任何工人或其他人员损害赔偿或补偿支付不承担责任……"。④保险与担保。保险是转移风险最常用的一种方法。项目管理团队只要向保险公司交纳一定数额的保险费，当风险事故发生时就能获得保险公司的补偿，从而将风险转移给保险公司（实际上是所有向保险公司投保的投保人）。在国际上，建设项目的业主不但自己为建设项目施工中的风险向保险公司投保，而且还要求承包商也向保险公司投保。除了保险，也常用担保转移风险。所谓担保，指为他人的债务、违约或失误负间接责任的一种承诺。在项目管理上是指银行、保险公司或其他非银行金融机构为项目风险负间接责任的一种承诺。例如，建设项目施工承包商请银行、保险公司或其他非银行金融机构向项目业主承诺为承包商在投标、履行合同、归还预付款、工程维修中的债务、违约或失误负间接责任。当然，为了取得这种承诺，承包商要付出一定代价，但是这种代价最终要由项目业主承担。在得到这种承诺之后，项目业主就把由于承包商行为不确定性带来的风险转移到了出具保证书或保函者，即银行、保险公司或其他非银行金融机构身上。

5.5.4.4 风险自留

风险自留，也称风险接受，是指当事人决定不变更原来的计划而是面对风险、接受风险事件的后果。在风险分析阶段，已确定了项目有关各方的风险承受能力以及哪些风险是可以接受的，而消除风险是要付出代价的，其代价有可能高于或相当于风险事件造成的损失，这种情况下，风险承担者应该将此风险视作项目的必要成本，自愿接受之。自留风险可分为主动的和被动的。主动自留风险就是在风险事件发生时，及时实施事先制定的应急计划，例如，对于工程费用超支风险，在估算工程费用时就应考虑有不可预见费，一旦工程成本超支就动用这笔预留的不可预见费。被动自留风险就是当风险事件发生时接受其不利后果，例如，项目费用超支了，相当于认可降低的利润。需要注意的是，无力承担不良后果的风险不能自留，应设法回避、减轻、转移或分散。

上述风险减轻措施的拟定和选择，需要结合项目的具体情况进行，同时还要借鉴历史项目的风险管理记录、管理团队的经验以及其他同类项目的分析结果等。因此，针对不同项目类型、不同风险类型应作具体分析，谨慎拟定和选择相应的措施。另外，任何方式的风险响应措施的实施，都会伴有新风险的产生，在风险管控中，工程项目管理者对此应高度重视，并有相应的管控预案。

5.6 土木工程师的可持续发展意识

5.6.1 可持续发展观的基本要求

可持续发展（Sustainable Development）是指既满足当代人的需求，又不损害后代人满足需要的能力的发展。换句话说，就是指经济、社会、资源和环境保护协调发展，它们是一个密不可分的系统，既要达到发展经济的目的，又要保护好人类赖以生存的大气、淡水、海洋、土地和森林等自然资源和环境，使子孙后代能够永续发展和安居乐业。可持续发展与环境保护既有联系，又不等同。环境保护是可持续发展的重要方面。可持续发展的核心是发展，但要求在严格控制人口、提高人口素质和保护环境、资源永续利用的前提下进行经济和社会的发展。

（1）可持续发展观要求经济社会的协调发展必须坚持以人为本。以人为本是可持续发展观的出发点和最终归宿，其核心就是要实现人的全面发展。经济的可持续发展是要在资源环境可承载的限度内创造更多的物质财富，以满足人类提高生活水平的需要。社会的可持续发展是要建立公正和谐的社会环境和人与自然和谐相处的生态环境，以不断满足提高人类生活质量的需求。

（2）可持续发展观要求经济社会的协调发展必须平衡社会利益关系。社会利益不仅表现为各阶层、各群体的物质经济利益，而且还体现在人身自由和人的政治权利等诸多方面。

（3）可持续发展观要求经济社会的协调发展必须兼顾效率和公平。可持续发展观的价值趋向在经济发展方面体现为经济活动效率的提高，在社会发展方面体现为追求公平，实现经济社会的可持续发展就需要协调好效率和公平的关系。

（4）可持续发展观要求经济社会的协调发展必须保护资源环境。自然资源和生态环境的可持续发展是经济社会可持续发展的基石，生态环境和自然资源保护得好、利用得好，经济社会的协调发展才具有可持续性，否则，就会产生因环境破坏和资源的损耗而出现的经济发展与社会发展的矛盾。

（5）可持续发展观要求经济社会的协调发展必须具有良好的公共秩序。良好的公共秩序是实现经济社会全面、协调、可持续发展的必要条件和重要保证。政府是公共秩序的维护者、公共服务的提供者、公共政策的制定者，同时也是可持续发展思想的倡导者和推动者，因而在经济社会的协调发展中发挥着主导作用。

总之，经济社会的协调发展是可持续发展观的基本要求。而经济社会的协调发展具有可持续性，不仅要体现发展的人本主义精神，还要注意平衡发展对象的利益关系；不仅要提升经济发展的效率性，而且要体现社会发展的公平性；不仅要具有良好的自然生态环境，而且还要政府提供稳定的社会环境。

5.6.2 土木工程可持续发展的挑战

任何土木工程都要占据一定的自然空间并直接或间接地消耗大量的物质资源，没有自然空间和自然物质资源，土木工程的建造无从谈起。长期以来，人类在创造大量物质文明的同时，也严重污染了自然环境，破坏了生态平衡。为解决可持续发展理论中最基本的"资源有限"问题，土木工程在价值观念、理论基础、方法原理和技术手段等方面，从思想观念到实际操作，都需要进行一系列的变革，以最大限度地提高自然资源的利用率，保护、恢复自然生态环境。我国土木工程的可持续发展面临严峻挑战，主要体现在以下四个方面：

一是安全隐患多。工程施工中安全事故及建（构）筑物使用过程中的安全事故时有发生，自然与人为灾害引起的人员伤亡与财产损失较严重。

二是工程耐久性低。一些工程由于设计标准低、建设质量差，其耐久性较差，正常使用寿命达不到设计使用寿命，如一些建筑和桥梁工程，使用 20～30 年就产生了明显的病害，达到了需要大修的状态，有的甚至不得不拆除。

三是盲目追求形式新、奇、特，不顾结构使用功能。对建筑师来说，追求形式创新无可厚非，但建筑的适用性始终应是建筑设计考虑的首要功能指标。新、奇、特建筑，虽然对城市建设有一定的积极意义，而且能促进结构技术和施工技术的发展，但不宜提倡和大量建设，因为很多情况下其功能适用性是值得商榷的，而且其造价及后期运营费用都比普通建筑高得多。建筑师可以在新、奇、特的建筑设计方面做探索和尝试，但一定要受结构、材料、维护、运营等技术和投资的约束，不能盲目地在建筑上出奇、出特。

四是资源过度消耗以及对环境的污染。众所周知，土木工程建设要消耗大量的资源和能源，有的工程还会给生态环境造成很大的压力或破坏。因此，工程建设中降低能源消耗、保护资源和环境是工程师责无旁贷的责任。

工程建设面临可持续发展的最大挑战是能源和资源消耗、大量的碳排放及对生态环境造成的影响。贯彻可持续发展理念、发展可持续土木工程，是土木工程应对挑战、走向未来的必然选择。发展节能、降耗、低碳的材料技术、结构技术和施工技术，是土木工程实现可持续发展要解决的科技路径。

（1）高性能材料。目前工程建设中大量使用的建筑材料主要是混凝土和钢材。混凝土和钢材的生产，都要消耗大量的能源和资源。例如水泥生产需要大量的石灰石资源，且产生大量的碳排放；混凝土生产和使用，要消耗大量的砂石资源，破坏生态环境；混凝土结构和钢结构应用中存在大量的耐久性问题，影响使用寿命，等等。这些问题都显著地增加了生态环境压力，改变这种现状，应大力发展轻质高强、高性能的各类建筑材料；降低材料生产、运输、使用过程中的能源和资源消耗；提高材料的耐久性，增加结构的使用寿命，降低维护运营成本。同时，要提倡材料的循环利用，例如工业废渣、工程建设和矿山生产固废材料、城市更新产出的混凝土等固体废弃物等的再生利用。

（2）新型结构体系及结构性能控制技术。经济安全地建造和使用各类土木工程，特别是大型复杂基础设施工程；提高结构的功能，延长工程的使用寿命，降低运维费用等，是土木工程可持续发展需要解决的关键结构技术问题。通过应用新材料和高性能材料，不断创新和发展结构体系；通过结构分析理论创新，不断解决复杂工程及复杂工作条件的结构分析与设计问题；通过结构分析技术与数字智能技术的融合，实现结构性能控制的创新发展和应用等，是结构技术发展的重要方向。

（3）现代施工技术。推动土木工程的可持续发展，应加大施工技术的变革，大力发展现代施工机具和技术，实现施工机械化、信息化和智能化。除此之外，在机械化、信息化和智能化施工的支持下，要大力发展装配式建筑等工业化建造模式。现代施工技术的发展与应用，不仅能大幅度降低人工，提高施工效率和工程质量，而且能降低安全风险，提高工程的使用寿命，也是实现土木工程可持续发展的重要发展方向。

综上所述，面对可持续发展问题及其挑战，土木工程师应树立科学的可持续发展理念：

（1）在土木工程的规划、设计中，应有系统的、整体的、综合的和全生命周期观念；应重视人、工程与环境生态的和谐，以最小的环境生态代价，最大限度地实现土木工程的各项功能。

（2）通过技术进步，综合应用现代科学及工程技术，最大限度地降低土木工程建设与使用过程中的能源和资源消耗；重视节能减排、重视新材料的开发与应用、材料的循环再生利用等。

（3）土木工程的可持续发展理念应贯穿在规划、设计、建造与营运的全寿命周期中。应综合规划、设计、建造与营运的相关理念与技术，使建设的任何工程，都达到标准要求的安全、适用与耐久的结构功能。

（4）土木工程中的可持续发展，既要保证土木工程本身是绿色与可持续的，同时又要通过土木工程，促进整个社会和其他工程领域的可持续发展。因为与其他工程领域相比，土木工程的基础地位非常突出，只有实现土木工程的可持续发展，才能促进其他工程技术的可持续发展，最终实现整个社会和人类的可持续发展。

5.7 土木工程师的职业发展与继续教育

5.7.1 土木工程师的职业发展

土木工程专业下设建筑工程、道路与桥梁工程、岩土与地下建筑等几个专业方向。专业方向主要是根据工程对象或领域划分的。不同工程对象或领域，具有不同的工程特点，但专业技术与管理工作的性质是相同的。对土木工程专业技术人员而言，不同专业方向专业工作的侧重点不同，但所应具有的学科基础知识、基本的能力与素养是相同的。从专业技术与管理工作的性质看，不论从事哪个专业方向或领域的工作，其职业发展大体可分为以下几类。

（1）工程规划与勘察设计。工程规划与勘察设计主要指工程建设规划、工程地质勘察与工程设计。工程设计包括建筑设计、结构设计、水暖电设计等。在工程规划与勘察设计领域，土木工程专业毕业生能从事的工作主要是工程地质勘察、工程结构设计。工程规划与勘察设计领域的执业资格主要有：注册建筑师，注册结构工程师，注册土木工程师（岩土）等。

（2）工程造价与咨询。工程造价与咨询主要指工程建设中的项目费用预算、结算与审计，以及工程建设项目可行性分析、工程建设项目招标投标代理服务等。工程造价与咨询领域的主要执业资格有注册造价师、注册会计师等。

（3）工程施工及管理。工程施工及管理主要指在政府行政主管部门、房地产、施工企业从事项目规划与管理、项目施工和管理等工作。工程施工及管理领域的主要执业资格是建造师。

（4）工程监理与质量监督。工程监理与质量监督的主要职能是对工程建设项目进行全过程管理和质量监督。工程监理属于第三方服务机构，受建设方委托，承担工程项目管理工作，并代表建设单位对承建单位的建设行为进行专业化的监控。工程质量监督是建设行政主管部门或其委托的工程质量监督机构（统称监督机构）根据国家的法律、法规和工程建设强制性标准，对责任主体和有关机构履行质量责任的行为以及工程实体质量进行监督检查、维护公众利益的行政执法行为。工程监理领域的主要执业资格是注册监理师。

（5）工程测量与检测。在工程建设中，工程测量和工程检测非常重要。在工程规划设计阶段，工程测量能为工程建设提供测绘地形图和纵横断面图，保障工程选址合理，为工程建设及其有效管理提供精确的测量数据和大比例尺地图；在施工建设阶段，按照设计要求在实地准确地标定建（构）筑物的平面位置和高程位置，为施工与安装及其施工质量监督提供依据；在竣工运营管理阶段，工程竣工要进行竣工测量，有些工程还要进行监控工程安全的变形观测与维护养护等测量工作。工程检测也是贯穿工程建设与使用过程的主要工作。工程检测既是控制和评定新建工程施工质量的手段，也是评定既有工程可靠性的重要依据。随着工程测量与工程检测的重要性越来越高，这个领域的从业技术人员数量也不断增加，要求也不断提高。

（6）工程运营与维护。工程建成投入运营后，要进行例行的维护与维修，受到损伤破坏后还要进行修复或加固，有些工程随着功能要求的提高或使用性质的改变，要进行改造与加固，这些工作都属于工程运营与维护。随着既有工程的不断增多，这方面的岗位需求会不断扩大。

我国实行国家职业资格证书制度。国家职业资格证书制度是劳动就业制度的一项重要内容，也是一种特殊形式的国家考试制度。它是指按照国家制定的职业技能标准或任职资格条件，通过政府认定的考核鉴定机构，对劳动者的技能水平或职业资格进行客观公正、科学规范的考核和鉴定，对合格者授予相应的国家职业资格证书。职业资格证书分为《从业资格证书》和《执业资格证书》。职业资格证书在中华人民共和国境内有效。

我国于1990年开始推行执业资格制度。执业资格制度是指对具备一定专业学历、资历的从事建筑活动的专业技术人员，通过考试和注册确定其执业的技术资格，获得相应建筑工程文件签字权的一种制度。从事建筑活动的专业技术人员，应当依法取得相应的执业资格证书，并在执业资格证书许可的范围内从事建筑活动。目前，我国对从事建筑活动的专业技术人员已建立的执业资格制度有：注册建筑师、注册监理工程师、注册结构工程师、注册城市规划师、注册造价工程师、注册建造师和注册土木工程师（岩土）等。其中：注册建筑师、注册监理工程师、注册结构工程师、注册造价工程师、注册建造师均分为两级，即一级和二级注册资格。

人力资源和社会保障部及住房和城乡建设部对各种注册执业资格考试、资格考核认定及执业资格的执业范围有明确而详细的规定，具体可见中国人事考试网及住房和城乡建设部官网。表5-3为与土木工程专业有关的注册执业资格的执业范围；表5-4～表5-6为注册结构工程师执业资格的报考条件；表5-7为相关注册执业资格的考试科目。

土木工程专业相关的注册执业资格的执业范围　　　　　表5-3

序号	执业资格名称	执业范围
1	注册结构工程师	一级注册结构工程师的执业范围不受工程规模及工程复杂程度的限制。包括：结构工程设计；结构工程设计咨询；建筑物、构筑物、工程设施等调查和鉴定；对本人主持设计的项目进行施工指导和监督等；住房和城乡建设部和国务院有关部门规定的其他业务。二级注册结构工程师执业范围另行规定
2	注册建造师	担任建设工程项目施工的项目经理；从事其他施工活动的管理；法律、行政法规或国务院建设行政主管部门规定的其他业务。按照住房和城乡建设部颁布的《建筑业企业资质等级标准》，一级注册建造师可以担任特级、一级建筑企业的建设工程项目施工的项目经理；二级注册建造师可以担任二级及以下建筑业企业资质的建设工程项目施工的项目经理
3	注册监理工程师	从事工程监理、工程经济与技术咨询、工程招标与采购咨询、工程项目管理服务以及国务院有关部门规定的其他业务。一级（国家）注册监理工程师执业没有限制，可以在全国范围内执业，可以担任总监理工程师。二级（省级）注册监理工程师只能在省内执业，只能从事专业监理工程师工作，不能做总监理工程师

序号	执业资格名称	执业范围
4	注册造价工程师	一级注册造价工程师执业范围包括：建设项目全过程的工程造价管理与咨询等，具体工作内容：①项目建议书、可行性研究投资估算与审核，项目评价造价分析；②建设工程设计概算、施工预算编制和审核；③建设工程招标投标文件工程量和造价的编制与审核；④建设工程合同价款、结算价款、竣工决算价款的编制与管理；⑤建设工程审计、仲裁、诉讼、保险中的造价鉴定、工程造价等。二级注册造价工程师执业范围有：协助一级注册造价工程师开展相关工作，并可独立开展以下具体工作：建设工程工料分析、计划、组织与成本管理、施工图预算、设计概算编制；建设工程量清单、招标控制价、投标报价编制；建设工程合同价款、结算和竣工决算价款的编制
5	注册土木工程师（岩土）	岩土工程勘察与设计；岩土工程咨询与监理；岩土工程治理；检测与监测；环境岩土工程和与岩土工程有关的水文地质工程业务、国务院有关部门规定的其他业务等

一级注册结构工程师基础考试报名条件　　　表 5-4

类别	专业名称	学历或学位	职业实践最少时间
本专业	结构工程 防灾减灾工程及防护工程 桥梁与隧道工程 建筑与土木工程	工学硕士、工程硕士或研究生毕业及以上学位	–
	工业与民用建筑 建筑工程	评估通过并在合格有效期内的工学学士学位	–
		未通过评估的工学学士学位或本科毕业	–
	土木工程 土木工程（建筑工程方向）	专科毕业	1 年
相近专业	土木工程（非建筑工程方向） 交通土建工程	工学硕士、工程硕士或研究生毕业及以上学位	–
	矿井建设	工学学士或本科毕业	–
	水利水电建筑工程 港口航道及治河工程 海岸与海洋工程 农业建筑环境与能源工程 建筑学 工程力学	专科毕业	1 年
其他工科专业		工学学士或本科毕业及以上学位	1 年

注：1. 最迟毕业年限以住房和城乡建设部执业资格注册中心网站公布的为准。

2.1971 年（含 1971 年）以后毕业，不具备规定学历的人员，从事建筑工程设计工作累计 15 年以上，且具备下列条件之一：（1）作为专业负责人或主要设计人，完成建筑工程分类标准三级以上项目 4 项（全过程设计），其中二级以上项目不少于 1 项。（2）作为专业负责人或主要设计人，完成中型工业建筑工程以上项目 4 项（全过程设计），其中大型项目不少于 1 项。

一级注册结构工程师专业考试报名条件　　　表 5-5

类别	专业名称	学历或学位	I 类人员	II 类人员	
			职业实践 最少时间	职业实践 最少时间	最迟毕业 年限
本 专 业	结构工程 防灾减灾工程及防护工程 桥梁与隧道工程 建筑与土木工程	工学硕士、工程硕士或研究生毕业及以上学位	4 年	6 年	1991 年
	工业与民用建筑 建筑工程 土木工程 土木工程（建筑工程方向）	评估通过并在合格有效期内的工学学士学位	4 年	II 类人员中无此类 人员	
		未通过评估的工学学士学位或本科毕业	5 年	8 年	1989 年
		专科毕业	6 年	9 年	1988 年
相 近 专 业	土木工程（非建筑工程方向） 交通土建工程 矿井建设 水利水电建筑工程 港口航道及治河工程 海岸与海洋工程 农业建筑环境与能源工程 建筑学 工程力学	工学硕士、工程硕士或研究生毕业及以上学位	5 年	8 年	1989 年
		工学学士或本科毕业	6 年	9 年	1988 年
		专科毕业	7 年	10 年	1987 年
其 他 工 科 专 业		工学学士或本科毕业及以上学位	8 年	12 年	1985 年

注：表中"Ｉ类人员"指基础考试已经通过，继续申报专业考试的人员，Ⅱ类人员指符合免基础考试条件只参加专业考试的人员。"Ｉ类人员"的最迟毕业年限以住房和城乡建设部执业资格注册中心网站公布的为准。

二级注册结构工程师考试报名条件　　　表 5-6

类别	专业名称	学历或学位	职业实践 最少时间
本 专 业	工业与民用建筑 建筑工程 土木工程 土木工程（建筑工程方向） 桥梁与隧道工程	本科及以上学历	2 年
		普通大专毕业	3 年
		成人大专毕业	4 年
		普通中专毕业	6 年
		成人中专毕业	7 年

类别	专业名称	学历或学位	职业实践最少时间
相近专业	土木工程（非建筑工程方向） 交通土建工程 矿井建设 水利水电建筑工程 港口航道及治河工程 海岸与海洋工程 农业建筑环境与能源工程 建筑学 工程力学 建筑设计技术 村镇建设 公路与桥梁 城市地下铁道 铁道工程 铁路桥梁与隧道 小型土木工程 水利水电工程建筑 水利工程 港口与航道工程	本科及以上学历	4 年
		普通大专毕业	6 年
		成人大专毕业	7 年
		普通中专毕业	9 年
		成人中专毕业	10 年
不具备规定学历		从事结构设计工作满 13 年以上，且作为项目负责人或专业负责人，完成过三级（或中型工业建筑）项目不少于二项	13 年

注：最迟毕业年限以住房和城乡建设部执业资格注册中心网站公布的为准。

土木工程相关注册执业资格的考试科目 表 5-7

序号	名称	考试科目
1	注册结构工程师	一级注册结构工程师设基础考试和专业考试两部分；二级注册结构工程师只设专业考试。基础考试包括：高等数学、普通物理、普通化学、理论力学、材料力学、流体力学、计算机应用基础、电工电子技术、工程经济、土木工程材料、工程测量、职业法规、土木工程施工与管理、结构设计、结构力学、结构试验、土力学与地基基础等 17 个科目。专业考试包括：钢筋混凝土结构、钢结构、砌体结构与木结构、地基与基础、高层建筑、高耸结构与横向作用、桥梁结构等科目
2	注册建造师	一级注册建造师考试科目：《建设工程经济》《建设工程法规及相关知识》《建设工程项目管理》《专业工程管理与实务》4 个科目 二级建造师的考试科目：《建设工程施工管理》《建设工程法规及相关知识》和《专业工程管理与实务》3 个科目

序号	名称	考试科目
3	注册监理工程师	《建设工程监理基本理论和相关法规》《建设工程合同管理》《建设工程目标控制》《建设工程监理案例分析》
4	注册造价工程师	一级注册造价工程师考试科目：《建设工程造价管理》《建设工程计价》《建设工程技术与计量》《建设工程造价案例分析》4个科目 二级注册造价工程师考试科目：《建设工程造价管理基础知识》《建设工程计量与计价实务》2个科目
5	注册土木工程师（岩土）	资格考试分为基础考试和专业考试。 基础考试包含：高等数学、普通物理、普通化学、理论力学、材料力学、流体力学、建筑材料、电工学、工程经济、工程地质、土力与地基基础、弹性力学、结构力学与结构设计、工程测量、计算机与数值方法、建筑施工与管理、职业法规、水力学、岩土力学、水文学基础 专业考试包含：岩土工程勘察、浅基础、深基础、地基处理、土工建筑物、边坡、基坑与地下工程、特殊条件下的岩土工程、地震工程、工程经济与管理

除注册执业资格外，我国还设有两种职业资格证书：与职称有关的和与职称无关的。与职称有关的，即专业技术职务任职资格。建设领域的工程技术与管理人员，可以根据自己的教育背景、工作能力、业绩以及综合素质情况，向人力资源及社会保障部门申请相应的专业技术任职资格，如工程师、高级工程师等。与职称无关的，即技能人员职业资格。我国技能人员职业资格证书分为初级、中级、高级、技师和高级技师五个级别。职业技能鉴定是评价技能人员职业资格的途径。

5.7.2 土木工程师的继续教育

继续教育是面向学校教育之后所有社会成员特别是成人的教育活动，是终身学习体系的重要组成部分。继续教育是对专业技术人员进行知识更新、补充、拓展和能力提高的一种高层次的追加教育。继续教育是人类社会发展到一定历史阶段出现的教育形态，是教育现代化的重要组成部分。在科学技术突飞猛进发展的知识经济时代，继续教育越来越受到社会的高度重视，它在社会发展过程中所起到的推动作用，特别是在形成全民学习、终身学习的学习型社会方面所起到的推动作用，越来越凸显。

工程建设的各个领域都在不断发生快速和深刻的变化，土木工程师的继续教育更加紧迫和重要。从继续教育的内涵看，继续教育既包括有组织的学历教育以外的各种教育培训和技能培训，也包括个人在工作后的自我学习，以提高自身的职业能力和素养。国家十分重视继续教育，各行各业都不断开展丰富多样的继续教育培训活动，很多企业还把员工的继续教育培训作为企业文化和员工福利的重要内容，不断拓展继续教育培训内容，创新继续教育培训模式，提高继续教育培训质量和效果。土木工程师在职业生涯中，除了要定期接受有组织的各类继续教育培训外，还要十分注重培养自我继续学习的兴趣、能力，养成终身学习的良好习惯。只有这样，才能紧跟时代、与时俱进，通过工程实践和实干创新，不断提高自己的专业能力和综合素质。

 阅读与思考

5.1 简述土木工程师应具备的能力和素质要求。

5.2 土木工程专业的基本培养目标是什么？有哪些毕业要求？这些毕业要求的内涵是什么？

5.3 简要说明我国建设法规体系。

5.4 建设工程项目风险及风险控制措施有哪些？

5.5 对于土木工程的可持续发展，土木工程师应做好哪几方面工作？

5.6 土木工程师为什么要进行继续教育？

5.7 简述保障工程建设安全与质量及遵守建设法规、控制项目风险的意义。

参考文献

[1] 罗福午，刘伟庆．土木工程（专业）概论 [M]．4 版．武汉：武汉理工大学出版社，2012.

[2] 罗福午．建筑结构概念体系与估算 [M]．北京：清华大学出版社，1991.

[3] 中国大百科全书编委会．中国大百科全书（土木工程）[M]．北京：中国大百科全书出版社，1987.

[4] 丁大钧．混凝土结构发展 [M]．北京：中国建筑工业出版社，1994.

[5] 项海帆，沈祖炎，范立础．土木工程概论 [M]．北京：人民交通出版社，2007.

[6] 叶志明．土木工程概论 [M]．5 版．北京：高等教育出版社，2016.

[7] 王建平．土木工程概论 [M]．北京：中国建材工业出版社，2013.

[8] 丁大钧，蒋永生．土木工程概论 [M]．2 版．北京：中国建筑工业出版社，2010.

[9] 沈聚敏，周锡元，高小旺，等．抗震工程学 [M]．2 版．北京：中国建筑工业出版社，2015.

[10] 刘敦桢．中国古代建筑史 [M]．2 版．北京：中国建筑工业出版社，1984.

[11] 方拥．中国传统建筑十五讲 [M]．北京：北京大学出版社，2010.

[12] 龙驭球，包世华，袁驷．结构力学 [M]．4 版．北京：高等教育出版社，2018.

[13] 林宗寿．无机非金属材料工学 [M]．武汉：武汉理工大学出版社，2019.

[14] 陈肇元．混凝土结构安全性耐久性及裂缝控制 [M]．北京：中国建筑工业出版社，2013.

[15] 李广信，张丙印，于玉贞．土力学 [M]．2 版．北京：清华大学出版社，2013.

[16] 钟善桐．钢管混凝土结构 [M]．3 版．北京：清华大学出版社，2003.

[17] 陈绍蕃．钢结构设计原理 [M]．4 版．北京：科学出版社，2016.

[18] 叶列平．混凝土结构（上册）[M]．2 版．北京：清华大学出版社，2006.

[19] 聂建国．钢 - 混凝土组合梁结构——试验、理论与应用 [M]．北京：科学出版社，2005.

[20] 沈世钊．大跨空间结构的发展——回顾与展望 [J]．土木工程学报，1998，31(3)：5-14.

[21] 欧进萍．结构振动控制——主动、半主动和智能控制 [M]．北京：科学出版社，2003.

[22] 陈惠发．土木材料的本构方程 [M]．余天庆，王勋文，刘再华，译．武汉：华中科技大学出版社，2001.

[23] 崔京浩．中国发展与土木工程 [M]．北京：中国水利水电出版社，2015.

[24] 清华大学，西南交通大学，重庆大学，中国建筑西南设计院有限公司，北京市建筑设计研究院．汶川地震建筑震害分析及设计对策 [M]．北京：中国建筑工业出版社，2009.

[25] 王强，周予启，张增起，等．绿色混凝土用新型矿物掺合料 [M]．北京：中国建筑工业出版社，2018.

[26] Bill Dunster．走向零能耗 [M]．史岚岚，郑晓燕，译．北京：中国建筑工业出版社，2008.

[27] 胡长明．土木工程施工 [M]．2 版．北京：科学出版社，2017.

[28] 蒋红妍，李慧民．工程经济与项目管理 [M]．2 版．北京：中国建筑工业出版社，2018.

[29] 汪少杰．土木工程师应具备的知识结构与素质 [J]．中国高新技术企业，2014，8: 150-151+152.

[30] 刘培文，牛开民，孟书涛，等．现代道路养护技术 [M]．北京：人民交通出版社股份有限公司，2017.

[31] 佟立本．铁道概论 [M]．8 版．北京：中国铁道出版社有限公司，2020.

[32] 黄晓明，许崇法．道路与桥梁工程概论 [M]．2 版．北京：人民交通出版社股份有限公司，2014.

[33] 徐辉，李向东．地下工程 [M]．武汉：武汉理工大学出版社，2009.

[34] 陈胜宏．水工建筑物 [M]．2 版．北京：中国水利水电出版社，2014.

[35] 高俊启，徐皓．机场工程概论 [M]．北京：国防工业出版社，2014.

[36] 吴俊奇，曹秀芹，冯萃敏．给水排水工程 [M]．3 版．北京：中国水利水电出版社，2015.

[37] 叶列平．土木工程科学前沿 [M]．北京：清华大学出版社，2007.

[38] 李克非，苏权科，王胜年，等．港珠澳大桥混凝土结构耐久性评估与再设计 [M]．北京：人民交通出版社股份有限公司，2018.

[39] 高等学校土木工程学科专业指导委员会．高等学校土木工程本科指导性专业规范 [M]．北京：中国建筑工业出版社，2011.

高等学校土木工程学科专业指导委员会规划教材
（按高等学校土木工程本科指导性专业规范编写）

征订号	书名	作者	定价
V21081	高等学校土木工程本科指导性专业规范	高等学校土木工程学科 专业指导委员会	21.00
V39805	土木工程概论（第二版）（赠课件）	周新刚等	48.00
V32652	土木工程制图（第二版）（含习题集、赠课件）	何培斌	85.00
V35996	土木工程测量（第二版）（赠课件）	王国辉	75.00
V34199	土木工程材料（第二版）（赠课件）	白宪臣	42.00
V20689	土木工程试验（含光盘）	宋 彧	32.00
V35121	理论力学（第二版）	温建明	58.00
V23007	理论力学学习指导（赠课件素材）	温建明 韦 林	22.00
V38861	材料力学（第二版）（赠课件）	曲淑英	58.00
V39895	结构力学（第三版）（赠课件）	祁 皑	68.00
V31667	结构力学学习指导	祁 皑	44.00
V36995	流体力学（第二版）（赠课件）	吴 玮 张维佳	48.00
V23002	土力学（赠课件）	王成华	39.00
V22611	基础工程（赠课件）	张四平	45.00
V22992	工程地质（赠课件）	王桂林	35.00
V22183	工程荷载与可靠度设计原理（赠课件）	白国良	28.00
V23001	混凝土结构基本原理（赠课件）	朱彦鹏	45.00
V31689	钢结构基本原理（第二版）（赠课件）	何若全	45.00
V20827	土木工程施工技术（赠课件）	李慧民	35.00
V39483	土木工程施工组织（第二版）（赠课件）	赵 平	38.00
V34082	建设工程项目管理（第二版）（赠课件）	臧秀平	48.00
V39520	建设工程法规（第三版）（赠课件）	李永福 孙晓冰	52.00
V37807	建设工程经济（第二版）（赠课件）	刘亚臣	45.00
V26784	混凝土结构设计（建筑工程专业方向适用）	金伟良	25.00
V26758	混凝土结构设计示例	金伟良	18.00
V26977	建筑结构抗震设计（建筑工程专业方向适用）	李宏男	38.00
V29079	建筑工程施工（建筑工程专业方向适用）（赠课件）	李建峰	58.00

征订号	书名	作者	定价
V29056	钢结构设计（建筑工程专业方向适用）（赠课件）	于安林	33.00
V25577	砌体结构（建筑工程专业方向适用）（赠课件）	杨伟军	28.00
V25635	建筑工程造价（建筑工程专业方向适用）（赠课件）	徐 蓉	38.00
V30554	高层建筑结构设计（建筑工程专业方向适用）（赠课件）	赵 鸣 李国强	32.00
V25734	地下结构设计（地下工程专业方向适用）（赠课件）	许 明	39.00
V27221	地下工程施工技术（地下工程专业方向适用）（赠课件）	许建聪	30.00
V27594	边坡工程（地下工程专业方向适用）（赠课件）	沈明荣	28.00
V35994	桥梁工程（赠课件）	李传习	128.00
V32235	道路勘测设计（道路与桥梁工程专业方向适用）（赠课件）	张 蕊	48.00
V25562	路基路面工程（道路与桥工程专业方向适用）（赠课件）	黄晓明	66.00
V28552	道路桥梁工程概预算（道路与桥工程专业方向适用）	刘伟军	20.00
V26097	铁路车站（铁道工程专业方向适用）	魏庆朝	48.00
V27950	线路设计（铁道工程专业方向适用）（赠课件）	易思蓉	42.00
V35604	路基工程（铁道工程专业方向适用）（赠课件）	刘建坤 岳祖润	48.00
V30798	隧道工程（铁道工程专业方向适用）（赠课件）	宋玉香 刘 勇	42.00
V31846	轨道结构（铁道工程专业方向适用）（赠课件）	高 亮	44.00

注：本套教材均被评为《住房和城乡建设部"十四五"规划教材》。